新时代大学计算机暨人工智能通识课程系列教材

新一代信息技术与人工智能

桂小林 ◎ 主编

中国铁道出版社有限公司
CHINA RAILWAY PUBLISHING HOUSE CO., LTD.

内 容 简 介

本书依据教育部高等学校大学计算机课程教学指导委员会编制的《新时代大学计算机基础课程教学基本要求》，在培养大学生计算思维能力的同时，重点强化大学生的新一代信息技术素养。全书主要包括信息技术与数字技术、信息的数字化表示和编码、信息伦理与法律、图灵机模型与冯·诺依曼计算机体系、云计算、物联网、移动互联网、网络空间安全、数字签名与区块链、虚拟现实与增强现实、大数据体系与分析技术、大数据安全与隐私保护、人工智能概念与技术、大模型及其应用等内容。全书紧扣思政主题，凝练思政要素，聚焦创新素养、工匠精神与家国情怀的养成，完整地呈现了新一代信息技术的逻辑关系，以方便学生理解和综合应用。

本书可作为高等学校大学计算机通识教育系列课程的教材，也可作为新一代信息技术研究人员的参考书。

图书在版编目(CIP)数据

新一代信息技术与人工智能 / 桂小林主编. -- 北京：中国铁道出版社有限公司, 2024. 12. -- (新时代大学计算机暨人工智能通识课程系列教材). -- ISBN 978-7-113-31669-3

Ⅰ. TP3;TP18

中国国家版本馆 CIP 数据核字第 2024UD2744 号

书　　名：	新一代信息技术与人工智能
作　　者：	桂小林
策　　划：	秦绪好　韩从付　　　编辑部电话：(010) 63549508
责任编辑：	闫钇汛
封面设计：	刘　莎
责任校对：	苗　丹
责任印制：	樊启鹏

出版发行：	中国铁道出版社有限公司 (100054，北京市西城区右安门西街 8 号)
网　　址：	https://www.tdpress.com/51eds
印　　刷：	河北京平诚乾印刷有限公司
版　　次：	2024 年 12 月第 1 版　2024 年 12 月第 1 次印刷
开　　本：	787 mm×1 092 mm　1/16　印张：16　字数：388 千
书　　号：	ISBN 978-7-113-31669-3
定　　价：	52.00 元

版权所有　侵权必究

凡购买铁道版图书，如有印制质量问题，请与本社教材图书营销部联系调换。电话：(010) 63550836

打击盗版举报电话：(010) 63549461

前言

随着信息技术的快速发展，与计算机和互联网相关联的云计算、物联网、大数据、人工智能、区块链等新一代信息技术已经渗透到人们生活的各个领域。能够利用新一代信息技术解决实际问题，是新时代对大学毕业生的基本要求。

目前，在我国各类高等院校中，"信息技术""大学计算机"等已经同"大学英语""大学数学""大学物理"一样成为学生必修的一门重要基础课程，肩负着高等教育阶段的非计算机专业学生的计算思维能力培养、普及新一代信息技术教育、提高大学生计算机应用能力的历史重任。

近年来，我国信息技术发展已进入人工智能技术应用时代，以"互联网＋智能"为核心的应用模式已经融入到了人们社会生活的方方面面，各类专业与新一代信息技术不断交叉融合。但传统的以"单计算机"为主线的大学计算机基础课程体系和内容已经很难适应当前社会发展需要，迫切需要将新一代信息技术融入到大学计算机课程体系和内容之中，在培养大学生的计算思维能力的同时，核心是强化大学生的新一代信息技术素养和利用"人工智能＋"解决实际问题的技能。因此，在通识性计算机基础教育中融入人工智能相关技术和应用，成为新时代大学生计算机基础课程的必然要求。基于此，编写了本书。

本书分三部分，共13章。依据教育部高等学校大学计算机课程教学指导委员会2023年编制的《新时代大学计算机基础课程教学基本要求》，重点培养大学生的计算思维和强化大学生的新一代信息技术素养。本书的主要内容包括：信息技术与数字技术、信息的数字化表示和编码、信息伦理与法律、图灵机模型与冯·诺依曼计算机体系、云计算、物联网、移动互联网、网络空间安全、数字签名与区块链、虚拟现实与增强现实、大数据体系与分析技术、大数据安全与隐私保护、人工智能概念与技术、大模型及其应用等。

本书的主要特色包括以下几点：一是与时俱进，从新一代信息技术的原理和应用视角，构建教材内容；二是守正创新，在培养学生计算思维能力的同时，强化学生的新一代信息技术的应用技能；三是紧扣课程思政主题，多方位凝练思政要素，聚焦创新素养、工匠精神与家国情怀的养成。

本书适合作为普通高等学校"大学计算机基础"系列课程的教材，也可作为新一代信息技术研究人员的参考书。

本书编写过程中参考了部分网络资源，在此对这些网络资源的提供者表示感谢。由于编者技术、文字表达水平有限，书中肯定存在疏漏或不妥之处，敬请读者指正，并期望提出宝贵意见。为方便教学，本书配有课程大纲、电子教案、微课视频、习题解答等教学资源，读者可以从中国铁道出版社有限公司教育资源数字化平台 http://www.tdpress.com/51eds 下载，或联系本书编者获取资源（xlgui@mail.xjtu.edu.cn）。

编　者

2024 年 9 月

知识图谱

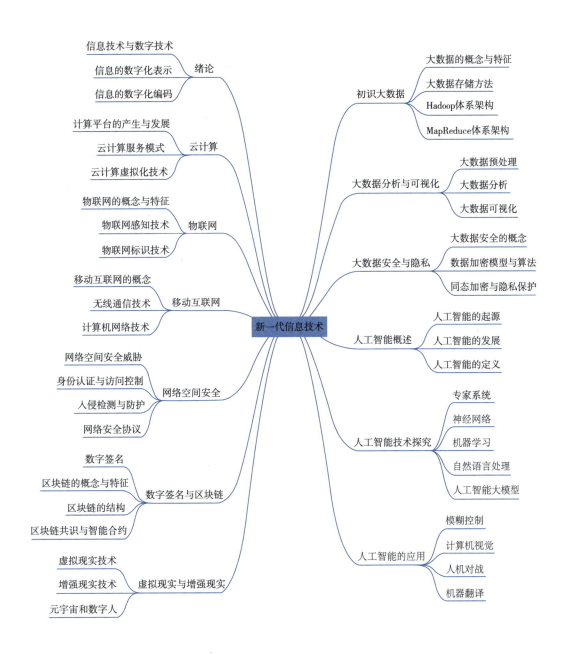

目　录

第一部分　走进新一代信息技术

第1章　绪论 ... 2
- 1.1 信息技术与数字技术 ... 2
  - 1.1.1 信息与信息革命 ... 2
  - 1.1.2 新一代信息技术 ... 4
  - 1.1.3 数字技术 ... 5
  - 1.1.4 数字技术赋能各类学科发展 ... 5
- 1.2 信息的数字化表示 ... 7
  - 1.2.1 信息的二进制表示 ... 7
  - 1.2.2 不同进制数的转换 ... 9
- 1.3 信息的数字化编码 ... 12
  - 1.3.1 字符编码 ... 12
  - 1.3.2 字形编码 ... 16
  - 1.3.3 语音和图像编码 ... 18
- 1.4 信息伦理与法律 ... 20
  - 1.4.1 信息伦理与道德规范 ... 20
  - 1.4.2 信息伦理与隐私保护 ... 22
- 小结 ... 23
- 习题 ... 23

第2章　云计算 ... 24
- 2.1 计算平台的产生与发展 ... 24
  - 2.1.1 单计算机系统 ... 24
  - 2.1.2 图灵机模型 ... 25
  - 2.1.3 冯·诺依曼计算机体系 ... 26
  - 2.1.4 多计算机系统 ... 28
- 2.2 云计算的概念 ... 31
- 2.3 云计算的服务模式 ... 31
- 2.4 云计算的虚拟化技术 ... 33
- 2.5 云计算的典型应用 ... 35
- 小结 ... 36
- 习题 ... 36

I

第3章 物联网 ... 37

3.1 物联网的概念与体系 ... 37
3.1.1 物联网的概念 ... 37
3.1.2 物联网的主要特征 ... 38

3.2 物联网的起源与发展 ... 39
3.2.1 物联网推动工业4.0 ... 40
3.2.2 物联网支撑智能制造 ... 42

3.3 物联网感知技术 ... 42
3.3.1 传感检测模型 ... 43
3.3.2 传感器的分类 ... 44
3.3.3 典型传感器 ... 46

3.4 物联网标识技术 ... 50
3.4.1 一维码 ... 51
3.4.2 一维码实例：EAN ... 52
3.4.3 一维码实例：ISBN 和 ISSN ... 56
3.4.4 一维码的识读 ... 57
3.4.5 二维码 ... 58
3.4.6 射频识别技术 ... 61

3.5 物联网的典型应用 ... 66
3.5.1 条形码支付 ... 66
3.5.2 刷卡乘车 ... 68
3.5.3 电子不停车收费 ... 69

小结 ... 69
习题 ... 70

第4章 移动互联网 ... 71

4.1 移动互联网的基本概念 ... 71
4.1.1 移动互联网的概念 ... 71
4.1.2 移动互联网的发展历程 ... 73

4.2 近距离无线通信技术 ... 74
4.2.1 Wi-Fi 技术 ... 74
4.2.2 蓝牙技术 ... 75
4.2.3 ZigBee 技术 ... 79

4.3 远距离无线通信技术 ... 81
4.3.1 卫星通信技术 ... 81
4.3.2 移动通信技术 ... 84
4.3.3 微波通信技术 ... 87

4.4 空间定位技术 ... 89
4.4.1 卫星定位系统 ... 90

4.4.2　蜂窝定位技术 93
4.5　计算机网络概述 94
　　4.5.1　计算机网络的概念和体系 94
　　4.5.2　计算机网络的数据封装 96
4.6　计算机网络协议 98
　　4.6.1　网络节点身份标识协议 98
　　4.6.2　网络节点数据传输协议 100
　　4.6.3　网络链路争用协议 104
　　4.6.4　网络资源共享协议 105
4.7　计算机网络设备 110
　　4.7.1　网内互联设备 110
　　4.7.2　网间互联设备 113
小结 115
习题 115

第5章　网络空间安全 117

5.1　网络空间的安全威胁 117
　　5.1.1　恶意攻击的概念 117
　　5.1.2　恶意攻击的分类 118
　　5.1.3　恶意攻击的手段 119
　　5.1.4　防止恶意攻击的方法 120
5.2　身份认证与访问控制 121
　　5.2.1　身份认证的概念与方式 121
　　5.2.2　访问控制的组成与方法 122
5.3　入侵检测与防护 125
　　5.3.1　病毒检测与防护 126
　　5.3.2　网络防火墙 127
5.4　网络安全协议 128
小结 130
习题 130

第6章　数字签名与区块链 131

6.1　数字签名 131
　　6.1.1　数字签名的作用 131
　　6.1.2　数字签名的过程 132
6.2　区块链的概念与特征 133
　　6.2.1　区块链的技术特征 133
　　6.2.2　区块链的功能 135
6.3　区块链的结构与分类 136
　　6.3.1　区块链结构 136

6.3.2 区块链的分类 ·················· 138

6.4 区块链共识机制与智能合约 ·················· 139
    6.4.1 区块链的共识机制 ·················· 139
    6.4.2 区块链的智能合约 ·················· 140

6.5 区块链的典型应用 ·················· 142

小结 ·················· 143

习题 ·················· 143

第 7 章 虚拟现实与增强现实 ·················· 144

7.1 虚拟现实技术 ·················· 144
    7.1.1 虚拟现实的概念 ·················· 144
    7.1.2 虚拟现实的发展 ·················· 147
    7.1.3 虚拟现实的分类 ·················· 147
    7.1.4 虚拟现实系统的组成 ·················· 148
    7.1.5 虚拟现实的应用 ·················· 150

7.2 增强现实 ·················· 150
    7.2.1 增强现实的概念 ·················· 150
    7.2.2 增强现实的关键技术 ·················· 151
    7.2.3 增强现实的显示技术 ·················· 153
    7.2.4 虚拟现实与增强现实的区别和联系 ·················· 154

7.3 元宇宙与数字人 ·················· 155
    7.3.1 元宇宙的概念 ·················· 155
    7.3.2 数字人 ·················· 156

小结 ·················· 158

习题 ·················· 158

第二部分 体验大数据技术

第 8 章 初识大数据 ·················· 160

8.1 大数据的概念与特征 ·················· 160

8.2 大数据的存储方法 ·················· 161
    8.2.1 关系数据库存储 ·················· 161
    8.2.2 云数据存储 ·················· 165

8.3 Hadoop 体系架构 ·················· 166
    8.3.1 Hadoop 生态系统 ·················· 166
    8.3.2 HDFS 的体系结构 ·················· 168
    8.3.3 HDFS 的数据组织与操作 ·················· 169

8.4 MapReduce 体系架构 ·················· 172
    8.4.1 MapReduce 的概念 ·················· 172
    8.4.2 MapReduce 的工作流程 ·················· 172

| 小结 | 174 |
| 习题 | 174 |

第9章　大数据分析与可视化 — 175

9.1　大数据预处理 — 175
9.1.1　大数据的预处理方式 — 175
9.1.2　数据规格化实例 — 176

9.2　大数据分析 — 178
9.2.1　关联分析算法 — 178
9.2.2　数据分类与聚类算法 — 181
9.2.3　典型分类与聚类方法 — 182

9.3　大数据可视化 — 187
9.3.1　大数据分析可视化平台 — 187
9.3.2　大数据可视化实践 — 188

小结 — 191
习题 — 191

第10章　大数据安全与隐私 — 192

10.1　大数据安全的概念 — 192
10.1.1　数据安全的概念 — 192
10.1.2　数据隐私的概念 — 193

10.2　数据加密模型与算法 — 194
10.2.1　数据加密模型 — 194
10.2.2　数据加密方法 — 195

10.3　同态加密与隐私保护 — 199
10.3.1　外包数据隐私保护 — 199
10.3.2　外包数据加密检索 — 200
10.3.3　外包数据加密计算 — 202

小结 — 204
习题 — 204

第三部分　探索人工智能

第11章　人工智能概述 — 206

11.1　人工智能的产生 — 206

11.2　人工智能的发展 — 207
11.2.1　人工智能的发展历程 — 207
11.2.2　人工智能的三大学派 — 209

11.3　人工智能的定义 — 210

小结 — 211
习题 — 211

第12章 人工智能技术探究 212

12.1 专家系统 212
12.1.1 专家系统的构成 212
12.1.2 知识图谱 213
12.2 神经网络 216
12.2.1 生物神经网络 216
12.2.2 人工神经网络 217
12.2.3 BP 神经网络 218
12.3 深度神经网络 220
12.4 机器学习 224
12.4.1 深度学习 224
12.4.2 联邦学习 225
12.4.3 强化学习 226
12.5 自然语言处理 227
12.5.1 自然语言处理概述 228
12.5.2 基于机器学习的自然语言处理 229
12.6 人工智能大模型 230
12.6.1 人工智能大模型概述 230
12.6.2 Transformer 模型 231
12.6.3 GPT 模型 232
12.6.4 典型大模型系统 233
小结 235
习题 236

第13章 人工智能的应用 237

13.1 模糊控制专家系统 237
13.2 计算机视觉 240
13.3 人机对战 241
13.4 机器翻译 242
小结 243
习题 243

参考文献 244

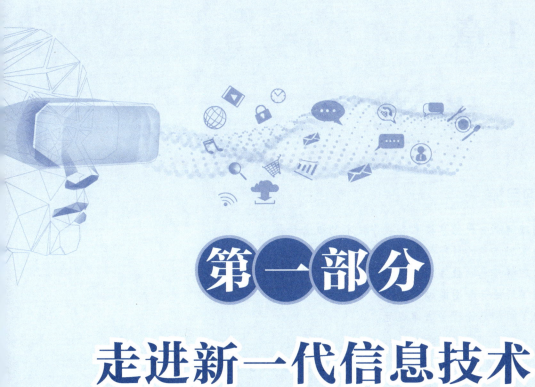

第一部分

走进新一代信息技术

第 1 章

绪 论

 学习目标

(1) 理解新一代信息技术和数字技术的概念和异同。
(2) 掌握信息的数字化表示,能够进行不同进制数的转换。
(3) 理解信息的数字化编码方法,包括字符编码和字形编码。
(4) 了解语音和图像编码。
(5) 了解信息伦理与法律规范。

1.1 信息技术与数字技术

"某日,托马斯正在公司上班,突然开始一阵手机震动及铃声提示……原来是家中无人时门被打开,智能门锁监测到有人闯入并将报警信息通过网络发送到主人的手机上,手机收到报警信息后震动并响铃提示,托马斯确认后发出控制指令,智能门锁自动落锁并触发声光报警。"这一场景并不是科幻虚构,而是物理世界与信息世界无缝连接的一个真实案例。这个案例告诉我们,将物理世界与信息世界高效联通是何等重要。

1.1.1 信息与信息革命

1. 什么是信息

信息通常是指音讯或消息,即通信系统传输和处理的对象,泛指人类社会传播的一切内容。在网络通信和工业应用系统中,信息是一种普遍存在的形式,人们通过感知器获得来自自然界和社会的不同信息并以此识别不同事物,从而认识和改造世界。

1948 年,数学家香农(Shannon)在题为《通信的数学理论》的论文中指出:"信息是用来消除随机不确定性的东西。"即:消息发生的概率越大,信息量越小;反之,消息发生的概率越小,信息量就越大。由此可见,信息量跟消息发生的概率成反比关系。例如,当消息发生的概率为 1 时,就是百分百会发生的事情,信息量就是 0。也就是说,全世界人人都知道的事情,就没有任何信息量。

随着计算机技术的快速发展,信息管理专家霍顿(Horton)认为:信息是为了满足用户决策需要而经过加工处理的数据。简单地说,信息是经过加工的数据,或者说,信息是数据处理的结果。而经济管理学家则认为：信息是提供决策的有效数据。显然，信息总是和数据关联的。那么，信息是从何而来的呢？

信息的来源有两种方式，即直接方式和间接方式。通过自身实践经验直接获得的信息称为直接信息；通过学习他人总结的知识而间接获得的信息称为间接信息。也就是说，直接信息是人通过自身的感官或借助于现代信息技术手段与方法，从客观物理世界所获取到的资源；间接信息是通过信息再生方式而从已有的信息中获得的新资源，它是通过对已有的本源信息进行加工、处理，并与自身现有信息进行关联后而产生出的新的信息。

2. 什么是信息革命

信息革命是指由于信息生产、处理手段的高度发展而导致的社会生产力、生产关系的一种变革活动，有时也称为第三次工业革命。信息革命的主要标志是计算机的出现、互联网的全球化普及与应用。

自十九世纪中期以后，人类学会利用电和电磁波以来，信息技术的变革大大加快。电报、电话、收音机、电视机的发明使人类的信息交流与传递快速而有效。特别是第二次世界大战以后，半导体、集成电路、计算机的发明，数字通信、卫星通信的发展形成了新兴的电子信息技术，使人类利用信息的手段发生了质的飞跃。

如今，人类不仅能够在全球任何两个信息设施之间准确地交换信息，还可利用机器收集、加工、处理、控制、存储信息。机器开始取代了人的部分脑力劳动，扩大和延伸了人的思维、神经和感官的功能，使人们可以从事更富有创造性的劳动，人类开始进入信息革命时代。

随着计算机的出现、互联网的普及和物联网的应用，信息革命可以分为三个阶段：

(1) 以计算机为标志的第一次信息革命

1946年，第一台计算机的产生标志着全世界进入了第一次信息革命，人类开始迈向信息社会。计算机的出现，使得以前需要大量人力才能完成的计算、统计工作可以交由计算机来完成，劳动生产率得以大幅提高。

(2) 以互联网为标志的第二次信息革命

20世纪90年代初，世界各国纷纷提出建立"信息高速公路"，用数字化大容量光纤把政府机构、企业、大学、科研机构和家庭的计算机进行互联，全世界兴起了第二次信息革命。

第二次信息革命的标志是计算机网络，其特征是网络化、多媒体化，其功能开始涉及数据、图像、声音等复杂信息的传输，其服务范围包括教育、卫生、娱乐、商业、金融和科研等。

(3) 以物联网为标志的第三次信息革命

1998年，麻省理工学院提出了基于射频识别(radio frequency identification，RFID)的产品电子编码(EPC)方案。1999年，美国自动识别技术实验室提出了"物联网"的概念。研究人员利用EPC技术对物品进行编码标识，再通过互联网把RFID装置和激光扫描器等各种信息传感设备连接起来，实现物品的智能化识别和管理。

第三次信息革命的标志是物联网，其特征是感知、传输和处理一体化，其功能开始涉及环境感知、物体标识和空间定位等复杂信息的处理。

1.1.2 新一代信息技术

发展战略性新兴产业已成为抢占新一轮经济和科技发展制高点的重大战略,也是引导未来经济社会发展的重要力量。

早在 2010 年,新一代信息技术就已经明确列入中国的七大战略性新兴产业体系,主要内容包括:加快建设宽带、泛在、融合、安全的信息网络基础设施,推动新一代移动通信、下一代互联网核心设备和智能终端的研发及产业化,加快推进三网融合,促进物联网、云计算的研发和示范应用;着力发展集成电路、新型显示、高端软件、高端服务器等核心基础产业;提升软件服务、网络增值服务等信息服务能力,加快重要基础设施智能化改造;大力发展数字虚拟等技术,促进文化创意产业发展等。

此后,在物联网、云计算发展的基础上,国家又陆续将大数据、人工智能、区块链等技术纳入新一代战略性新兴产业之中。

新一代移动通信是指融合物联网、云计算等多种技术的新型宽带移动通信,如 5G、6G 宽带移动通信等。

下一代互联网是指一个建立在 IPv6 技术基础上的新型公共网络。该网络能够容纳各种形式的信息,在统一的管理平台下,实现音频、视频、数据信号的传输和管理,提供各种宽带应用和传统电信业务,是一个真正实现宽带窄带一体化、有线无线一体化、有源无源一体化、传输接入一体化的综合业务网络。

高端集成电路是指制造工艺为 10 纳米级的通用级集成电路芯片,如多核微处理器、数字信号处理器和模数、数模转换芯片等。

新型显示器件是指电子管之后出现的有机发光二极管(OLED)等,其应用范围涵盖彩电、计算机、广告显示屏、游戏机、手机和掌上计算机等。

高端软件其范畴非常广泛,既包括桌面操作系统和手机操作系统,也包括各类行业应用软件等。

高端服务器主要是指面向关键领域应用(如银行、气象、军事等)的高性能容错服务器和高性能计算服务器等。

数字虚拟技术主要包括虚拟现实技术(virtual reality,VR)和增强现实(augmented reality,AR)技术。其中,VR 是利用计算机模拟产生一个三维虚拟世界,提供视、听、触等感官模拟,让使用者身临其境地即时观看三维空间内的事物,并与之互动;AR 是一种将虚拟信息和实际联系在一起的技能,将虚拟信息或场景叠加到实际场景中,让人享受到逾越实际的感官体会。

云计算是一种面向服务的计算模式,其将计算任务分布在由大规模数据中心或计算机集群构成的资源池上,使各种应用系统能够根据需要获取计算能力、存储空间和各种软件服务,并通过互联网将计算资源免费或以按需租用方式提供给使用者。

近年来,随着物联网的快速发展和广泛应用,数据量爆发性增长,大数据技术应运而生。随着高度自动化的设备和各类机器人的不断出现,人工智能理论研究进入应用时代。

首先,物联网通过各种感知设备(如 RFID、传感器、二维码等)感知物理世界的信息,这些信息通过互联网传输到云端存储设备中,为后续分析和利用提供支撑。其次,物联网感知的数据具有异构、多源和时间序列等特征,海量的感知数据具有典型的大数据特点,需要采用大数据分析技术、人工智能技术进行深度分析、挖掘、训练和学习，为用户提供高效的数据应用服务，为人、机、物共融提供理论和技术支撑。

由此可见，物联网、云计算、大数据和人工智能是一脉相承的。其中，物联网是数据获取的基础，云计算是数据存储的核心，大数据是数据分析的利器，人工智能是反馈控制的关键。物联网、云计算、大数据和人工智能构成了一个完整的闭环控制系统，将物理世界和信息世界有机融合在一起。

1.1.3 数字技术

数字技术（digital technology）是一项与电子计算机相伴相生的科学技术，它是指借助一定的设备将各种信息，包括图、文、声、像等，转化为电子计算机能识别的二进制数字"0"和"1"后进行运算、加工、存储、传送、传播、还原的技术。由于在运算、存储等环节中要借助计算机对信息进行编码、压缩、解码等，因此，有时候也称为数字化编码技术、数码技术、计算机数字技术等。

"数字技术"并不是凭空创造而出的，而是随着互联网的迭代与发展，应运而生的一门技术。它是指组织在处理或存储数据，以及完成许多其他功能时所应用的电子工具、设备、系统和资源，目的在于提高组织与员工的生产力和效率。

此外，数字技术包含传统意义上的信息化技术、互联网技术等，也包含诸如物联网、云计算、大语言、数字孪生、虚拟仿真、量子计算等新兴或尚处于实验室中，甚至是还处于理论阶段的技术。

数字孪生技术，是指通过建立三维数字化模型，打通物理世界和数字世界，实现虚实融合的复合技术。推动制造业数字化转型、提升城市治理效能、助力国家公园生态环境保护。作为新兴的数字技术，数字孪生技术的蓬勃发展有效赋能千行百业的快速发展。

1.1.4 数字技术赋能各类学科发展

信息技术的表征就是数字技术，它与各类学科交叉融合，正在引发新一轮科技革命和产业变革，推动传统学科不断转型升级，并给相关学科的发展带来了新的挑战和新的机遇。

1. 数字技术赋能机械工程

数字技术与机械工程专业有机融合，出现了诸如智能制造、协同制造、数字产品设计等新的工科专业模式。

智能制造是一种由智能机器和专家系统共同组成的人机一体化智能系统，它在制造过程中能进行智能活动，诸如分析、推理、判断、构思和决策等。通过人与智能机器的合作共事，可以扩大、延伸和部分地取代人类专家在制造过程中的脑力劳动。

协同制造充分利用网络与信息技术，将串行工作变为并行工程，实现供应链内及供应链间的企业产品设计、制造和管理等合作生产模式，最终通过改变业务经营模式与方式达到资源最充分利用的目的。

2. 数字技术赋能经济金融

数字技术与经济金融专业有机融合，出现了诸如商务智能、数字金融、电子商务等新的专业模式。

商务智能又称商业智能，是指利用现代数据仓库技术、线上分析处理技术、数据挖掘和数据可视化技术进行数据分析，以实现商业价值的一种综合技术。

数字金融是通过大数据技术搜集客户交易信息、网络社区交流行为、资金流向等数据，了解客户的消费习惯，从而针对不同的客户投放不同的营销和广告。

电子商务是指在因特网环境下，买卖双方根据自身偏好进行各种商贸活动。电子商务不仅可以实现消费者的网上购物、商户之间的网上交易和在线电子支付等商务活动、交易活动、金融活动，而且还可以获取交易过程的各种信息。

电子支付是指消费者、商家和金融机构之间使用安全电子手段把支付信息通过信息网络安全地传送到银行或相应的处理机构，用来实现货币支付或资金流转的行为。

3. 数字技术赋能社会科学

数字技术与社会科学专业有机融合，出现了诸如数字新媒体、数字媒体艺术设计等新的文科专业模式。

数字新媒体是以信息科学和数字技术为主导，以大众传播理论为依据，融合文化与艺术，将信息技术应用到文化、艺术、娱乐、教育等，并进行高度融合的综合交叉学科。

数字媒体艺术涉及研究数字媒体与艺术设计领域的基础理论与方法，是要求具备艺术数字媒体制作、传输与处理的专业知识和技能，具有美术鉴赏能力和美术设计能力，熟练掌握各种数字媒体制作软件，能利用计算机新的媒体设计工具进行艺术作品的设计和创作的交叉学科。

4. 数字技术赋能能源科学

数字技术与能源科学专业有机融合，出现了诸如智能电网、数字能源、数字建筑等新的工科专业模式。

智能电网就是电网的智能化，也被称为"电网2.0"，是建立在集成的、高速双向通信网络的基础上，通过先进的传感和测量技术、先进的设备技术、先进的控制方法，以及先进的决策支持技术而实现电网的可靠、安全、经济、高效使用的一种电网管理模式。

数字能源是指通过能源设施的物联接入，依托大数据及人工智能，实现能源品类的跨越和边界的突破，放大能源设施效用和品类协同优化，实现现代能源体系高效建设的一种有效方式。

5. 数字技术赋能农林草业

数字技术与农林学科有机融合，出现了诸如智慧农业、智慧林业、智能草业等新的农科专业模式。

智慧农业就是将物联网技术运用到传统农业之中，运用传感器进行感知、通过移动平台进行通信、通过计算机平台对农业生产进行控制，使传统农业更具有"智慧"的一种综合管理模型。

智慧林业是通过感知化、物联化、智能化的手段，形成林业立体感知、管理协同高效、生态价值凸显、服务内外一体的林业发展新模式。智慧林业的目的是促进林业资源管理、生态系统构建、绿色产业发展等协同化推进，实现生态、经济、社会综合效益最大化。

6. 数字技术赋能生物医学

物联网技术可以帮助医院实现对人的智能化医疗和对物的智能化管理工作，如医院物资管理可视化、医疗信息数字化、医疗过程数字化、医疗流程科学化、服务沟通人性化。

数字化生物是指将数字技术应用于生物领域，以解决生物学研究中的问题，数字化生物技术的发展已经革命性地改变了生物学研究的面貌，同时也为人类的健康、环境保护等方面做了巨大的贡献。数字技术将推动和提升合成生物学的研究、转化和产业化。

基因测序是数字化生物技术中最为重要的应用之一。随着高通量测序技术的发展，基因测序的速度和精度都得到了大幅提升。基因测序技术的应用使得人们能够更好地理解基因序列的结构和功能，从而更好地认识生命的本质。同时，基因测序技术还可以应用于生物医学研究、疾病预防和诊断等领域，为人类健康事业做了巨大的贡献。

智慧医疗打通患者与医务人员、医疗机构、医疗设备的关联，建立健康档案区域医疗信息平台，利用物联网技术，逐步达到信息化。从技术角度分析，智慧医疗主要包括：建设公共卫生专网，实现与政府信息网的互联互通；建设卫生数据中心，为卫生基础数据和各种应用系统提供安全保障；建立药品目录、居民健康、医学检验与影像、医疗人员、医疗设备等基础数据库，以支持智慧医院系统、区域卫生平台和家庭健康系统三大类综合应用。

◆ 1.2 信息的数字化表示 ◆

信息技术的核心基础是数据、文字、声音、图形、图像和视频等信息。这些信息需要通过计算机等工具进行数字化加工处理。信息的数字化主要涉及数据的二进制表示及编码。下面首先介绍信息的数字表示方法。

1.2.1 信息的二进制表示

计算机的信息（一般也称为数据）可以分为两大类：一类是数值型数据，如 +815、−3.141 5、5 678 等，有"量"的概念；另一类是非数值型数据，如字母、图片和符号等。无论是数值型数据还是非数值型数据，在计算机中都需要事先进行二进制编码，才能进行存储、传送和加工等处理。

但是，在日常生活中，人们通常采用十进制（decimal）来表示数据。但在计算机中，由于受到电子元器件技术的限制，计算机采用二进制（binary）来表示数据。因此，理解二进制和十进制间的映射关系就十分重要。

1. 十进制

人类算数采用十进制可能跟人类有十根手指有关。从现已发现的商代陶文和甲骨文中，可以看到中国古代已能够用一、二、三、四、五、六、七、八、九、十、百、千、万等十三个数字，用以记录十万以内的任何自然数。

亚里士多德称人类普遍使用十进制，是因为绝大多数人生来就有十根手指。实际上，在古代世界独立开发的有文字的记数体系中，除了巴比伦文明的楔形数字为六十进制，玛雅数字为二十进制外，几乎全部为十进制。

十进制基于"位进制"和"十进位"两条原则，即数字都用十个基本的符号表示，满十进一，同时，同一个符号在不同位置上所表示的数值不同，且符号的位置非常重要。基本符号是 0 到 9 十个数字。要表示这十个数的 10 倍，就将这些数字左移一位，用 0 补上空位，即 10、20、30、…、90；要表示这十个数的 100 倍，就继续左移数字的位置，即 100、200、300、…要表示一个数的 1/10，就右移这个数的位置，需要时就 0 补上空位。例如，

1/10为0.1，1/100为0.01，1/1 000为0.001。

2. 二进制

德国数学家莱布尼茨是世界上第一个提出二进制记数法的人，只使用了0和1两个符号，没有使用其他符号。

在计算机中，由于数据以器件的物理状态表示，容易寻找或制造具有两种不同状态的电子元件（如电子开关的接通与断开、晶体管的导通与截止等），而要找到具有十种稳定状态的元件来对应十进制的十个数就不容易。所以，计算机内部一律采用二进制来表示数据。二进制的两种不同状态刚好实现了逻辑值的真与假。

二进制由数码0和1组成，基数为2，用B表示，采用"逢二进一"进位方式，如"11101011.11101B"。

采用二进制可以简化运算：两个二进制数的和、积运算组合起来各有三种，运算规则简单，有利于简化计算机内部结构，提高运算速度。

3. 八进制和十六进制

由于一个二进制数所需要的位数较多，所以书写不方便，记忆也困难。在计算机编程中，人们为了书写方便，还经常使用八进制（octal）和十六进制（hexadecimal）来表示数据。

八进制是一种以8为基数的记数法，由数码0、1、2、3、4、5、6、7八个数组成，常用大写字母O或Q表示，采用"逢八进一"进位方式，例如：353.72Q或53.72Q。

八进制表示法在计算机系统中不是很常见。但还是有一些早期的UNIX操作系统的应用在使用八进制，所以有一些程序设计语言提供了使用八进制符号来表示数字的能力。在这些编程语言中，常常以数字0开始，表明该数字是八进制。

十六进制是一种以16为基数的记数法，由数码0~9和字母A~F组成（其中，A~F分别表示10~15），常用字母H或h标识，采用"逢十六进一"的进位方式，如"8A.E8H"。

在历史上，中国曾经在重量单位上使用过十六进制，比如，规定16两为一斤。

如今，十六进制普遍应用在计算机领域。但是，不同计算机系统和编程语言对于十六进制数值的表示方式有所不同：

- 在C语言、C++、Shell、Python、Java语言中，使用字首"0x"表示十六进制，如"0x5A39"。其中，"x"可以大写或小写。
- 在Intel微处理器的汇编语言中，使用字尾"H"来标识十六进制数。若该数以字母起首，则在前面会增加一个"0"。如"0A3C8 H""5A39 H"等。
- 在HTML网页设计语言中，使用前缀"#"来表示十六进制。例如，用"#RRGGBB"的格式来表示字符颜色。其中RR是颜色中红色成分的数值，GG是颜色中绿色成分的数值，BB是颜色中蓝色成分的数值。

4. 二进制数的表示单位

在计算机二进制表示中，为了便于表示和记忆，设置了位（bit）、字节（byte）、字（word）和双字（double word）等多种数据表示单位。

（1）位

位是计算机内部编码的最基本单位。在计算机中，程序和数据都是用二进制数码表示的，一个二进制位只能表示两种状态位，即0和1。位是计算机存储数据的最小单位。

(2) 字节

一个字节等于八个二进制位。字节是数据处理的基本单位。通常 1 个字节可存放 1 个西文字符或符号，2 个字节可以存放 1 个汉字。

以字节作为度量的单位有 B(字节)、KB(千字节)、MB(兆字节)、GB(吉字节)和 TB(太字节)，其中，1 KB = 1 024 B、1 MB = 1 024 KB、1 GB = 1 024 MB、1 TB = 1 024 GB。

例如，某台计算机配有 1 024 兆字节内存，则指该台计算机的内存容量为 1 024 MB，即 1 GB。

(3) 字和双字

一个字等于 2 个字节；一个双字等于 2 个字，4 个字节。当然，在有些计算机系统中，字是个通用概念，它表示计算机进行数据处理时一次存取和传送的数据长度称为字，这里的一个字通常由一个或多个字节组成，它决定了计算机数据处理的效率。因此，字是衡量计算机性能的一个重要指标。一般来说，字长越长，计算机性能越强。

1.2.2 不同进制数的转换

计算机内部使用二进制表示，但是，为了方便人们识读，通常需要将二进制数转换成八、十、十六进制数，反之亦然。下面介绍二、八、十、十六进制之间的数据转换方法。

1. 二进制数转换为十六进制数

将一个二进制数转换成十六进制数的方法是：将二进制数的整数部分和小数部分分别进行转换，即以小数点为界，整数部分从小数点开始往左数，每 4 位分成一组，当最左边的数不足 4 位时，可根据需要在数的最左边添加若干个"0"以补足 4 位；对于小数部分，从小数点开始往右数，每 4 位分成一组，当最右边的数不足 4 位时，可根据需要在数的最右边添加若干个"0"以补足 4 位，最终使二进制数的总位数是 4 的倍数，然后用相应的十六进制数取而代之。

例如：111011.1010011011 B = 0011 1011.1010 0110 1100 B = 3B.A6C H

2. 十六进制数转换为二进制数

要将十六进制数转换成二进制数，只要将 1 位十六进制数写成 4 位二进制数，然后将整数部分最左边的"0"和小数部分最右边的"0"去掉即可。

例如：3B.328 H = 0011 1011.0011 0010 1000 B = 111011.001100101 B

3. 二进制数转换为八进制数

二进制数转换为八进制数的方法是：将二进制数的整数部分和小数部分分别进行转换，即以小数点为界，整数部分从小数点开始往左数，每 3 位分成一组，当最左边的数不足 3 位时，在数的最左边填"0"以补足 3 位；对于小数部分，从小数点开始往右数，每 3 位一组，当最右边的数不足 3 位时，在数的最右边添"0"以补足 3 位。最后，每 3 位一组，分别用 0 至 7 之间的数替换，转换完成。

例如，11110101111.1101 B = 011 110 101 111.110 100 B = 3 657.64 Q

4. 八进制数转换为二进制数

要将八进制数转换成二进制数，只要将一位八进制数写成 3 位二进制数，然后将整数部分最左边的"0"和小数部分最右边的"0"去掉即可。

例如：3 657.64 Q = 011 110 101 111.110 100 B = 111011.001100101 B

5. 二进制数转换为十进制数

要将一个二进制数转换成十进制数，只要把二进制数的各位数码与它们的权相乘，再把乘积相加，就能得到对应的十进制数，这种方法称为按权展开相加法。

例如：$100011.1011\ \mathrm{B} = 1\times2^{5} + 1\times2^{1} + 1\times2^{0} + 1\times2^{-1} + 1\times2^{-3} + 1\times2^{-4}$

$= 35.687\ 5\ \mathrm{D}$

在这里，2^{5}、2^{1}、2^{0}、2^{-1}、2^{-3}和2^{-4}分别为不同二进制位置的权。

6. 十进制数转换为二进制数

要将一个十进制数转换成二进制数，通常采用的方法是基数乘除法。这种转换方法是对十进制数的整数部分和小数部分分别进行处理，整数部分用除基取余法，小数部分用乘基取整法，最后将它们拼接起来即可。

(1)十进制整数转换为二进制整数(除基取余法)

十进制整数转换为二进制整数的规则是：除以基数(这里为2)后取余数，先得到的余数为低位，后得到的余数为高位。具体的做法是：用2连续去除十进制整数，直到商等于0为止，然后按逆序排列每次的余数(先取得的余数为低位)，便得到与该十进制数相对应的二进制数各位的数值。

例如，将175 D转换成二进制数，其过程如图1-1所示，转换结果为10101111 B。

2	175	余数1（低位）
2	87	余数1
2	43	余数1
2	21	余数1
2	10	余数0
2	5	余数1
2	2	余数0
2	1	余数1（高位）
	0	

图1-1　十进制整数转换为二进制整数的过程

(2)十进制小数转换为二进制小数(乘基取整法)

将十进制小数转换为二进制小数的规则是：乘以基数(这里为2)取整数，先得到的整数为高位，后得到的整数为低位。具体的做法是：用2连续去乘十进制数的小数部分，直至乘积的小数部分等于0为止，然后按顺序排列每次乘积的整数部分(先取得的整数为高位)，便得到与该十进制数相对应的二进制数各位的数值。

例如，将0.312 5 D转换成二进制数，其转换过程如图1-2所示，转换结果为0.0101 B。

0.312 5 ×2	= 0.625	……整数为0	（高位）
0.625 ×2	= 1.25	……整数为1	
0.25 ×2	= 0.5	……整数为0	
0.5 ×2	= 1.0	……整数为1	（低位）

图1-2　十进制小数转换为二进制小数的过程

由此可见，若要将十进制数175.312 5转换成二进制数，应对整数部分和小数部分分别进行转换，然后再进行整合，最终的结果为：175.312 5 D = 10101111.0101 B

值得注意的是，十进制小数常常不能准确地换算为等值的二进制小数，存在一定的换算误差。

例如，将0.562 7 D转换成二进制数：

$0.562\ 7\times2 = 1.125\ 4$

$0.125\ 4\times2 = 0.250\ 8$

$0.250\ 8\times2 = 0.501\ 6$

0.501 6 × 2 ＝ 1.003 2
0.003 2 × 2 ＝ 0.006 4
0.006 4 × 2 ＝ 0.012 8
……

由于小数位始终达不到 0，因此这个过程会不断进行下去。通常的做法是：根据精度要求截取一定的数位即可，保证其误差值小于截取的最低一位数的权。例如，当要求二进制数取 m 位小数时，一般可求 $m+1$ 位，然后对最低位作"0 舍 1 入"处理。

例如：0.562 7 D ＝ 0.100100 ⋯ B，若取精度为 5 位，则由于小数点后第 6 位为"0"，被舍去，所以，0.562 7 D ＝ 0.10010 B。

7. 八进制数与十进制数的转换

将八进制数转换成十进制数，可以分两个步骤完成：首先将八进制转换为二进制，然后将二进制转换为十进制。

例如，将八进制数 15.36 Q 转换为十进制数。

步骤 1 15.36 Q ＝ 001 101.011 110 B ＝ 1101.01111 B

步骤 2 1101.01111 B ＝ $1×2^3 + 1×2^2 + 0×2^1 + 1×2^0 + 0×2^{-1} + 1×2^{-2} + 1×2^{-3} + 1×2^{-4} + 1×2^{-5}$ ＝ 13.468 75 D

将十进制数转换成八进制数，也分两个步骤完成：首先将十进制转换为二进制，然后将二进制转换为八进制。当然，也可以使用按权展开相加法实现八进制到十进制的转换。

8. 十六进制数与十进制数的转换

将十六进制数转换成十进制数，可分两个步骤：首先将十六进制转换为二进制，然后将二进制转换为十进制。

例如，将十六进制数 15.3 H 转换为十进制数。

步骤 1 15.36 H ＝ 0001 0101.0011 B ＝ 10101.0011 B

步骤 2 10101.0011 B ＝ $1×2^4 + 0×2^3 + 1×2^2 + 0×2^1 + 1×2^0 + 0×2^{-1} + 0×2^{-2} + 1×2^{-3} + 1×2^{-4}$ ＝ 21.187 5 D

同理，将十进制数转换成十六进制数，也分两个步骤：首先将十进制转换为二进制，然后将二进制转换为十进制。当然，也可以使用按权展开相加法实现十六进制到十进制的直接转换。

9. 八进制数与十六进制数的转换

将八进制数转换成十六进制数，可分两个步骤：首先将八进制转换为二进制，然后将二进制转换为十六进制。

例如，712 Q ＝ 111 001 010 B ＝ 0001 1100 1010 B ＝ 1CA H

同理，将十进制数转换成八进制数，也可分两个步骤：首先将十六进制转换为二进制，然后将二进制转换为八进制。

10. 通用记数系统

通过上面的讲解可以发现，任何一种进制都可以通过"按权展开相加法"转换成十进制。因此可以定义一个通用记数系统如下：

设 b 为某种进制数（这里 b 是一个正自然数），则该进制序列 $a_n a_{n-1} \cdots a_2 a_1 a_0 . c_1 c_2 c_3 \cdots$

$c_{m-1}c_m$ 在基数 b 的位置记数系统中, 可以表示为

$$(a_n a_{n-1} \cdots a_2 a_1 a_0 . c_1 c_2 \cdots c_{m-1} c_m)_b = \sum_{k=0}^{n} a_k b^k + \sum_{k=1}^{m} c_k b^{-k}$$

例如,将八进制数 15.36 Q 转换为十进制数,这里 $b=8$, $a_1=1$, $a_2=5$, $c_1=3$, $c_2=6$。因此,$15.36\ Q = 1 \times 8^1 + 5 \times 8^0 + 3 \times 8^{-1} + 6 \times 8^{-2} = 8 + 5 + 3/8 + 6/64 = 13.468\ 75\ D$。显然,该结果与前面的两阶段转换方法的结果一致。

1.3 信息的数字化编码

信息的数字化编码(也称为信息编码、数据编码)是指用"0"和"1"这两个最简单的二进制数码,按照一定的组合规则来表示数据、文字、声音、图像、视频等复杂信息。本节主要讨论英、中文字符和语音等在计算机中的表示方法。

1.3.1 字符编码

计算机中的信息包括了字母、各种控制符号、图形符号等,它们都必须以二进制编码方式存入计算机并加以处理。字符编码方案由于涉及信息表示交换处理和存储的基本问题,因此都以国家或国际标准的形式颁布施行。

计算机中常用的字符编码有英文字符的 ASCII、中文字符的汉字机内码和多语种的混合编码等多种。

1. 英文字符的 ASCII 编码

ASCII 是美国标准信息交换代码,广泛用于小型机和各种微型计算机中。标准的 ASCII 由 7 位二进制数组成,其对应的国际标准为 ISO646,其字符编码规则见表 1-1,表中的列号用 7 位 ASCII 的高 3 位二进制 $b_6 b_5 b_4$ 表示,行号用 ASCII 的低 4 位二进制 $b_3 b_2 b_1 b_0$ 表示,表格的内容为对应 ASCII 的字符。

表 1-1 ASCII 的字符编码表

低四位		高四位							
		0	1	2	3	4	5	6	7
		000	001	010	011	100	101	110	111
0	0000	NUL	DLE	SP	0	@	P	`	p
1	0001	SOH	DC1	!	1	A	Q	a	q
2	0010	STX	DC2	"	2	B	R	b	r
3	0011	ETX	DC3	#	3	C	S	c	s
4	0100	EOT	DC4	$	4	D	T	d	t
5	0101	ENQ	NAK	%	5	E	U	e	u
6	0110	ACK	SYN	&	6	F	V	f	v
7	0111	BEL	ETB	'	7	G	W	g	w
8	1000	BS	CAN	(	8	H	X	h	x
9	1001	HT	EM	)	9	I	Y	i	y
A	1010	LF	SUM	*	:	J	Z	j	z

续表

低四位		高四位							
		0	1	2	3	4	5	6	7
		000	001	010	011	100	101	110	111
B	1011	VT	ESC	+	;	K	[	k	{
C	1100	FF	FS	,	<	L	\	l	|
D	1101	CR	GS	-	=	M	]	m	}
E	1110	SO	RS	.	>	N	Ω	n	~
F	1111	SI	US	/	?	O		o	DEL

该标准定义了 128 个符号,在 128 个 ASCII 字符中,有 95 个是可显示和打印的字符,包括 10 个十进制数字(0~9)、52 个英文大写和小写字母(A~Z,a~z),以及若干个运算符和标点符号。例如,大写字母 A 的 ASCII 码为 1000001B(十六进制表示为 41 H,十进制表示为 65),空格的 ASCII 为 0100000 B(十六进制为 20 H,十进制为 32)等。

除此之外,还有 33 个字符是不可显示和打印的控制符号,主要包括 LF(换行)、CR(回车)、FF(换页)、DEL(删除)、BS(退格)、BEL(振铃)和通信专用字符 SOH(文头)、EOT(文尾)、ACK(确认)等。这些符号原先用于控制计算机外围设备的某些工作特性,现在多数已被废弃。

虽然 ASCII 只用了 7 位二进制代码,但由于计算机的基本存储单位是一个包含 8 个二进制位的字节,所以,在计算机中,每个 ASCII 还是用一个字节表示,字节的最高位固定为 0。

显然,标准 ASCII 字符集字符数目有限,在实际应用中往往无法满足要求。为此,国际标准化组织(ISO)又制定了 ISO 2022 标准,它规定了在保持与 ISO 646 兼容的前提下将标准 ASCII 字符集扩充为 8 位代码的统一方法。即通过最高位设置为 1,ISO 陆续制定了一批适用于不同地区的扩充 ASCII 字符集,这些扩充字符的编码均为十进制数的 128~255,统称为扩展 ASCII。由于各国文字特征不同,因此,每个国家可以使用不同的扩展 ASCII。在中国,汉字编码也利用了这一规则。

2. 中文字符的汉字机内码

1980 年,中国制订了中华人民共和国国家标准信息交换汉字编码,代号为 GB/T 2312—1980,在这种标准编码的字符集中一共收录了汉字和图形符号 7 445 个,其中包括 6 763 个常用汉字和 682 个图形符号。根据使用的频率,常用汉字又分为两个等级:一级汉字使用频率最高,包括汉字 3 755 个,它覆盖了常用汉字数的 99%;二级汉字有 3 008 个。一二级合起来的使用覆盖率可以达到 99.99%。一级汉字按汉语拼音字母顺序排列,二级汉字则按部首排列。

为了表示 7 445 个汉字和图形符号,如果使用只能支持 128 个字符的单一扩展 ASCII,显然无法满足汉字编码的需要。因此,就需要研究一种综合编码方法来支持汉字编码。

这种综合编码方法就是将汉字用两个扩展 ASCII 字节来表示。每个扩展 ASCII 字节最大可以支持 128 个字符,两个扩展 ASCII 字节进行行列交叉就可以支持最多 128 × 128 = 16 384 个字符。

而实际上,GB/T 2312—1980 国标规定,汉字编码表有 94 行和 94 列,完全覆盖了

7 445个字中文文字符和图形。其中行号01～94称为区号，列号01～94称为位号。行号和列号简单地组合在一起就构成了这个汉字的区位码。其中高两位为区号，低两位为位号。区位码可以唯一确定某一个汉字或符号，例如，汉字"啊"的区位码为1601，其区号=16，位号=01。

GB/T 2312—1980字符的排列分布情况见表1-2。

表1-2　GB/T 2312字符编码分布表

分区范围	符号类型	分区范围	符号类型
第01区	中文标点、数学符号，以及一些特殊字符	第08区	中文拼音字母表
第02区	各种各样的数学序号	第09区	制表符号
第03区	全角西文字符	第10～15区	无字符
第04区	日文平假名	第16～55区	一级汉字（以拼音字母排序）
第05区	日文片假名	第56～87区	二级汉字（以部首笔画排序）
第06区	希腊字母表	第88～94区	无字符
第07区	俄文字母表		

GB/T 2312—1980字符在计算机中存储是以其区位码为基础的，其中汉字的区码和位码分别占一个存储单元，每个汉字占两个存储单元。由于区码和位码的取值范围都是在1～94之间，这样的范围同西文的存储表示冲突。例如，汉字"珀"在GB/T 2312中的区位码为7174，其两字节表示形式为71和74；而两个西文字符"GJ"的存储码也是71和74。这种冲突将导致在解释编码时，无法判断其表示的是一个汉字还是两个西文字符。

为避免同西文的存储发生冲突，GB/T 2312—1980字符在进行存储时，通过将原来的每个字节第8位设置为1，用来跟西文加以区别。如果第8位为0，则表示西文字符，否则表示GB/T 2312—1980中的中文字符。实际存储时，采用了将区位码的每个字节分别加上A0 H（即80 H+20 H）的方法转换为存储码。在这里，存储时编码值额外+20 H的目的是预留一定字符空间，以兼容其他字符代码。

这种区位存储码就形成了计算机内部存储和处理汉字的二进制代码，即汉字机内码（又称汉字内码）。例如，汉字"啊"的区位码为1601，对应于十六进制的1001 H，则其汉字机内码为B0A1 H，其转换方法为：

　　汉字机内码高位字节 = 区号的十六进制 + A0 H = 10 H + A0 H = B0 H
　　汉字机内码低位字节 = 位号的十六进制 + A0 H = 01 H + A0 H = A1 H

对于大多数计算机系统，一个汉字机内码占用两个字节，利用扩展ASCII的高位置1原则，两个字节的最高二进制位均设置为1，目标是用来区分计算机内部的标准ASCII（因为标准ASCII的最高二进制位为0）。

GBK汉字内码扩展规范是对GB/T 2312—1980的扩展，共收录汉字21 003个、符号883个，并提供1 894个造字码位，简、繁体字融于一库。

big5是在中国台湾、香港与澳门地区使用的繁体中文字符集。big5是1984年台湾五大厂商宏碁、神通、佳佳、零壹，以及大众一同制定的一种繁体中文编码方案，因其来源被称为五大码，英文写作big5，也被称为大五码。

3. 多语种的混合编码

如今，人类使用了接近6 800种不同的语言。为了扩充ASCII编码，以用于显示本国的语言,不同的国家和地区制定了不同的标准,由此产生了 GB/T 2312、big5、JIS 等各自的编码标准。这些使用两个字节来代表一个字符的各种汉字延伸编码方式,称为 ANSI 编码,又称为多字节字符集(MBCS)。

在简体中文系统下,ANSI 编码代表 GB/T 2312 编码;在日文操作系统下,ANSI 编码代表 JIS 编码。所以,在中文 Windows 环境下,要转码成 GB/T 2312,只需要把文本保存为 ANSI 编码即可。

由于不同国家或地区的 ANSI 编码之间互不兼容,当信息在国际交流时,无法将属于两种语言的文字,存储在同一段 ANSI 编码的文本中。一个很大的缺点是,同一个编码值,在不同的编码体系里代表着不同的字。这样就容易造成混乱,出现乱码。比如,使用英文浏览器浏览中文网站,就无法显示正确的中文。

解决这问题的最佳方案是设计一种全新的编码方法,而这种方法必须有足够的能力来容纳全世界所有语言中任意一种语言的所有符号,这就是统一码 Unicode。

Unicode 为每种语言中的每个字符设定了统一并且唯一的二进制编码,以满足跨语言、跨平台进行文本转换、处理的要求。

目前实际应用的 Unicode 对应于两字节通用字符集 UCS-2,每个字符占用 2 个字节,使用 16 位的编码空间,理论上允许表示 2^{16} = 65 536 个字符,可以基本满足各种语言的使用需要。实际上,目前版本的 Unicode 版本尚未填充满这 16 位编码,从而为特殊的应用和将来的扩展保留了大量的编码空间。

虽然这个编码空间已经非常大了,但设计者考虑到将来某一天它可能也会不够用,所以又定义了 UCS-4 编码,即每个字符占用 4 个字节(实际上只用了 31 位,最高位必须为 0),理论上可以表示 2^{31} = 2 147 483 648 个字符。

在个人计算机中,若使用扩展 ASCII、Unicode 的 UCS-2 字符集和 UCS-4 字符集分别表示一个字符,则三者之间的差别为:扩展 ASCII 用 8 位表示,Unicode 的 UCS-2 用 16 位表示,Unicode 的 UCS-4 用 32 位表示。

Unicode 虽然统一了编码方式,但是它的效率不高。比如,UCS-4 规定用 4 个字节存储一个符号,那么每个英文字母前都必然有三个字节是 0,这对存储和传输来说都很浪费资源。

4. 多语种混合的压缩编码

UTF-8 是一种针对 Unicode 码进行压缩的可变长度字符编码。它可以根据不同的符号自动选择编码的长短,其目的是提高 Unicode 的编码效率。

UTF-8 可以用来表示 Unicode 标准中的任何字符,而且其编码中的第一个字节仍与 ASCII 相兼容,使得原来处理 ASCII 字符的软件无须或只进行少部分修改后,便可继续使用。因此,它逐渐成为电子邮件、网页及其他存储或传送文字的应用中优先采用的编码。

UTF-8 根据不同字符,使用 1~4 字节为每个字符进行编码,其编码规则为:

(1)当为标准 ASCII 字符集时,则采用 1 个字节进行编码,对应 Unicode 范围为 U + 0000 ~ U + 007F。

(2)当为带有变音符号的拉丁文、希腊文、西里尔字母、亚美尼亚语、希伯来文、阿拉伯文、叙利亚文等字母时,则采用 2 个字节编码,对应 Unicode 范围为 U + 0080 ~ U + 07FF。

(3)当为中日韩文字、东南亚文字、中东文字等时,则使用 3 个字节进行编码。

(4)当为其他极少使用的语言字符时,则使用 4 个字节进行编码。

除了 UTF-8 外，目前还有 UTF-16 和 UTF-32。顾名思义，UTF-8 就是每次传输 8 位数据，而 UTF-16 就是每次传输 16 位数据，UTF-32 就是每次传输 32 位数据。

Unicode 与 UTF-8 之间的编码映射关系见表 1-3。

表 1-3　Unicode 与 UTF-8 之间的编码映射关系表

Unicode UCS-2	Unicode UCS-4	UTF-8
0000 ~ 007F	00000000 ~ 0000007F	0xxxxxxx
0080 ~ 07FF	00000080 ~ 000007FF	110xxxxx 10xxxxxx
0800 ~ FFFF	00000800 ~ 0000FFFF	1110xxxx 10xxxxxx 10xxxxxx
—	00010000 ~ 001FFFFF	11110xxx 10xxxxxx 10xxxxxx 10xxxxxx
—	00200000 ~ 03FFFFFF	111110xx 10xxxxxx 10xxxxxx 10xxxxxx 10xxxxxx
—	04000000 ~ 7FFFFFFF	1111110x 10xxxxxx 10xxxxxx 10xxxxxx 10xxxxxx 10xxxxxx

如果 Unicode 是 UCS-2，则 UTF-8 的长度为 1 至 3 个字节；如果 Unicode 是 UCS-4，则 UTF-8 的长度是 1 至 6 个字节，其中，除第 1 行外，后面 5 行的第一个字节的高位 1 的数目就指明了这个 UTF-8 的字符使用的字节数目。

Unicode-2 到 UTF-8 编码步骤如下：

第一步：根据 Unicode 的编码范围，确定转换后的 UTF-8 需要的字节数，选取对应的 UTF-8 编码模板；

第二步：将 Unicode 编码写成二进制序列，以二进制的形式，从高到低位，依次填充到对应的 UTF-8 编码模板中"x"的位置上。

第三步：将填充完成的 UTF-8 编码模板按照十六进制读出，即可得到转换后的 UTF-8 编码。

例如，"汉"字的 Unicode UCS-4 编码是 U + 00006C49，位于 00000800 ~ 0000FFFF 之间，需要 3 个字节进行 UTF-8 编码，其编码模板为 1110xxxx 10xxxxxx 10xxxxxx。将 Unicode 编码 6C49 转换为二进制序列 0110 1100 0100 1001，将该序列从高到低位，依次填充到编码模板中，得到 1110 0110 10 11 0001 1000 1001，转换成十六进制就是 E6 B1 89。因此，"汉"字的 UTF-8 编码就是 E6B189，共 3 个字节。

大家也可以使用各类网络在线工具，实现各种字符的 Unicode 编码和 UTF-8 编码。

1.3.2　字形编码

ASCII、汉字机内码和 Unicode 码都是一种文字编码方法，不能直接在屏幕上进行文字显示。要在屏幕上进行显示，不管是中文汉字还是英文字母和数字，都需要为其构建相对应的点阵字库或矢量字库。可以把为中英文字符构建点阵字库或矢量字库的过程，称为字形编码。

1. 中文字符显示的点阵编码

为了将中英文字符显示在显示器上，就必须为每个字符设计一套点阵字库（或称点阵图形）。不同的字体对应不同的点阵图形。如宋体的"汉"和楷体的"汉"，其点阵图形是不同的。

每个汉字可以用一个矩形的黑白点阵来描述。在一个汉字的黑白点阵中，通常用 0 代表白色（不显示），用 1 代表黑色（显示）。根据汉字的显示精度不同，汉字的点阵矩阵有 12×12、14×14、16×16、24×24、48×48 等多种。

例如，一个16×16点阵的"你"字，其点阵结构如图1-3(a)所示。在图中，黑色小方块用1表示，白色小方块用0表示。按照这一标准编码，16×16点阵的"你"字的每行二进制位代码序列共16位，如图1-3(b)所示；将每行的二进制序列转换为两个十六进制数，就可以得到一个32字节的"你"字字模信息，如图1-3(c)所示。

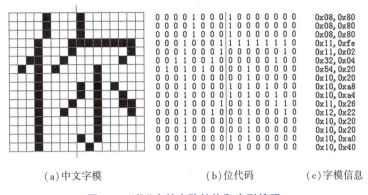

(a)中文字模　　　　　　(b)位代码　　　　(c)字模信息

图1-3 "你"字的点阵结构和字形编码

显然，已知汉字点阵的大小，可以计算出存储一个汉字所需占用的字节空间。

例如，用16×16点阵表示一个汉字，就是将每个汉字用16行，每行16个点表示，如果一个点需要1位二进制代码，16个点就需用16位二进制代码(即2个字节)。因为共16行，所以需要16行×2字节/行=32字节。即16×16点阵表示一个汉字，字形码至少需用32字节。即：所需字节数 = 点阵行数×点阵列数/8。如果需要构造彩色字库，那么一个汉字所占用的存储空间就更大。

与中文汉字的字形编码方法类似，英文字符的显示也需要进行字形编码。

2. 中文字符显示的矢量编码

在实际应用中，同一个字符有多种字体(如宋体、楷体、黑体等)，每种字体又有多种大小型号，因此，采用点阵方法构造的显示字库的存储空间就十分庞大。为了减少字库的存储空间，方便字体缩放，生成精美文字，就需要提出一种新的字形编码技术。

矢量字库就是这样一种技术，它通过数学曲线来对每一个汉字进行描述，保存的是每个汉字的字形信息，比如，一个笔画的起始、终止坐标，半径、弧度和连线的导数等。字形显示时，字体的渲染引擎读取这些矢量信息，然后通过数学运算来进行显示。这类字库可以保证汉字在任意缩放下不变形，笔画轮廓仍然能保持圆滑和不变色。

在Windows操作系统中，既使用了点阵字库，也有矢量字库。在FONTS目录下，扩展名为FON的文件存储是点阵字库，扩展名为TTF的文件存储的则是矢量字库。

主流的矢量字库有三种：Type1、TrueType和OpenType。

(1)Type1全称PostScript Type1，是1985年由Adobe公司提出的一套矢量字体标准，Type1是非开放字体，使用Type1需要支付使用费用。

(2)TrueType是1991年由Apple公司与Microsoft公司联合推出的另一套矢量字标准。Type1使用三次贝塞尔曲线来描述字形，TrueType则使用二次贝塞尔曲线来描述字形。所以Type1的字体比TrueType字体更加精确美观。

(3)OpenType也叫Type 2字体，是由Microsoft和Adobe公司联合开发的一种轮廓字体，优于 TrueType 并且支持跨平台功能。

为了生成精美的汉字字形，大家也可以使用网络上的在线工具。

3. 中文字符打印的字形编码

用于打印的字库叫打印字库，可分为软字库和硬字库两种。软字库以文件的形式存放在硬盘上，目前的计算机系统多采用这种方式；硬字库则将字库固化在一个单独的存储芯片中，再和其他必要的器件组成接口卡，集成在计算机上或打印机内部，早期通常称之为汉卡，其工作时不像显示字库那样需要调入内存。

1.3.3 语音和图像编码

语音和图像如果需要在计算机内部进行处理，就必须进行数字化，即将语音或图像转换成二进制序列数据。

1. 语音编码

语音编码就是对模拟的语音信号进行编码，将模拟信号转化成数字信号，从而降低传输码率并进行数字传输，语音编码的基本方法可分为波形编码、参量编码(音源编码)和混合编码。

(1) 波形编码

波形编码是指将时域的模拟语音的波形信号经过取样、量化、编码而形成数字语音信号的过程。波形编码的基本原理是：在时间轴上对模拟语音信号按照一定的速率来抽样，然后将幅度样本分层量化，并使用二进制代码来表示。波形编码的目的在于尽可能精确地再现原来的语音波形，并以波形的保真度(即自然度)，为其质量的主要度量指标，但波形编码所需的码速率高，占用存储空间大。典型的波形编码包括 PCM 编码及其变种 ADPCM 编码等。

PCM 编码是一种能够达到最高保真水平的语音编码，如 CD、DVD 和计算机中 WAV 文件。虽然 PCM 被认为是无损编码，代表了数字音频中的最佳保真水准，但并不意味着 PCM 就能够确保信号绝对保真，因为 PCM 编码过程的采样频率大小决定了语音保真水平。例如，一个采样率为 44.1 kHz，采样大小为 16 位，双声道的 PCM 编码的 WAV 文件，它的数据速率则为 44.1×16×2 =1 411.2 kbit/s。如果采用 PCM 编码，一张普通光盘的容量只能容纳 80 min 左右的音乐信息。

ADPCM 是一种针对声音波形数据的有损压缩算法，它将声音流中每次采样的数据(如 16 位)通过差分的形式用更少的位(如 4 位)进行存储，不仅压缩比例高，而且声音质量高、损失少。

(2) 参量编码

参量编码又称为声源编码，它将声源信号在频率域或正交变换域中提取特征参数，然后变换成数字代码进行传输。译码则为其反过程，将收到的数字序列经变换恢复特征参量，再根据特征参量重建语音信号。典型的参量编码方法包括 LPC(线性预测编码)及其变种 CELP、QCELP 等。

LPC 语音编码的主要质量指标是可懂度，语音编码速率可压缩到 1.2~4.8 kbit/s，虽然占用存储空间小，但语音质量只能达到中低等，特别是自然度较低。

为了提高语音通信质量，1999 年，欧洲通信标准协会(ETSI)推出了基于码激励线性预测编码(CELP)的第三代移动通信语音编码标准，即自适应多速率语音编码器(AMR)，它是一种较为成功的语音编码算法，其最低速率为 4.75 kbit/s，可以完美保证电话语音的通信质量。

Qualcomm 公司提出了一种应用于 3G 移动通信 CDMA 系统的语音编码算法 QCELP，可工作于 4 kbit/s、4.8 kbit/s、8 kbit/s、9.6 kbit/s 等固定速率上，而且可根据人的说话特性进行自动速率调整。

(3) 混合编码

混合编码是结合波形编码和参量编码各自优点的一种编码方案。混合编码把波形编码的高质量和参量编码的高效性融为一体，在参量编码的基础上附加一定的波形编码特征，实现在可懂度的基础上适当地改善自然度的目的。在移动通信中语音编码一般都是混合编码。选择混合编码时，要使比特率、质量、复杂度和处理时延这四个参量及其关系达到综合最佳化。

2. 图像编码

图像编码也称图像压缩，是指在满足一定质量（信噪比的要求或主观评价得分）的条件下，以较少比特数表示图像或图像中所包含信息的技术。

1948 年，信息论学说的奠基人香农曾经论证：不论是语音还是图像，由于其信号中包含很多的冗余信息，所以当利用数字方法传输或存储时均可体现数据的压缩。在他的理论指导下，图像编码已经成为当代信息技术中较活跃的一个分支。

图像编码系统的发信端基本上由两部分组成。首先，对经过高精度模-数变换的原始数字图像进行去相关处理，去除信息的冗余度；然后，根据一定的允许失真要求，对去相关后的信号进行编码，即重新码化。

在计算机中进行图像编码时，图像的每个像素用不同的灰度级来表示，然后使用 0 和 1 的二级制串来进行存储和传输等。

下面以 BMP 为例介绍图像编码方式，其他图像编码方式可以参考有关国际标准。

BMP 图形文件是 Windows 采用的一种图像文件格式，其文件扩展名是 BMP 或者 bmp（有时它也会以 .DIB 或 .RLE 作为扩展名）。

BMP 文件的数据按照从文件头开始的先后顺序分为四个部分：

(1) 位图文件头：提供文件的格式、大小等信息，占用 14 个字节，地址范围为 0000H ~ 000DH。

(2) 位图信息头：提供图像数据的尺寸、位平面数、压缩方式、颜色索引等信息，占用 40 个字节，地址范围为 000E H ~ 0035 H。

(3) 调色板：可选，占用空间由 biBitCount 决定。起始地址为 0036 H。如果使用索引来表示图像，调色板就是索引与其对应的颜色的映射表。

(4) 位图数据：是图片的点阵数据区，占用空间大小由图片大小和颜色确定。

除了 BMP 图像格式之外，计算机系统还支持 TIFF 格式、GIF 格式、JPEG 格式、PNG 格式等多种图像格式。

(1) TIFF 格式：即标记图像文件格式，用于在应用程序之间和计算机平台之间交换文件。TIFF 是一种较为通用和灵活的图像格式，几乎对所有绘画、图像编辑和页面排版应用程序都支持。

(2) GIF 格式：即图像交换格式，是一种图像压缩格式，用来最小化文件大小和电子传递时间。

(3) JPEG 格式：即联合图片专家组，是一种高压缩率的图像压缩格式。大多数彩色和灰度图像都使用 JPEG 格式压缩图像。当对图像的精度要求不高而存储空间又有限时，JPEG 是一种理想的压缩方式。

（4）PNG 格式：PNG 图片可以任何颜色深度存储单个光栅图像。PNG 是与平台无关的格式。与 JPEG 的有损耗压缩相比，PNG 提供的压缩量较少。

1.4 信息伦理与法律

信息伦理作为一种信息活动的行为规范，不具有法律的强制性，是一种依靠社会舆论、人们的信仰和传统习惯来调节人、机、物与社会之间的伦理关系的行为原则和规范的总称。而信息法律则是为保障网络安全，维护网络空间主权和国家安全、社会公共利益，保护公民、法人和其他组织的合法权益，促进经济社会信息化健康发展而制定的法律。在信息社会，我们不仅需要信息伦理来评价和约束人们的行为，调整人与人之间的关系，维护社会的稳定与和谐，更需要法律法规来约束人们的网络行为。

1.4.1 信息伦理与道德规范

1. 什么是伦理

"伦理"是指在处理人类个体之间、人与社会之间的关系时应遵循的准则、方法和依据的"道理"，是一种社会行为规范。"伦理"强调了人类行为的合理性，对待问题要按照规定行事，行为要举止得体、合乎规范。

伦理原指住所、栖息地和家园，一般指风俗习惯，但在后来的发展中不断延展推广，包含了人的精神气质、德性、人格，以及社会关系和为人之道等诸方面的内容。

随着社会文明的快速进步，使得人们彼此间的关系变得更加复杂，伦理问题层出不穷；其次，随着科学技术的快速发展，同样引发了大量的、未曾出现过的伦理问题，如技术伦理、科学伦理、环境伦理和信息伦理等。而这些伦理问题正好是以往伦理体系中未能很好处理的。

由于信息技术发展非常迅速，信息伦理与职业规范与时俱进，计算机伦理、网络伦理和人工智能伦理相继出现并不断更新。

（1）专业人员的计算机伦理

计算机伦理规范是指计算机专业人士在设计、开发、生产和销售计算机及网络产品并在为其客户和雇主服务的过程中需要遵守的行为准则。

国际计算机协会（association for computing machinery，ACM）在 1992 年 10 月发布了《计算机伦理与职业行为准则》。该准则是专门为 ACM 会员所制定的，是计算机专业人士应该遵守的计算机职业道德规范。《计算机伦理与职业行为准则》由四部分、24 条规则构成。

第一部分列举了道德的基本要点，即"基本的道德准则"，内容包括：为社会和人类福利事业作出贡献；避免伤害他人；做到诚实可信；坚持公正并反对歧视；尊重包括版权和专利权在内的财产权；重视对知识产权的保护；尊重他人的隐私；保守机密。

第二部分列出了对专业人士行为更加具体的要求。即"更具体的专业人士责任"，内容包括：努力取得最高的质量、效益和荣誉；获得和保持专业竞争力；遵守现有的与专业工作相关的法律；接受并提供专业评价；进行风险分析；遵守合同、协议及所承担的责任；仅在授权的情况下利用计算和通信资源。

第三部分是组织领导岗位准则。

第四部分是支持和执行本准则的规定。

（2）应用人员的计算机伦理

为应用人员制定的计算机伦理规范已经相当普遍，比较著名的有美国计算机伦理协会制定的"计算机伦理十戒"，明确列出了被禁止的网络违规行为：不应该用计算机去伤害别人；不应该干扰别人的计算机工作；不应该窥探别人的文件；不应该用计算机进行偷窃；不应该用计算机作伪证；不应该使用或复制没有付钱的软件；不应该未经许可而使用别人的计算机资源；不应该盗用别人智力成果；应该考虑你所编的程序的社会后果；应该以审慎的态度来使用计算机。

（3）计算机网络伦理

一般来说，计算机网络伦理规范主要包括以下内容：尊重他人的知识产权；不利用网络从事有损于社会和他人的活动；尊重隐私权；不利用网络攻击、伤害他人；不利用网络谋取不正当的商业利益等。

（4）人工智能伦理

如今，每个人都享受到人工智能技术所带来的便捷和效率。但是，人工智能技术为人们带来好处的同时，也对人们的传统伦理道德产生影响。例如，具有高度智商的机器人能否赋予其人的权利（即人权伦理）；一些公司为了获取更多利润，利用大数据分析结果损害老顾客的利益，从而违背了公平交易的原则（即经济伦理）。此外，无人驾驶汽车出现事故的责任归属问题、机器人的出现导致的大量人员失业问题、视频监控导致的个人隐私泄露问题等都会给人们带来新的伦理挑战。

为了解决上述问题，有必要制定严格的人工智能技术伦理规则，例如：人工智能必须有益于人们身心健康；人工智能必须有利于人类生存，促进社会和谐发展；人工智能必须保护人类隐私；人工智能必须维护人的尊严；人工智能必须尊重人的选择；人工智能应该保证社会公平等。

2. 信息技术是一把"双刃剑"

科学技术是一把"双刃剑"，信息技术也不例外。信息技术与传统教育模式相结合，在推动教育改革快速发展的同时，也带来了计算机辅助剽窃、软件盗版、信息欺诈、信息垃圾等大量信息伦理与道德失范行为。主要表现在以下几方面：

（1）冲击人际交往

计算机网络技术极大地拓展了人际交往空间，但同时也使得一些青年学生参加社会活动的机会大大减少。热衷虚拟交往使他们疏远了现实中的人际交往，使传统的具有可视性、亲情感的人际交往方式大大减弱，久而久之，必然造成人与人之间的隔膜，导致人际交往能力的下降。

（2）引发心理障碍

网上交往改变了高校学生情感沟通方式，过分地沉溺网络世界，势必导致其心理、精神、人格等方面的成长障碍，造成部分学生"网上网下"判若两人，导致多重人格，容易出现焦虑、苦闷、压抑的情绪。

另外，部分学生沉溺网络游戏，很容易令他们模糊道德认识，长期如此，极容易产生精神麻木和道德冷漠，丧失现实感和道德判断力。

(3) 导致情感创伤

青年学生处于情感发育的黄金时期，向往异性、渴望情感是正常的。但网上交往角色的虚拟性导致了年龄、学历、相貌、身份等方面与实际产生偏差或不符，容易造成较大的感情或心理伤害。

(4) 信息垃圾威胁

计算机网络在促进教育发展的同时，暴力、迷信、色情等网络信息垃圾也可能同步而至，严重污染了校园文化环境。

(5) 病毒黑客侵袭

部分学生认为充当计算机黑客是一件荣耀的事情，他们想方设法追求网上的"技术权威"，试图闯入"禁止进入"的计算机系统。"黑客"行为本身可能是基于创新的动机，而一旦偏离了道德的轨道，就要受到道德舆论的谴责，甚至是法律的制裁。

(6) 软件盗版

互联网极大地增加了软件产品的销售，同时也为盗版软件创造了新的机会。某些人员在未经许可的情况下，擅自对软件进行复制、传播甚至销售。软件盗版和非法复制极大地威胁了软件产业的健康发展。

针对上述道德失范行为，有必要借助道德理性的力量，逐步建立起信息技术领域的信息法律和伦理规范，依靠人类的伦理精神来规约信息技术的引进、研究和使用，使之有利于社会发展。

1.4.2 信息伦理与隐私保护

1. 隐私的概念

对于隐私(privacy)，每个人都有自己不同的理解。狭义的隐私是指以自然人为主体的个人秘密，即凡是用户不愿让他人知道的个人(或机构)信息都可称为隐私，如电话号码、身份证号、个人健康状况、企业重要文件等。广义的隐私不仅包括自然人的个人秘密，也包括机构的商业秘密。

2. 隐私保护的必要性

近年来用户隐私泄露事件频发，可谓触目惊心。

2015年1月，一家黑客组织窃取了1.17亿个某社交网站的电子邮件和密码凭证。2014年至2018年期间，网络犯罪分子收集了某国际连锁酒店超过5亿客人的个人数据，并于2018年9月成功攻击了某国际互联网企业，窃取了5 000万用户账户。

2018年9月，某国际互联网企业因安全系统漏洞而遭受黑客攻击，导致3 000万用户信息泄露；12月14日，因软件漏洞导致大约6 800万用户的私人照片泄露。

2016年，某国某市的二十万名儿童的信息被打包售卖，所涉及信息甚至具体到门牌号。

2016年8月，杜某某非法侵入某省2016年普通高等学校招生考试信息平台网站，窃取高考考生个人信息64万余条，向陈某某出售信息10万余条，获利14 100余元。

2016年8月，该省考生徐某某因为个人信息遭到泄露而遭到电话诈骗，骗走上大学的费用9 900元，伤心欲绝，最终不幸离世。徐某某正是杜某某这一非法入侵事件的主要受害者。

随着智能手机、无线传感网络、射频识别等信息采集终端在物联网中的广泛应用，个人数据隐私的暴露和非法利用的可能性大增。物联网环境下的数据隐私保护已经引起了政府和个人的密切关注。例如，手机用户在使用位置服务过程中，位置服务器上留下了大量的用户轨迹，而且附着在这些轨迹上的上下文信息能够披露用户的生活习惯、兴趣爱好、日常活动、社会关系和身体状况等个人敏感信息。当这些信息不断增加且泄露给不可信的第三方(如服务提供商)时，将会打开滥用个人隐私数据的大门。

因此，为了使用户既能享受各种服务和应用，又能保证其隐私不会被泄露和滥用，隐私保护技术应运而生。

小　结

本章介绍了信息的基本概念、信息革命、新一代信息技术、数字技术，以及数字技术与各类学科的关联关系，重点讲述了信息的数字表示和数字化编码技术，并探讨了信息伦理、信息法律、职业规范、隐私保护等方面的内容。

习　题

一、问答题

1. 什么是信息？
2. 什么是新一代信息技术？
3. 什么是数字技术？
4. 简述数字技术与各学科的关联关系。
5. 什么是信息革命？简述信息革命的发展历程。
6. 什么是信息伦理？探讨其与道德、法律的关系。
7. 调研国内与信息安全相关的主要法律。
8. 语音编码有哪几种方式？各有何优缺点？

二、计算题

1. 计算十进制数90.75的二进制数、八进制数和十六进制数表示。
2. 计算二进制数11000100011.011的十进制数、八进制数和十六进制数表示。
3. 已知英文数字"1"的ASCII字符为31 H，计算英文数字"5"和"8"的ASCII编码。
4. 已知英文数字"A"的ASCII字符为41 H，计算英文数字"B"和"Z"的ASCII编码。
5. 已知英文数字"a"的ASCII字符为61 H，计算英文数字"c"和"r"的ASCII编码。

三、综合题

1. 利用网络手段，查询中文字符"林"的UTF-8编码。
2. 利用网络手段，查询汉字"西"和"安"的机内码。

第 2 章

云计算

 学习目标

(1) 了解计算平台的产生与发展历程。
(2) 理解图灵机模型和冯·诺依曼计算机体系。
(3) 了解多计算机系统的概念及并行计算系统。
(4) 理解云计算的概念及其主要服务模式。
(5) 了解云计算的虚拟化技术,能够开展桌面虚拟化操作实验。

◆ 2.1 计算平台的产生与发展 ◆

事实上,人们每天都在使用计算系统或平台,小到智能手机、平板计算机、桌面计算机,大到服务器和云计算系统。计算系统的发展经历了从简单到复杂,从功能单一到功能多样化,从单计算机系统到多计算机系统集成融合的过程。

2.1.1 单计算机系统

20 世纪 80 年代,个人计算机已经进入大批量生产。在硬件方面,应用于个人计算机的美国英特尔(Intel)公司生产的产品系列 8086/8088、80286、80386 和 80486 实际上已经成为微型机 CPU 的重要标准;在软件方面,微软公司的 MS-DOS 已成为微型机操作系统的重要标准。因此,以 80x86 和 MS-DOS 为组合的微型机成为硬、软件开发中的事实标准,也是早期广泛使用的一种个人计算系统与平台。因为这种平台使用单台计算机进行实现,因此,也成为单机计算系统。

单计算机系统是指一种大小、价格和性能适用于个人使用的多用途计算机。台式机、笔记本计算机、平板计算机和智能手机等都属于这个范畴。

(1) 台式机是主机和显示器各自独立并可分开放置的一种计算机。相对于笔记本计算机和平板计算机,台式机体积较大,主机与显示器之间通过线缆连接,一般需要放置在电脑桌或者专门的工作台上,因此命名为台式机。

(2) 笔记本计算机,简称笔记本,又称便携式计算机、手提计算机、掌上计算机或膝上型计算机,其特点是将主机和显示器整合成一体,机身小巧,携带方便,通常重一至三公斤。随着集成电路技术的快速发展,笔记本计算机的趋势是体积越来越小,重量越来越轻,功能越来越强。目前,全球市场上有很多品牌的笔记本计算机,如联想(Lenovo)、苹果(Apple)、惠普(HP)、戴尔(DELL)、宏碁(Acer)等。

(3)平板计算机,也叫便携式计算机,是一种小型、方便携带的个人计算机,是以触摸屏作为基本的输入设备。它拥有的触摸屏(也称为数位板技术)允许用户通过触控笔或数字笔来进行书写和操作,而不再需要传统的键盘或鼠标。用户可以通过内建的手写识别、语音识别、虚拟键盘或者外接键盘实现输入。2010年1月,苹果公司发布了第一代平板计算机 iPad;2012年6月,微软发布了 Surface 平板计算机。

(4)智能手机,是指具有独立操作系统和触摸显示屏,可以由用户自行安装软件、游戏、导航等第三方服务商提供的程序,并可以通过移动通信网络来实现无线接入的手机类型的总称。从2019年开始,智能手机的发展趋势是充分加入了人工智能、5G 通信等多项专利技术,智能手机已经成为了用途最为广泛、与生活密不可分的随身携带产品。

图 2-1 给出了几种典型的单计算机系统。

图 2-1 几种典型的单计算机系统

2.1.2 图灵机模型

1936年,英国数学家阿兰·麦席森·图灵(1912—1954年)提出了一种抽象的计算模型——图灵机(Turing machine)。图灵机又称图灵计算机,图灵的基本思想是用机器来模拟人们用纸笔进行数学运算的过程,他把这样的过程看作以下两种简单的动作:

(1)在纸上写上或擦除某个符号。

(2)把注意力从纸的一个位置移动到另一个位置。

为了模拟人的上述动作和运算过程,图灵构造出了一台假想的机器,如图 2-2 所示。该机器由以下几个部分组成:

(1)一条无限长的纸带。纸带被划分为一个接一个的小格子,每个格子上包含一个来自有限字母表的符号,字母表中有一个特殊的符号表示空白。纸带上的格子从左到右依此被编号为 0、1、2……,纸带的右端可以无限伸展。

(2)一个读写头。该读写头位于处理盒内部,可以在纸带上左右移动,它能读出当前所指的格子上的符号,并能改变当前格子上的符号。

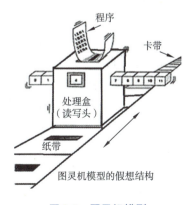

图 2-2 图灵机模型

(3) 一套控制规则。它根据当前机器所处的状态，以及当前读写头所指的格子上的符号来确定读写头下一步的动作，并改变状态寄存器的值，令机器进入一个新的状态。

(4) 一个状态寄存器。它用来保存图灵机当前所处的状态。图灵机的所有可能状态的数目是有限的，并且有一个特殊的状态，称为停机状态。

注意：这个机器的每一部分都是有限的，但它有一个潜在的无限长的纸带，因此这种机器只是一个理想的设备。图灵认为这样的一台机器就能模拟人类所能进行的任何计算过程。

图灵提出的图灵机模型并不是为了给出计算机的设计，但它的意义非凡，主要体现在如下几个方面：

(1) 它证明了通用计算理论，肯定了计算机实现的可能性，同时它给出了计算机应有的主要架构。

(2) 图灵机模型引入了读写、算法与程序语言的概念，极大地突破了过去的计算机器的设计理念。

(3) 图灵机模型是计算学科最核心的理论，因为计算机的极限计算能力就是通用图灵机的计算能力，很多问题可以转化到图灵机这个简单的模型上来考虑。

图灵机模型向人们展示这样一个过程：程序和其输入可以先保存到存储带上，图灵机就按程序一步一步运行直到给出结果，结果也保存在存储带上。更重要的是，从图灵机模型可以隐约看到现代计算机的主要组成，尤其是冯·诺依曼计算机的主要组成。

阅读扩展：艾伦·麦席森·图灵(Alan Mathison Turing, 1912 年 6 月 23 日—1954 年 6 月 7 日)，英国数学家、逻辑学家，被称为计算机科学之父，人工智能之父。1931 年图灵进入剑桥大学国王学院，毕业后到美国普林斯顿大学攻读博士学位，第二次世界大战爆发后回到剑桥，后曾协助军方破解德国的著名密码系统 Enigma，帮助盟军取得了二战的胜利。图灵对于人工智能的发展有诸多贡献，提出了一种用于判定机器是否具有智能的试验方法，即图灵试验，至今，每年都有试验的比赛。此外，图灵提出的著名的图灵机模型为现代计算机的逻辑工作方式奠定了基础。

2.1.3　冯·诺依曼计算机体系

1946 年，世界上第一台电子管组成的数字积分器和计算机 ENIAC(electronic numerical integrator and computer)在美国宾夕法尼亚大学研制成功。它装有 18 000 个真空管、1 500 个电子继电器、70 000 个电阻器和 18 000 个电容器，8 英尺(1 英尺=30.48 厘米)高，3 英尺宽，100 英尺长，总质量有 30 吨之巨，运算速度为 5 000 次/秒。

1. 冯·诺依曼体系

在第一台计算机 ENIAC 的研制过程中，冯·诺依曼仔细分析了该计算机存在的问题，于 1953 年 3 月提出了一个全新的通用计算机方案——EDVAC(electronic discrete variable automatic computer)方案。在该方案中，冯·诺依曼提出了三个重要的设计思想：

(1) 计算机由运算器、控制器、存储器、输入设备和输出设备五个基本部分组成。

(2) 采用二进制形式表示计算机的指令和数据。

(3) 将程序(由一系列指令组成)和数据存放在存储器中，并让计算机自动地执行程序。这就是"存储程序和程序控制"思想的基本含义。EDVAC 奠定了现代计算机体系结构的基础。直至今日,一代又一代的计算机仍沿用这一结构,因此,后人将其称为"冯·诺依曼"计算机体系结构。

半个多世纪以来,计算机制造技术发生了巨大变化,但冯·诺依曼体系结构仍然沿用至今,人们总是把冯·诺依曼称为"计算机鼻祖"。

2. 冯·诺依曼计算机

冯·诺依曼提出的计算机体系结构,奠定了现代计算机的结构理念。根据冯·诺依曼体系结构所构成的计算机,必须具有如下功能:

(1)把需要的程序和数据送至计算机中。
(2)必须具有长期记忆程序、数据、中间结果及最终运算结果的能力。
(3)能够完成各种算术、逻辑运算和数据传送等数据加工处理的能力。
(4)能够根据需要控制程序走向,并能根据指令控制机器的各部件协调操作。
(5)能够按照要求将处理结果输出给用户。

根据上述功能要求,冯·诺依曼计算机是一个包括控制器、运算器、存储器、输入设备、输出设备五部分组成的系统,如图 2-3 所示。显然,将指令和数据同时存放在存储器中,是冯·诺依曼计算机方案的特点之一。

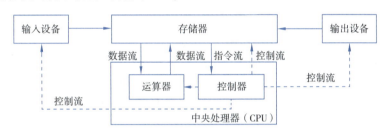

图 2-3 冯·诺依曼计算机体系结构

冯·诺依曼计算机的基本功能模块包括:

(1)运算器

运算器又称算术逻辑单元(arithmetical and logical unit,ALU)。ALU 负责算术运算和逻辑运算。算术运算包括加、减、乘、除等基本运算;逻辑运算包括逻辑判断、关系比较,以及其他的基本逻辑运算,如"与""或""非"等。

(2)控制器

控制器是整个计算机系统的指挥控制中心,它控制计算机各部分自动协调地工作,保证计算机按照预先规定的目标和步骤有条不紊地进行操作及处理。控制器和运算器合称为中央处理单元,即 CPU(central processing unit),它是计算机的核心部件。其性能指标主要是工作速度和计算精度,对机器的整体性能有全面的影响。

(3)存储器

存储器是计算机的"记忆"装置,它的主要功能是存储程序和数据,并能在计算机运行过程中高速、自动地完成程序或数据的存取。计算机存储信息的基本单位是位(bit),每 8 位二进制数合在一起称为一个字节(Byte,简称 1B)。存储器的一个存储单元一般存放一个字节的信息。存储器是由成千上万个"存储单元"构成的,每个存储单元都有唯一的编号,称为地址。衡量存储器性能优劣的主要指标有存储容量、存储速度、可靠性、功耗、体积、重量、价格等。

(4) 输入设备

用来向计算机输入各种原始数据和程序的设备叫输入设备。输入设备把各种形式的信息，如数字、文字、声音、图像等转换为数字形式的"编码"，即计算机能够识别的用 1 和 0 表示的二进制代码，并把它们"输入"到计算机的内存中存储起来。键盘是标准的输入设备，除此之外，还有鼠标、扫描仪、光笔、数字化仪、麦克风、视频摄像机等。

(5) 输出设备

从计算机输出各类数据或计算结果的设备叫作输出设备。输出设备把计算机加工处理的结果(仍然是数字形式的编码)变换为人或其他设备所能接收和识别的信息形式，如文字、数字、图形、图像、声音等。常用的输出设备有显示器、打印机、绘图仪、音像等。

通常，把输入设备和输出设备统称为输入/输出设备(简称 I/O 设备)。

3. 冯·诺依曼计算机的工作原理

在冯·诺依曼体系结构的计算机中，数据和程序均采用二进制形式表示，按照工作人员事先编制好的程序(即指令序列)预先存放在存储器中(即程序存储)，使计算机能够在控制器管理下自动高速地从存储器中取出指令，根据指令给出的要求，通过运算器等加以执行(即程序控制)。

根据上述程序存储与程序控制思想，冯·诺依曼计算机的工作过程可以描述如下：

第一步：将程序和数据通过输入设备送入存储器，初始化程序指针，启动运行。

第二步：计算机的 CPU 根据程序指针的值，从存储器中取出程序指令送到控制器去分析和识别，根据分析识别结果，确定该指令的功能和含义。

第三步：控制器根据指令的功能和含义，发出相应的命令(如打开或关闭数据通路上的开关)，将存储单元中存放的操作数据取出送往运算器进行运算(如进行加法、减法或逻辑运算等)，再把运算结果送回存储器指定的单元中。

第四步：当运算任务完成后，就可以根据指令将结果通过输出设备输出。

第五步：修改程序指针，指向下一条指令，重复第二至第五步。

2.1.4 多计算机系统

人类对计算机性能的需求是永无止境的，在诸如工程设计和自动化、能源勘探、医学、军事等领域内对计算机的能力提出了极高的具有挑战性的要求。例如，要求在两小时内完成七天的天气预报。而传统的单计算机系统难以适应这样的应用需求，基于多计算机协作的多计算机系统的出现成为必然。这种多计算机系统从早期的同构并行计算系统演化为后来的异构并行计算系统，再从分布式异构的网格计算系统演化到如今的集中式云计算系统，呈现出了螺旋式的发展。各种类型的多计算机系统的出现，为并行计算、分布式计算提供了强有力的平台支持。

1. 并行计算系统

并行计算(parallel computing)是指同时使用多种计算资源解决计算问题的过程，是提高计算机系统计算速度和处理能力的一种有效手段。它的基本思想是用多个处理器来协同求解同一问题，即将被求解的问题分解成若干个部分，各部分均由一个独立的处理机来并行计算。

并行计算系统既可以是专门设计的、含有多个处理器的超级计算机，也可以是以某种方式互联的若干台的独立计算机构成的集群。通过并行计算集群完成数据的处理，再将处理的结果返回给用户。

根据并行计算系统使用的 CPU 的差异性，可以将并行计算系统分为同构并行计算系统和异构并行计算系统。

(1) 同构并行计算系统

同构计算系统是指由多个相同的处理机或计算机通过网络连接起来所构建的一个多计算机系统。传统的同构计算系统通常在一个给定的机器上使用一种并行编程模型，不能满足多于一种并行性的应用需求。

在同构计算系统上，由于存在不适合其执行的并行任务，这些任务在同构计算系统上将花费大量的额外开销。由此可见，如果将大部分任务(或子任务)映射在不适合其执行的机器上运行，将引起计算系统的机器性能的严重下降，并使编程人员的优化调度努力失去意义。研究和开发支持多种内在并行应用的多计算系统是摆在科技工作者面前的重大挑战，其目的是提高计算效率，使得应用程序的执行能够接近其理论峰值性能。

(2) 异构并行计算系统

异构计算系统是指由一组异构机器通过高速网络连接起来，配以异构计算支撑软件所构成的一个多计算机系统。

一个异构计算系统通常包括若干异构的计算节点、互联的高速网络、通信接口，以及编程环境等。异构计算系统支持具有多内在并行性的应用。它在析取计算任务并行性类型基础上，将具有相同类型的代码段划分到同一子任务中，然后根据不同并行性类型将各子任务分配到最适合执行它的计算资源上加以执行，达到使计算任务总的执行时间为最小。显然，异构计算系统可以提高应用程序实际执行性能与其理论峰值性能的比值。

(3) 超级计算系统

高效能的并行计算系统又称为超级计算机系统。2003 年，曙光 4000L 超级计算机登上全国十大科技进展的榜单。曙光 4000L 由 40 个机柜组成，峰值速度可以达到每秒钟 3 万亿次浮点计算。在用户需要的情况下，该系统还可扩展成为 80 个机柜，峰值速度达到每秒 6.75 万亿次浮点运算。

2009 年，中国首台千兆次超级并行计算机系统"天河一号"研制成功。2010 年 11 月，"天河一号"在全球超级并行计算机前 500 强排行榜中位列第一。

2013 年，由国防科学技术大学研制的超级并行计算机系统"天河二号"，以峰值计算速度每秒 5.49×10^{16} 次、持续计算速度每秒 3.39×10^{16} 次双精度浮点运算的优异性能，成为全球最快的超级并行计算机系统。

2019 年 11 月，IBM 公司研发的超级计算机系统"Summit"，在发布的全球超级计算机 500 强榜单中，该系统以每秒 14.86 亿亿次的浮点运算速度获得冠军。

基于中国自主研发的神威 26010 众核处理器构建的"神威-太湖之光"超级计算机系统，安装了 40 960 个峰值性能每秒 3 168 万亿次的国产处理器。2020 年 7 月，中国科学技术大在"神威 - 太湖之光"上首次实现千万核心并行第一性原理计算模拟。

图 2-4 所示为"天河二号"和"Summit(顶点)"超级计算系统的外部架构。

(a) 天河二号

(b) Summit(顶点)

图 2-4　两种典型的多机并行计算系统的平台架构

2. 网络计算系统

网络计算系统是一种分布式计算系统，旨在为各类研究者提供汇集全球各地大量个人计算机和服务器的强大运算能力，主要包括网格计算平台、云计算平台等。

(1) 网格计算平台

网格计算平台(grid computing platform)是 2018 年公布的计算机科学技术名词。它是一种基于互联网的分布式计算平台。它通过系统软件，把分布在不同地理位置的计算资源有效地集成和管理起来，能屏蔽计算、存储或软件资源的异构性，向开发人员提供单一系统映像，以及全局一致、安全友好的编程接口。

(2) 云计算平台

在 2006 年的搜索引擎大会上，谷歌公司的首席执行官埃里克·施密特首次提出"云计算"这一概念。云计算一经提出，发展极为迅速，不仅受到工业界的高度重视，也得到了学术界的广泛关注。2007 年，谷歌与 IBM 公司在美国的各大名校的校园内，开始推广基于云计算的项目开发工作。除此之外，世界各国政府都将云计算作为重点发展的战略区域。我国政府对云计算的发展给予了有力的支持，在 2015 年印发的《国务院关于促进云计算创新发展培育信息产业新业态的意见》中，明确了我国云计算产业的发展目标、主要任务和保障措施。

(3) 移动边缘计算平台

移动边缘计算是一种新兴的分布式计算模式，它结合移动通信技术和云计算技术，将计算资源和服务推向网络边缘。移动边缘计算将应用服务部署到边缘服务器上，以解决移动设备面临的计算能力不足、延迟高和能源消耗大等问题。

移动边缘计算具有许多优点，其中最重要的是将计算和存储推送到网络边缘，可以减少数据传输和处理的时间，提高服务质量和用户体验。此外，移动边缘计算还可以提高能源利用率，降低能耗成本，并且可以更好地保护用户隐私。

移动边缘计算的应用场景十分广泛，如智慧城市、智能交通、工业物联网等。在智慧城市中，移动边缘计算平台可以为城市提供更高效的交通管理、能源管理和智能安防服务。在智能交通中，移动边缘计算平台可以提高道路监测、车辆识别等服务的准确性和效率。在工业物联网中，移动边缘计算平台可以实现智能制造、智能物流等领域的优化。

2.2 云计算的概念

人们的日常生活离不开云计算。例如，人们每天使用的电子邮件系统，用户发送、接收的电子邮件均会保护在用户的邮箱中，每个人的邮箱都会放置在一个云数据中心中，走到任何地方都可以通过网络访问；还有人们经常使用的云盘系统，也是典型的云计算服务模式。

关于云计算的定义，随着人们对其认识的不断深入，其内涵基本一致，但表述方式还有一些差异。

维基百科：云计算是一种新的基于互联网的计算方式，虚拟化的资源在互联网上通过服务的形式提供给用户，而用户不需要知道这些支持云计算的基础设施的具体管理方法。

亚马逊公司：云计算是一种新的计算模型，它通过互联网，以及"即付即用"的模式进行资源和应用的交付。云计算服务提供商能够给用户提供快速、弹性的资源访问，用户能够简单地通过互联网访问存储、数据库，以及服务器等，而无须了解底层架构和具体的实现细节。

IBM公司：云计算是一种共享的网络交付信息的服务模式，用户看到的只是服务本身，可以按照实际使用量付费，不用去关心实现服务的底层基础设施。

美国国家标准与技术研究院：云计算是一种计算模式，它能够按需地、便利地、可用地从可配置的计算资源共享池中获取所需要的资源。其中，这些资源主要包括网络、存储、应用软件、服务器和各种服务等，并且这些资源可以用最省力和无人干预的方式获取和释放，使得对资源的使用和管理所进行的操作与服务提供商之间的交互很少。

通俗的理解是，云计算通过一定的方式，组织存在于互联网中的服务器集群上的资源，这些资源包括硬件资源和软件资源，其中硬件资源包括处理器、存储器、服务器等，软件资源包括开发平台、各种应用等。通过互联网，用户使用计算机发送需求，云服务提供商就为用户提供其所需要的资源，并通过网络返回给用户处理的结果。所有的处理是由云计算服务提供商所提供的计算机集群来完成的，而本地计算机几乎不需要做什么。

云计算作为一种新型的网络计算服务模式，将计算和数据资源从用户桌面或企业内部迁移到Web上，几乎所有IT资源都可以作为云服务来提供：应用程序、编程工具、计算能力、存储容量，以至于通信服务和协作工具等。

在云计算平台中，用户只需通过网络终端(如手机、PDA、PC等)即可使用云计算提供的各种服务，包括软件、存储、计算等。因此，云计算平台不仅能够减少企业对IT设备的成本支出，同时可以大规模节省企业预算，以一种相比传统IT更经济的方式提供IT服务。

由于云计算的发展理念符合当前低碳经济与绿色计算的总体趋势，它也为世界各国政府、企业所大力倡导与推动，正在带来计算领域、商业领域的巨大变革。

目前，云计算所提供的服务在日常网络应用中随处可见，比如谷歌搜索服务、Office 365、163邮箱、百度云盘、QQ服务等。

2.3 云计算的服务模式

按照云计算的服务范围和服务对象，可以将云计算平台分为三类：公有云平台、私有云平台和混合云平台，如图 2-5 所示。

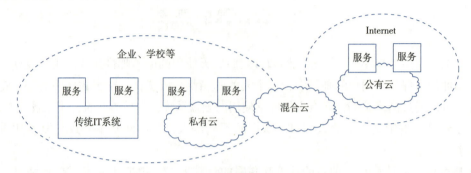

图 2-5　云计算按服务范围和对象分类

（1）公有云：公有云是指云服务面向大众，由云服务提供商运行和维护，为用户提供各种 IT 资源，包括应用程序、软件运行环境、物理基础设施等。用户采用按月付费的方式使用云服务，从而以一种更为经济的方式获取自己所需的 IT 资源服务。在公有云中，用户无需知道资源底层如何实现，也无法控制物理基础设施。典型的公有云包括：Google App Engine、Amazon EC2 及阿里云。

（2）私有云：私有云是指云服务提供商仅为本企业或组织内部提供云服务，又称为专属云。相对公有云，私有云的用户完全拥有整个云中心设施，可以控制应用程序的运行位置及决定用户的使用权限等。由于私有云的服务对象是企业或社团内部，私有云上的服务可以更少地受到公有云的诸多限制，如带宽、安全等。中国的"中化云计算"就是典型的支持 SAP 服务的私有云。

（3）混合云：混合云是指把"公有云"和"私有云"结合在一起的方式。用户可以通过一种可控的方式实现资源部分拥有、部分与他人共享。企业可以利用公有云的成本优势，将非关键的应用运行在公有云上；同时，将安全性要求高、关键性更强的应用通过内部的私有云提供服务。典型的混合云包括荷兰的 iTricity 云计算中心。

按照云计算提供的服务能力划分，云计算可划分为三个层次的服务模式，如图 2-6 所示。

软件即服务（SaaS）：服务提供商在云计算设施上运行应用程序，用户通过各种终端设备（如手机、平板）使用这些应用程序。应用程序的各个模块可以由每个用户自己定制、配置、组装和测试，从而得到满足客户自身需求的软件系统。如 Salesforce.com 的客户关系管理服务和谷歌的 Apps 等（包括 Gmail 电子邮箱、Offices 在线编辑软件和 Gtalk 即时聊天工具等）。

平台即服务（PaaS）：用户采用服务提供商支持的工具和编程语言创建个性化的应用，然后将其部署到云平台中运行。PaaS 给开发者提供一个透明、安全和功能强大的开发环境和运行环境，屏蔽部署和发布等应用开发细节，并且提供一些支持应用开发的高层接口和开发工具，使开发者不用关心后台服务器的工作细节。如 Google App Engine、微软的 Azure 和 Sina App Engine 等。

基础设施即服务（IaaS）：将数据中心的计算和存储资源虚拟化，以授权服务形式提供，用户按自己的意志部署处理器、存储系统、网络、数据库等资源，自主运行操作系统和应用程序等软件。这使得中小企业部门也能够利用到原来大型企业才具备的信息基础设施，

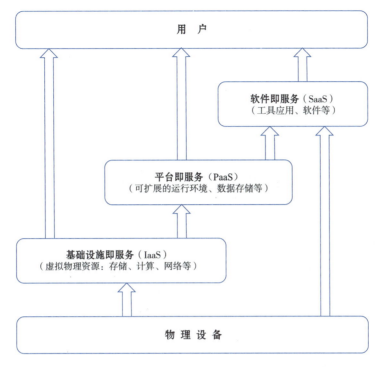

图 2-6　云计算的服务模式

降低企业 IT 服务费用。如 Amazon 的弹性计算云 EC2(Elastic Compute Cloud)和 IBM 的蓝云平台等。

云计算是由分布式计算、并行计算、网格计算逐步发展而来的。典型的云计算平台包括：

AbiCloud 是一款开源的云计算平台，使公司能够以快速、简单和可扩展的方式创建和管理大型、复杂的 IT 基础设施(包括虚拟服务器、网络、应用、存储设备等)。

Hadoop 是一个兼容 Google 云架构的开源项目，主要包括 Map-Reduce 和 HDFS 文件系统。

MongoDB 是一个高性能、开源的文档型数据库，它在许多场景下可用于替代传统的关系型数据库或键/值存储方式。

Nimbus 是一种网格中间件 Globus，面向科学计算需求，通过一组开源工具来实现基础设施即服务(IaaS)的云计算解决方案。

此外，还有很多商业化云平台，包括微软的 Azure 平台，Google App Engine，Amazon EC2，Amazon S3，SimpleDB，Amazon SQS，Saleforce 的 Force.com 服务，阿里巴巴的软件互联平台和云电子商务平台，中国移动的大云(Big Cloudd)平台等。

2.4　云计算的虚拟化技术

在计算机科学领域中，虚拟化代表着对计算资源的抽象。例如，对物理内存的抽象，产生了虚拟内存技术，使得应用程序认为其自身拥有连续可用的地址空间；对 CPU 的抽象，产生了 CPU 的虚拟化技术，可以单 CPU 模拟多 CPU 并行，允许一个平台同时运行多个操作系统，并且应用程序都可以在相互独立的空间内运行而互不影响，从而显著提高计算机的工作效率。

虚拟化是资源的逻辑表示，这种表示不受物理资源限制的约束，主要目标是对基础设施、系统和软件等IT资源的表示、访问、配置和管理进行简化，并为这些资源提供标准的接口来接收输入和提供输出。

虚拟化技术最早出现在20世纪60年代的IBM大型机系统中。在这些大型机内，通过一种称为虚拟机监控器（virtual machine monitor，VMM）的程序在物理硬件之上生成许多可以运行独立操作系统软件的虚拟机实例。

近年来，随着多核系统、集群、网格和云计算的广泛部署，虚拟化技术进入深度应用阶段，优势日益显现，其不仅可以降低IT成本，而且还增强了系统安全性和可靠性。

在云计算平台上，所谓虚拟化，就是在一台物理服务器上，运行多台"虚拟服务器"。这种虚拟服务器，也叫虚拟机（virtual machine，VM）。从表面来看，这些虚拟机都是独立的服务器，但实际上，它们共享物理服务器的CPU、内存、硬件、网卡等资源，如图2-7所示。

图2-7 物理机与虚拟机的关系

那么，谁来完成物理资源的虚拟化工作呢？它就是大名鼎鼎的超级监督器（hypervisor）。超级监督器，也叫作虚拟机监控器。它不是一款具体的软件，而是一类软件的统称。

hypervisor分为两大类：第一类，hypervisor直接运行在物理机之上。虚拟机运行在hypervisor之上；第二类，物理机上安装正常的操作系统（如Linux或Windows），然后在正常操作系统上安装hypervisor，生成和管理虚拟机。目前，市场上实现虚拟化技术的典型产品包括VMware、Xen及KVM等。

虚拟化技术改变了系统软件与物理硬件紧耦合的方式，从而可以更灵活地配置和管理计算系统。图2-8对比了传统计算架构与虚拟化计算架构。从应用运行的角度看，两种架构没有什么区别，应用都能够通过操作系统获取所需的资源，完成相应的计算。但是，从获取资源的过程来看，二者之间存在明显的区别。在传统计算架构中，应用通过操作系统直接调度硬件资源。而在虚拟化架构中，应用通过操作系统向虚拟化管理器（VMM）申请资源，VMM及物理机操作系统再调度物理资源，即在资源的调度上，虚拟化计算架构中增加了虚拟层。从另外一个角度也可以发现二者之间存在明显的区别，在虚拟化架构中，同一个硬件平台中可以同时支持多种类型的操作系统运行；而在传统架构中，同一时刻物理平台中只能支持一种操作系统。

通过以上分析，可以看出虚拟架构相对传统架构具有以下优势：

（1）更好的隔离性。在传统架构中，应用程序之间通过进程的虚拟地址空间来进行隔离，进程之间存在相互干扰。例如，在传统架构中，某个进程出现故障而导致整个系统崩溃，从而会影响到其他进程的正常运行。然而，在虚拟化架构中，应用程序以虚拟机为计算单元（计算粒度）进行隔离，因此，虚拟化架构能够提供更好的隔离性。

（2）更好的可靠性。在传统架构中，运行在服务器中的应用崩溃后，将有可能导致服务器的崩溃，从而会影响到运行在该服务器中的其他应用。然而，在虚拟化架构中，宿主机中的某台服务器崩溃后，不会对宿主机中的其他虚拟机造成影响，从而能够提高应用运

第一部分 走进新一代信息技术

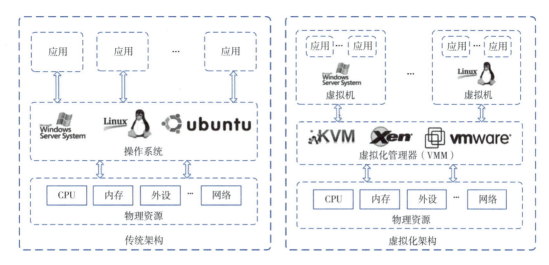

图 2-8 传统架构与虚拟化架构的比较

行的可靠性。

（3）更高的资源利用率。采用虚拟化架构可以将物理资源构造为资源池，实现资源池中资源的动态共享，从而提高资源利用率，特别是对于那些平均需求远低于需要为其提供专用资源的应用。

（4）更低的管理成本。采用虚拟化架构，可以对计算平台的软件配置环境进行动态调整，可以减少必须管理的物理资源数量，另外还可以隐藏物理资源管理的部分复杂性，从而实现负载管理的自动化，降低人工管理成本。

2.5 云计算的典型应用

云计算的应用领域非常广泛，从个人邮箱、百度网盘、百度翻译、文档共享、远程会议、交互游戏到网上学习，无不是云计算的应用形态。主要应用包括：

云存储：是指通过集群应用、网格技术或分布式文件系统等功能，将网络中大量各种不同类型的存储设备通过应用软件集合起来协同工作，共同对外提供数据存储和业务访问功能的一个系统。

制造云：是云计算向制造业信息化领域延伸与发展后的落地与实现，用户通过网络和终端就能随时按需获取制造资源与能力服务，进而智慧地完成其制造全生命周期的各类活动。

教育云：是指将云计算技术迁移到教育领域，包括教育信息化所必需的一切硬件计算资源，这些资源经虚拟化之后，向教育机构、从业人员和学习者提供一个良好的云服务平台。

医疗云：是指在医疗卫生领域采用云计算、物联网、大数据、5G 通信等新技术的基础上，结合医疗技术，使用"云计算"的理念来构建医疗健康服务云平台。

云游戏：是以云计算为基础的游戏方式，在云游戏的运行模式下，所有游戏都在服务器端运行，并将渲染完毕后的游戏画面压缩后通过网络传送给用户。

35

云会议：是指基于云计算技术的一种高效、便捷、低成本的会议形式。使用者只需要通过互联网界面，进行简单易用的操作，便可快速高效地与全球各地团队及客户同步分享语音、数据文件及视频。

云交互：是一种物联网、云计算和移动互联网交互应用的虚拟社交应用模式，以建立资源分享图谱为目的，进而开展网络社交活动。

云安全：是指通过网状的大量客户端对网络中软件行为的异常监测，获取互联网中木马、恶意程序的新信息，推送到服务器端进行自动分析和处理，再把病毒和木马的解决方案分发到每一个客户端。

云开发：通过云计算提供一个开放、可伸缩、可扩展的软件开发和交付环境，使软件开发和交付过程变得实时、敏捷、高效、协作，大大提升软件开发的效率。

云培训：针对初入社会的大学生和政府、企事业单位的新员工，通过云计算建立培训学习门户，创建培训实践环境，及时发布受训课程，并提供交互培训手段。

数据中心：以往的互联网数据中心只提供带宽及机位租用业务，服务的种类单一，导致各互联网数据中心之间竞争白热化。云计算借助大型管理平台，可为互联网数据中心提供更多种类的增值服务（如虚拟机、大型软件、超级计算等），改善用户需求响应速度，提升数据中心的价值。

小 结

本章介绍了计算系统与平台的发展历程，重点讲述了图灵机模型、冯·诺依曼计算机体系架构的组成与工作原理，介绍了网络计算的几种模式，云计算的基本概念、服务模式和虚拟化技术，阐述了几种典型的云计算应用场景。

习 题

1. 什么是并行计算？
2. 什么是网格计算？
3. 什么是冯·诺依曼计算机体系？
4. 简述冯·诺依曼计算机体系的组成。
5. 简述冯·诺依曼计算机体系的工作原理。
6. 什么是云计算？
7. 简述云计算的发展历程。
8. 简述云计算的服务模式。
9. 简述云计算虚拟化技术的原理。
10. 简述云计算的主要应用场景。

第 3 章 物联网

学习目标

(1) 理解物联网的概念、体系和主要特征。
(2) 了解物联网的起源与发展,特别是对工业智能化的推动作用。
(3) 理解物联网感知技术,了解典型传感器的作用。
(4) 理解一维码和二维码的基本原理,能够使用互联网平台生成条形码。
(5) 了解射频识别技术,以及一卡通和身份证的基本原理。
(6) 理解条形码支付的基本工作过程。

3.1 物联网的概念与体系

本节从物联网的基本概念入手,探讨"物"的含义和物联网的主要特征,为物联网的体系结构和应用提供支撑。

3.1.1 物联网的概念

目前,物联网的研究尚处于发展阶段,物联网的确切定义尚未完全统一。物联网的英文名称为"internet of things",简称 IoT。顾名思义,物联网就是一个将所有物体连接起来所组成的物-物相连的互联网络。显然,物联网的信息流动离不开互联网的支撑。

物联网,作为新技术,定义千差万别。

一个普遍可接受的定义为:物联网是通过使用 RFID、传感器、红外感应器、全球定位系统、激光扫描器等信息采集设备,按约定的协议,把物品与互联网连接起来,进行信息交换和通信,以实现智能化识别、定位、跟踪、监控和管理的一种网络(或系统)。

从定义可以看出,物联网是对互联网的延伸和扩展,其用户端延伸到世界上的任何物品。在物联网中,一个牙刷、一条轮胎、一座房屋,甚至是一张纸巾都可以作为网络的终端,即世界上的任何物品都能连入网络;物与物之间的信息交互不再需要人工干预,物与物之间可实现无缝、自主、智能的交互。换句话说,物联网以互联网为基础,主要解决人与人、人与物、物与物之间的互联和通信。

除了上面的定义外，物联网在国际上还有如下几个代表性描述：

(1) 国际电信联盟：从时 – 空 – 物三维视角看，物联网是一个能够在任何时间(anytime)、任何地点(anyplace)，实现任何物体(anything)互联的动态网络，它包括了个人计算机之间、人与人之间、物与人之间、物与物之间的互联。

(2) 欧盟委员会：物联网是计算机网络的扩展，是一个实现物物互联的网络。这些物体可以有 IP 地址，嵌入到复杂系统中，通过传感器从周围环境获取信息，并对获取的信息进行响应和处理。

(3) 中国物联网发展蓝皮书：物联网是一个通过信息技术将各种物体与网络相连，以帮助人们获取所需物体相关信息的巨大网络；物联网通过使用 RFID、传感器、红外感应器、视频监控、全球定位系统、激光扫描器等信息采集设备，通过无线传感网、无线通信网络(如 Wi-Fi、WLAN 等)把物体与互联网连接起来，实现物与物、人与物之间实时的信息交换和通信，以达到智能化识别、定位、跟踪、监控和管理的目的。

在物联网中，"物"的含义除了包括各种家用电器、电子设备、车辆等电子装置及高科技产品外，还包括食物、服装、零部件和文化用品等非电子类物品，甚至包括一瓶饮料、一条轮胎、一个牙刷和一片树叶等。如果再将人和信息加入到物联网中，将会得到一个集合十亿甚至万亿连接的网络。这些连接创造了前所未有的机会并且赋予沉默的物体以声音。

但是，从信息论的角度理解，物联网中的"物"都应该具有标识、物理属性和实质上的个性，使用智能接口实现与计算机网络的无缝整合。也就是说，物联网中的"物"必须是通过 RFID、无线网络、广域网或者其他通信方式互联的可读、可识别、可定位、可寻址、可控制的物品，其中，可识别是最基本的要求。不能识别的物品或物体不能都视作物联网的要素。

为了实现"物"的自动识别，需要对物品进行编码，该编码必须具有唯一性。同时，为了便于数据的读取和传输，需要有可靠的数据传输的通路及遵循统一的通信协议。另外，在一些智能嵌入系统中，还要求"物"具有一定的存储功能和计算能力，这就需要"物"包含中央处理器和必要的系统软件(如操作系统)。

如今，"物联网"时代正在向"万物互联"(Internet of everything, IoE)的时代迈进，所有的东西将会获得语境感知、增强的处理能力和更好的感应能力。

万物互联(IoE)将人、机、物有机融合在一起，给企业、个人和国家带来新的机遇和挑战，并带来更加丰富的个体生活体验和前所未有的经济发展机遇。随着越来越多的人、机、物与数据及互联网连接起来，互联网的功能爆发式增长，并由此深入到社会生活的各个方面，改变着人们的社会生活方式。

3.1.2　物联网的主要特征

尽管对物联网概念还有其他一些不同的描述，但内涵基本相同。经过近十年的快速发展，物联网展现出了与互联网、无线传感网不同的特征。物联网主要特征包括：全面感知、可靠传递、智能处理和广泛应用四个方面。如图 3-1 所示。

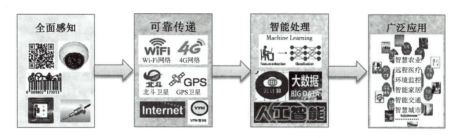

图 3-1 物联网的主要特征示意图

（1）全面感知

"感知"是物联网的核心。物联网是由具有全面感知能力的物品和人组成的，为了使物品具有感知能力，需要在物品上安装不同类型的识别装置，如电子标签、条形码与二维码等，或者通过传感器、红外感应器等感知其物理属性和个性化特征。利用这些装置或设备，可随时随地获取物品信息，实现全面感知。

（2）可靠传递

数据传递的稳定性和可靠性是保证物-物相连的关键。由于物联网是一个异构网络，不同的实体间协议规范可能存在差异，需要通过相应的软、硬件进行转换，保证物品之间信息的实时、准确传递。为了实现物与物之间信息交互，将不同传感器的数据进行统一处理，必须开发出支持多协议格式转换的通信网关。通过通信网关，将各种传感器的通信协议转换成预先约定的统一的通信协议。

（3）智能处理

物联网的目的是实现对各种物品（包括人）进行智能化识别、定位、追踪、监控和管理等功能。这就需要智能信息处理平台的支撑，通过云计算、人工智能等智能计算技术，对海量数据进行存储、分析和处理，针对不同的应用需求，对物品实施智能化的控制。由此可见，物联网融合了各种信息技术，突破了互联网的限制，将物体接入信息网络，实现了"物-物相连的互联网"。物联网支撑信息网络向全面感知和智能应用两个方向拓展、延伸和突破，从而影响国民经济和社会生活的方方面面。

（4）广泛应用

应用需求促进了物联网的发展。早期的物联网只是在零售、物流、交通和工业等应用领域使用。近年来，物联网已经渗透到智能农业、远程医疗、环境监控、智能家居、自动驾驶等与老百姓生活密切相关的应用领域之中。特别是大数据和人工智能技术的发展，使得物联网的应用向纵深方向发展，产生了大量基于大数据深度分析的物联网应用系统。

3.2 物联网的起源与发展

物联网的起源可以追溯到 1995 年。比尔·盖茨在《未来之路》一书中对信息技术未来的发展进行了预测。其中描述了物品接入网络后的一些应用场景，这可以说是物联网概念最早的雏形。但是，由于受到当时无线网络、硬件及传感器设备发展水平的限制，并未能引起足够的重视。

1998年，麻省理工学院(MIT)提出基于RFID技术的唯一编号方案，即产品电子代码(EPC)，并以EPC为基础，研究从网络上获取物品信息的自动识别技术。在此基础上，1999年，美国自动识别(Auto-ID)技术实验室首先提出"物联网"的概念。当时对物联网的定义还很简单，主要是指把物品编码、RFID与互联网技术结合起来，通过互联网络实现物品的自动识别和信息共享。

2005年，国际电信联盟(ITU)发布了《ITU互联网研究报告2005：物联网》，描述了网络技术正沿着"互联网—移动互联网—物联网"的轨迹发展，指出无所不在的"物联网"通信时代即将来临，信息与通信技术的目标已经从任何时间、任何地点连接任何人，发展到连接任何物品的阶段，而万物的连接就形成了物联网。

2007年1月，欧盟委员会发布了《物联网战略研究路线图》研究报告，提出物联网是未来互联网的一个组成部分。2009年，IBM提出了"智慧地球"的设想，即把感应器嵌入和装备到电网、铁路、桥梁、隧道、公路、建筑、供水系统、大坝、油气管道等各种物体中，并且被普遍连接，形成物联网。

1999年，中国科学院启动了传感网的研究。2009年8月，政府部门明确要求尽快建立中国的传感信息中心，或者叫"感知中国"中心。2010年3月，国务院首次将物联网写入两会政府工作报告。2010年6月，教育部开始设立"物联网工程"本科专业。2017年1月，工业和信息化部发布《物联网发展规划(2016—2020年)》，明确提出要加快发展NB-IoT(窄带物联网)。2020年5月，工业和信息化部发布了《关于深入推进移动物联网全面发展的通知》，提出建立NB-IoT、4G和5G协同发展的移动物联网综合生态体系。

3.2.1 物联网推动工业4.0

2011年4月的汉诺威工业博览会上，德国政府正式提出了工业4.0(industry 4.0)战略。工业4.0的核心就是物联网，其目标就是实现虚拟生产与现实生产环境的有效融合，提高企业生产率。

18世纪中叶以来，人类历史上先后发生了三次工业革命，主要发源于西方国家，并由他们所主导。中国是在第四次工业革命中得以与世界同步，融入工业革命的浪潮中。

图3-2所示为四次工业革命的发展示意图。

图3-2 四次工业革命发展示意图

(1) 第一次工业革命

第一次工业革命是指18世纪60年代从英国发起的技术革命，人类社会开始从农耕文明向工业文明过渡。1733年，机械师凯伊发明了"飞梭"，大大提高了织布的速度。1765年，织工哈格里夫斯发明了"珍妮纺织机"，揭开了工业革命的序幕。从此，在棉纺织业中出现了螺机、水力织布机等先进机器。不久,在采煤、冶金等许多工业部门,也都陆续有了机器生产。蒸汽机的发明和使用是第一次工业革命的主要标志。1698 年,托马斯·塞维利制成了世界上第一台实用的蒸汽提水机,并取得了"矿工之友"的英国专利。1705 年,纽科门及其助手卡利发明了大气式蒸汽机,用以驱动独立的提水泵,被称为纽科门大气式蒸汽机。这种蒸汽机先在英国,后来在欧洲大陆得到迅速推广。1765 年,瓦特运用科学理论,克服了上述蒸汽机的缺陷,发明了设有与汽缸壁分开的凝汽器的蒸汽机,并于 1769 年取得了英国的专利。1785 年,瓦特制成的改良型蒸汽机投入使用,提供了更加便利的动力,迅速得到推广,大大推动了机器的普及,人类社会由此进入了"蒸汽时代"。

(2) 第二次工业革命

第二次工业革命的标志是电的发明和使用,人类社会开始从工业文明向社会文明过渡。1866 年,德国工程师西门子发明了世界上第一台大功率发电机,这标志着第二次工业革命的开始。电器开始代替机器,成为补充和取代以蒸汽机为动力的新能源。随后,电灯、电车、电影放映机相继问世,人类进入了"电气时代"。以煤气和汽油为燃料的内燃机的发明和使用,是第二次工业革命的另一个标志。1862 年,法国科学家罗沙对内燃机热力过程进行理论分析之后,提出了提高内燃机效率的要求,这就是最早的四冲程工作循环。1876 年,德国发明家奥托运用罗沙的原理,成功创造了第一台以煤气为燃料的往复活塞式四冲程内燃机。"电气时代"的到来,使得电力、钢铁、铁路、化工、汽车等重工业兴起,石油成为新能源,并促使交通领域迅速发展,世界各国的交流更为频繁,并逐渐形成一个全球化的国际政治、经济体系,人们的生活更加便捷、生活水平快速提高。

(3) 第三次工业革命

第三次工业革命以原子能、电子计算机、空间技术和生物工程的发明和应用为主要标志,是涉及信息技术、新能源技术、新材料技术、生物技术、空间技术和海洋技术等诸多领域的一场信息技术革命。电子计算机的发明和使用是第三次工业革命的主要标志。1946 年,世界上第一台电子计算机"电子数字积分计算机"(ENIAC)在宾夕法尼亚大学问世。1971 年世界上第一台微处理器的诞生和 1981 年 IBM 个人计算机出现开创了微型计算机时代,计算机开始进入千家万户。空间技术的利用和发展也是第三次工业革命的一大成果。1957 年,前苏联发射了世界上第一颗人造地球卫星。1969 年,美国实现了人类登月的梦想。1970 年以来,中国宇航空间技术迅速发展,现已跻身于世界宇航大国之列。目前,第三次工业革命方兴未艾,还在全球扩散和传播。

(4) 第四次工业革命

前三次工业革命使得人类发展进入了空前繁荣的时代,与此同时,也造成了巨大的能源、资源的消耗,付出了巨大的环境代价、生态成本,急剧地扩大了人与自然之间的矛盾。进入 21 世纪,人类面临空前的全球能源与资源危机、全球生态与环境危机、全球气候变化危机的多重挑战,由此引发了第四次工业革命,即绿色的工业革命。物联网技术的出现是第四次工业革命的主要标志。21 世纪发动和创新的第四次绿色工业革命,中国第一次与美国、欧盟、日本等发达国家站在同一起跑线上,并在某些领域引领世界。

3.2.2 物联网支撑智能制造

《中国制造 2025》是中国政府实施制造强国战略第一个十年的行动纲领。2015 年 3 月，《政府工作报告》中首次提出"中国制造 2025"的宏大计划，并审议通过了《中国制造 2025》。围绕实现制造强国的战略目标，《中国制造 2025》提出，坚持"创新驱动、质量为先、绿色发展、结构优化、人才为本"的基本方针，坚持"市场主导、政府引导；立足当前、着眼长远；整体推进、重点突破；自主发展、开放合作"的基本原则，通过"三步走"实现制造强国的战略目标。即第一步：力争用十年时间，迈入制造强国行列；第二步：到 2035 年，我国制造业整体达到世界制造强国阵营中等水平；第三步：新中国成立一百年时，制造业大国地位更加巩固，综合实力进入世界制造强国前列。

近年来，中国制造也取得了许多辉煌的成就。

(1) 空中造楼机

武汉某中心项目预计建筑高度有 635 米，面对超高建筑的挑战，建造者们使用了一个神奇的机器，那是一个足有四五层楼高的红色巨型机器，它就是中国最新一代的空中造楼机，也就是武汉绿地项目的智能顶升平台。智能顶升平台使用诸多传感与控制器的空中造楼机，拥有 4 000 多吨的顶升力，使用它在千米高空进行施工作业毫无难度。而且它还能在八级大风中平稳进行施工，四天一层的施工速度更是让国内外震惊，这台空中造楼机完美地展现了中国超高层建筑施工技术，在世界处于领先地位。

(2) 穿隧道架桥机

近些年，中国高铁的发展速度令世人瞩目，逢山开路、遇水架桥，中国速度的背后，离不开一种独一无二的机械装备——穿隧道架桥机。架桥机上，前后左右共有上百个传感器，负责转向、防撞、测速等功能。根据这些传感器数据，可以判断架桥机的运行情况，从而进行精准的控制。穿隧道架桥机让中国高铁的建设不断提速。2018 年刚刚通车的渝贵铁路，全长 345 公里，桥梁 209 座，历时五年修建完成，如果没有穿隧道架桥机，工期将成倍增加。

(3) 隧道掘进机

2015 年 12 月，中国首台双护盾硬岩隧道掘进机研制成功，该机器具有掘进速度快、适合较长隧道施工的特点。每台隧道掘进机上包括使用物联网技术的探测系统和控制系统，如激震系统、接收传感器、破岩震源传感器、噪声传感器等。现代盾构掘进机采用了类似机器人的技术，如控制、遥控、传感器、导向、测量、探测、通信技术等，集机、电、液、传感、信息技术于一体，具有开挖切削土体、输送土渣、拼装管片、隧道衬砌、测量导向纠偏等功能，是目前最先进的隧道掘进设备。

显然，随着物联网的发展，中国智能制造技术不断被激发，呈现出蓬勃生机。

3.3 物联网感知技术

传感与检测是实现物联网系统的基础。传感技术是把各种物理量转变成可识别的信号量的过程，检测是指对物理量进行识别和处理的过程。例如，用湿敏电容把湿度信号转变成电容信号就是传感;对传感器得来的信号进行处理的过程就是检测。本节重点介绍传感器的功能特性、分类、技术原理及典型应用。

3.3.1 传感检测模型

在人们的生产和生活中,人们经常要和各种物理量和化学量打交道,例如,经常要检测长度、重量、压力、流量、温度、化学成分等。在生产过程中,生产人员往往依靠仪器、仪表来完成检测任务。这些检测仪表都包含有或者本身就是敏感元件,能很敏锐地反映待测参数的大小。在为数众多的敏感元件中,能将非电量形式的参量转换成电参量的元件被称为传感器。从狭义角度来看,传感器是一种将测量信号转换成电信号的变换器。从广义角度看,传感器是指在电子检测控制设备输入部分中起检测信号作用的器件。

通常,传感器输出的电信号(如电压和电流)不能在计算机中直接使用和显示,还要借助模数转换器(A/D 变换器)将这些信号转换为计算机能够识别和处理的信号。只有经过变换的电信号,才容易显示、存储、传输和处理。为此,把能够感受规定的被测量并按照一定的规律将其转换成可用输出信号的元器件或装置,称为传感检测装置。

图 3-3 所示为将"物理信号"转换为"数字信号"的传感检测与反馈控制模型。该模型由传感器部件、信号处理部件和反馈控制部件(可选)三大部分组成。

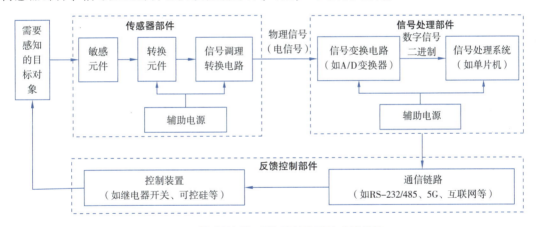

图 3-3 传感检测与反馈控制模型的功能结构

(1)传感器部件

传感器部件由敏感元件、转换元件和信号调理转换电路组成。敏感元件是指传感器中能直接感受或响应被测对象的部分;转换元件是指传感器中能将敏感元件感受或响应的被测量转换成适于传输或测量的电信号的部分。

由于传感器输出信号一般都很微弱(毫伏级),所以,还需要一个信号调理转换电路对微弱信号进行放大或调制等,使得其达到信号变换电路(如 A/D 变换器)能够识别的范围(伏特级)。此外,传感器的工作必须有辅助电源,因此,电源也作为传感器组成的一部分。

随着半导体器件与集成技术在传感器中的应用,传感器的信号调理转换电路与敏感元件、转换元件通常会集成在同一芯片上,安装在传感器的壳体里。传感器部件的输出电量有很多种形式,如电压、电流、电容、电阻等,输出信号的形式由传感器的原理确定。

(2) 信号处理部件

信号处理部件通常由信号变换电路、信号处理系统及辅助电源构成。

信号变换电路负责对传感器输出的电信号进行数字化处理(即转换为二进制数据),一般由模数转换电路(即 A/D 变换器)构成。A/D 转换器,简称 ADC,通常是指一个将模拟信号转变为数字信号的电子元件。其功能是将一个输入的电压信号转换为一个输出的数字信号。由于数字信号本身不具有实际意义,仅仅表示一个相对大小。故任何一个模数转换器都需要一个参考模拟量作为转换的标准,比较常见的参考标准为最大的可转换信号大小。而输出的数字量则表示输入信号相对于参考信号的大小。

模数转换一般要经过采样、量化和编码等几个步骤。采样是指用每隔一定时间的信号样值序列来代替原来在时间上连续的信号,也就是在时间上将模拟信号离散化;量化是用有限个幅度值近似原来连续变化的幅度值,把模拟信号的连续幅度变为有限数量的有一定间隔的离散值;编码则是按照一定的规律,把量化后的值用二进制数字表示,然后转换成二值或多值的数字信号流。这样得到的数字信号方便计算机进行处理或进行远程传输。

信号处理系统一般由单片机或微处理器组成,按照某种规则或算法将二进制数据转换为用户容易识别的信息(如温度、湿度、压力等)。单片机又称单片微控制器,已广泛应用到智能仪表、实时工控、通信设备、导航系统、家用电器等设备之中。在单片机中,主要包含微处理器(central processing unit,CPU)、只读存储器(read-only memory,ROM)和随机存储器(random access memory,RAM)等。在新一代单片机中,也开始集成 A/D 变换器、D/A 变换器等功能,这样,单片机的功能更加强大,所构造的系统更加小型化。

(3) 反馈控制部件

反馈控制部件包括通信链路和控制装置两部分。检测的信号如果需要反馈到目标对象进行控制的话,则由信号处理部件的信号处理系统形成决策,决策结果通过通信链路(如有线链路 RS-232/485、无线链路 4G 等)发送到控制装置,由控制装置对目标对象进行实时反馈控制。需要说明的是,反馈控制不是每个物联网系统都需要的,因此在图中使用虚线表示。

3.3.2 传感器的分类

传感器是实现自动检测和自动控制的首要环节,如果没有传感器对原始参数进行精确可靠的测量,那么无论是信号转换还是信息处理,数据显示或精确控制都是不可能实现的。

传感器一般是根据物理学、化学、生物学等特性、规律和效应设计而成的,其种类繁多,往往同一种被测量可以用不同类型的传感器来测量,而同一原理的传感器又可测量多种物理量,因此传感器有许多种分类方法。

1. 按照测试对象分类

根据被测对象划分,常见的有温度传感器、湿度传感器、压力传感器、位移传感器、加速度传感器。

(1) 温度传感器

温度传感器是利用物质各种物理性质随温度变化的规律将温度转换为电量的传感器。温度传感器是温度测量仪表的核心部分,品种繁多。按测量方式可分为接触式和非接触式两大类,按照传感器材料及电子元件特性可分为热电阻和热电偶两类。

(2) 湿度传感器

湿度传感器是能感受气体中水蒸气含量,并将其转换成电信号的传感器。湿度传感器的核心器件是湿敏元件,它主要有电阻式、电容式两大类。湿敏电阻的特点是在基片上覆盖一层用感湿材料制成的膜,当空气中的水蒸气吸附在感湿膜上时,元件的电阻率和电阻值都发生变化,利用这一特性即可测量湿度。湿敏电容则是用高分子薄膜电容制成的。常用的高分子材料有聚苯乙烯、聚酰亚胺、酪酸醋酸纤维等。

(3) 压力传感器

压力传感器是能感受压力并将其转换成可用输出信号的传感器,主要是利用压电效应制成的。压力传感器是工业实践中最为常用的一种传感器,广泛应用于各种工业自控环境,涉及水利水电、铁路交通、智能建筑、生产自控、航空航天、军工、石化、油井、电力、船舶、机床、管道等众多行业。

(4) 位移传感器

位移传感器又称线性传感器,它分为电感式位移传感器、电容式位移传感器、光电式位移传感器、超声波式位移传感器、霍尔式位移传感器。电感式位移传感器是属于金属感应的线性器件,接通电源后,在开关的感应面将产生一个交变磁场,当金属物体接近此感应面时,金属中产生涡流而吸收了振荡器的能量,使振荡器输出幅度线性衰减,然后根据衰减量的变化来完成无接触检测物体。

(5) 加速度传感器

加速度传感器是一种能够测量加速度的电子设备。加速度计有两种:一种是角加速度计,是由陀螺仪(角速度传感器)改进的;另一种就是线加速度计。

除上述介绍的传感器外,还有流量传感器、液位传感器、力传感器、转矩传感器等。按测试对象命名的优点是可以比较明确地表达传感器的用途,便于使用者根据用途选用。但是这种分类方法将原理互不相同的传感器归为一类,很难找出每种传感器在转换机理上有何共性和差异。

2. 按照工作原理分类

传感器按照工作原理可以分为电学式、磁学式、谐振式、化学式等传感器。

(1) 电学式传感器

电学式传感器是应用范围最广的一种传感器,常用的有电阻式、电容式、电感式、磁电式、电涡流式、电势式、光电式、电荷式传感器等。

电阻式传感器是利用变阻器将被测非电量转换为电阻信号的原理制成的。电阻式传感器一般有电位器式、触点变阻式、电阻应变片式及压阻式传感器等。电阻式传感器主要用于位移、压力、力、应变、力矩、气流流速、液位和液体流量等参数的测量。

电容式传感器是利用改变电容的几何尺寸或改变介质的性质和含量,从而使电容量发生变化的原理制成的,主要用于压力、位移、液位、厚度、水分含量等参数的测量。

电感式传感器是利用电磁感应把被测的物理量,如位移、压力、流量、振动等转换成线圈的自感系数和互感系数的变化,再由电路转换为电压或电流的变化量输出,实现非电量到电量的转换。

磁电式传感器是利用电磁感应原理把被测非电量转换成电量制成的，主要用于流量、转速和位移等参数的测量。

电涡流式传感器是利用金属在磁场中运动切割磁力线，在金属内形成涡流的原理制成的，主要用于位移及厚度等参数的测量。

电势式传感器是利用热电效应、光电效应、霍尔效应等原理制成的，主要用于温度、磁通、电流、速度、光强、热辐射等参数的测量。

光电式传感器是利用光电器件的光电效应和光学原理制成的，主要用于光强、光通量、位移、浓度等参数的测量。光电式传感器在非电量电测及自动控制技术中占有重要的地位。

电荷式传感器是利用压电效应原理制成的，主要用于力及加速度的测量。

(2) 磁学式传感器

磁学式传感器是利用铁磁物质的一些物理效应而制成的，主要用于位移、转矩等参数的测量。

(3) 谐振式传感器

谐振式传感器是利用改变电或机械的固有参数来改变谐振频率的原理制成的，主要用来测量压力。

(4) 化学式传感器

化学式传感器是以离子导电为基础制成的。根据其电特性的形成不同，化学传感器可分为电位式传感器、电导式传感器、电量式传感器、极谱式传感器和电解式传感器等。化学式传感器主要用于分析气体、液体或溶于液体的固体成分，以及液体的酸碱度、电导率和氧化还原电位等参数的测量。

上述分类方法是以传感器的工作原理为基础的，将物理和化学等学科的原理、规律和效应作为分类依据。这种分类方法的优点是对传感器工作原理的解释比较清晰，类别少，有利于对传感器进行深入地分析和研究。

3.3.3 典型传感器

传感器技术是一门知识密集型技术，涉及物理、化学、材料等多种学科。不同类型传感器，其技术原理各有不同，同一类型的传感器，其测试原理也多种多样。本节介绍几种传感器的工作原理，其他传感器的技术原理，感兴趣的读者可以通过网络资源进行学习。

1. 温度传感器

温度传感器是一种能够将温度变化转换为电信号的装置。它是利用某些材料或元件的性能随温度变化的特性进行测温。如将温度变化转换为电阻、电势、磁导率及热膨胀的变化等，然后再通过测量电路来达到检测温度的目的。温度传感器广泛应用于工农业生产、家用电器、医疗仪器、火灾报警，以及海洋气象等诸多领域。

(1) 温度传感器的分类

温度传感器按测量方式可分为接触式和非接触式两大类；按照传感器材料及电子元件特性可分为热电阻和热电偶两类。

接触式温度传感器的检测部分必须与被测对象有良好的接触。温度计通过传导或对流达到热平衡,从而使温度计的指示值能直接表示被测对象的温度,一般测量精度较高。在一定的测温范围内,温度计也可测量物体内部的温度分布,但对于运动体、小目标或热容量很小的对象则会产生较大的测量误差。常用的温度计有双金属温度计、玻璃液体温度计、压力式温度计、电阻温度计、热敏电阻和温差电偶等。

非接触式温度传感器的敏感元件与被测对象互不接触,又称非接触式测温仪表。这种仪表可用来测量运动物体、小目标和热容量小或温度变化迅速(瞬变)对象的表面温度,也可用于测量温度场的温度分布。非接触式温度传感器的测量上限不受感温元件耐温程度的限制,因而对最高可测温度原则上没有限制。对于 1 800 ℃ 以上的高温,主要采用非接触测温方法。随着红外技术的发展,辐射测温逐渐由可见光向红外线扩展,700 ℃ 以下直至常温都已采用,且分辨率很高。

热电阻温度传感器是利用导体或半导体的电阻值随温度变化而变化的原理进行测温的。热电阻温度传感器具有测量精度高,测量范围大,易于使用等优点,广泛应用在自动测量和远距离测量中。

热电偶温度传感器(简称热电偶)是工程上应用最广泛的温度传感器,它构造简单,使用方便,具有较高的准确度、稳定性及复现性,温度测量范围宽,在温度测量中占有重要的地位。下面重点介绍热电偶的测温原理。

(2)热电偶的测温原理

热电偶是根据热电效应原理进行工作的:将两种不同材料的导体或半导体连成闭合回路,两个接点分别置于温度为 T 和 T_0 的热源中,该回路内会产生热电势,热电势的大小反映两个接点的温度差。保持 T_0 不变,热电势随着温度 T 变化而变化。所以测得热电势的值,即可知道温度 T 的大小。热电偶结构如图 3-4 所示。

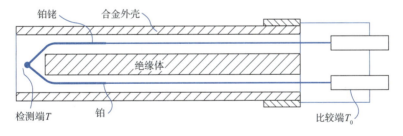

图 3-4　热电偶结构

热电偶产生的热电势是由温差电势和接触电势构成的。接触电势产生的原因是两种不同导体的自由电子密度不同而在接触处形成的电动势。当两种导体接触时,自由电子由密度大的导体向密度小的导体扩散,在接触处失去电子的一侧带正电,得到电子的一侧带负电,形成稳定的接触电势。接触电势的数值取决于两种不同导体的性质和接触点的温度。而温差电势的产生是当同一导体的两端温度不同时,高温端的电子能量要比低温端的电子能量大,因而从高温端跑到低温端的电子数比从低温端跑到高温端的要多,结果高温端因失去电子而带正电,低温端因获得多余的电子而带负电,形成一个静电场,该静电场阻止电子继续向低温端迁移,最后达到动态平衡。

理论上讲,任何两种不同材料的导体都可以组成热电偶,但为了准确、可靠地测量温度，对组成热电偶的材料必须经过严格的选择。工程上用于热电偶的材料应满足以下条件：热电势变化尽量大，热电势与温度的关系尽量接近线性关系，物理、化学性能稳定，易加工，复现性好，便于成批生产，有良好的互换性。

实际上，并非所有材料都能满足上述要求。目前在国际上被公认比较好的热电材料只有几种。国际电工委员会（IEC）向世界各国推荐了六种标准化热电偶见表3-1。所谓标准化热电偶，是指它已列入工业标准化文件中，具有统一的分度表。中国从1988年开始采用IEC标准生产热电偶。

表 3-1　几种典型的热电偶的特性一览表

名　称	电极 1	电极 2	分　度	测温范围	特　点
30% 铂铑 – 6% 铂铑	30% 铂铑	6% 的铂铑	B	0 ~ 1 700 ℃	适用于氧化性环境，测温上限高、稳定性好，在冶金等高温领域得到广泛应用
10% 铂铑 – 铂	10% 铂铑	纯铂	S	0 ~ 1 600 ℃	适用于氧化和惰性环境，热性能稳定，抗氧化性能强、精度高，但价格贵，热电势较小，常用于高温测量
镍铬 – 镍硅	镍铬	镍硅	K	– 200 ~ 900 ℃	适用于氧化和中性环境，测温范围宽，热电势与温度的关系近似线性，热电势较大，价格低，稳定性不如 B、S 型电偶，但是非金属热电偶中性能最稳定的一种
镍铬 – 康铜	镍铬合金	铜镍合金	E	– 200 ~ 350 ℃	适用于还原性或惰性环境，热电势较大，稳定性好，灵敏度高，价格低
铁 – 康铜	铁	铜镍合金	J	– 200 ~ 750 ℃	适用于还原性环境，价格低，热电势大，仅次于 E 型热电偶。缺点是铁极容易氧化
铜 – 康铜	铜	铜镍合金	T	– 200 ~ 350 ℃	适用于还原性环境，精度高，价格低。在 – 200 ℃ 至 0 ℃ 可以制成标准热电偶，缺点是铜极容易氧化

（3）热电偶的测温实例

使用热电偶进行测温，其原理非常简单，只需要将热电偶测得的热电势转换为温度。但是，由于每种热电偶的温度与热电势的关系并不是线性的，也不能用一个简单的公式来表示。因此，每种热电偶都会提供一个标准的"温度与热电势的关系表"，通过查找这个关系表，并采用插值技术，就很容易计算出热电偶检测值所对应的温度值。

例如，10% 铂铑 – 铂铑热电偶的"温度（摄氏度）与热电势的对应关系表"可见表3-2。当测得热电势为 7.708 mV 时，通过对表 3-2 的查找，可以发现，其值介于 7.672 mV 和 7.782 mV 之间，对应的温度介于 830 ℃ 和 840 ℃ 之间。因此，通过简单的插值计算，即可得到测得的实际温度为：

$$830\ ℃ + 10\ ℃ \times \frac{7.708 - 7.672}{7.782 - 7.672} = 830\ ℃ + 10\ ℃ \times \frac{0.036}{0.11} = 830\ ℃ + 3.27\ ℃ = 833.27\ ℃$$

事实上，10% 铂铑 – 铂热电偶已经成为一种使用广泛的热电偶，适用于各种生产过程中的高温场合，特别是粉末冶金、烧结光亮炉、真空炉、冶炼炉、玻璃、炼钢炉及陶瓷及工业盐浴炉等方面的测温。

应该注意的是：在实际应用系统中，由于增加了信号放大电路和 A/D 变换器。所以，实际计算温度的方法比上面复杂一些。需要考虑信号放大倍数、A/D 变换器位数及其满量程对应的参考电压等。

表 3-2　10% 铂铑 – 铂热电偶的温度 – 热电势对应关系表

温度/℃	热电动势/mV									
0	0.0	0.055	0.113	0.173	0.235	0.299	0.365	0.432	0.502	0.573
100	0.645	0.719	0.795	0.872	0.951	1.029	1.109	1.19	1.273	1.356
200	1.44	1.525	1.611	1.698	1.785	1.873	1.962	2.051	2.141	2.232
300	2.323	2.414	2.506	2.599	2.692	2.786	2.88	2.974	3.069	3.146
400	3.26	3.356	3.452	3.549	3.645	3.743	3.84	3.938	4.036	4.135
500	4.234	4.333	4.432	4.532	4.632	4.732	4.832	4.933	5.034	5.136
600	5.237	5.339	5.442	5.544	5.648	5.751	5.855	5.96	6.064	6.169
700	6.274	6.38	6.486	6.592	6.699	6.805	6.913	7.021	7.128	7.236
800	7.345	7.545	7.563	7.672	7.782	7.892	8.003	8.114	8.225	8.336
900	8.448	8.56	8.673	8.786	8.899	9.012	9.126	9.24	9.355	9.47
1 000	9.585	9.70	9.816	9.932	10.048	10.165	10.282	10.4	10.517	10.635
1 100	10.754	10.872	10.991	11.11	11.229	11.348	11.467	11.587	11.707	11.827
1 200	11.947	12.067	12.188	12.308	12.429	12.55	12.671	12.792	12.913	13.034
1 300	13.155	13.276	13.397	13.519	13.64	13.761	13.883	14.004	14.125	14.247
1 400	14.368	14.489	14.61	14.731	14.852	14.973	15.094	15.215	15.336	15.456
1 500	15.576	15.697	15.817	15.937	16.057	16.176	16.296	16.415	16.534	16.653
1 600	16.771	16.89	17.008	17.125	17.243	17.36	17.477	17.594	17.771	17.826
1 700	17.942	18.056	18.17	18.282	18.394	18.504	18.612	—	—	—

2. 手机中的传感器

随着智能手机硬件配置的不断提高，内置的传感器种类越来越多，如图 3-5 所示。这些传感器不仅提高了手机的智能，还让手机的功能越来越强大。那么，手机中有哪些传感器呢？它们有什么作用呢？正是这些传感器，让手机具备良好的人机交互性。下面介绍手机中常见的几种传感器的功能及其应用场景。

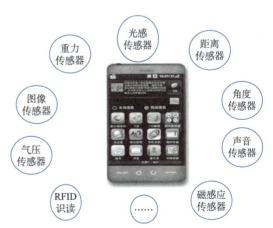

图 3-5　手机中的传感器

（1）重力传感器

重力传感器是一种运用压电效应实现的可测量加速度的电子设备，所以又称为加速度传感器。重力传感器内部的重力感应模块由一片"重力块"和压电晶体组成，当手机发生动作的时候，重力块会和手机受到同一个加速度,这样重力块作用于不同方向的压电晶体上的力也会改变,这样输出的电压信号也就发生改变,根据输出的电压信号就可以判断手机的方向了。这种重力感应装置常用于自动旋转屏幕及一些游戏。例如,晃动手机就可以完成赛车类游戏的转弯动作,主要就是靠重力感应装置。

(2) 光线传感器

光线传感器可能是人们最为熟悉的了,它是控制屏幕亮度的传感器。在阳光下,光线传感器就会让手机变亮,从而让我们能在任何环境下都可以清晰地看见手机屏幕上面的字。光线感应器由投光器和受光器组成,投光器将光线聚焦,再传输至受光器,最后通过感应器接收变成电器信号。

(3) 距离传感器

距离传感器就是用来测量距离的,距离传感器会向外发射红外光,物体能反射红外线,所以当物体靠近的时候,物体反射的红外光就会被元件监测到,这时就可以判断物体靠近的距离。当拿起手机接电话时,手机会黑屏,从而防止我们误操作,这种功能的实现靠的就是距离传感器。

(4) 磁感应传感器

磁感应传感器就是可以测量地磁场的传感器,由各向异性磁致电阻材料构成,这些材料感受到微弱的磁场变化时会导致自身电阻产生变化,进而输出的电压也会改变,从而就可以判断出地磁场的朝向。磁感应传感器主要用于手机指南针、辅助导航系统,而且使用前需要手机旋转或者摇晃几下才能准确指示磁场方向。

(5) 角度传感器

角度传感器主要通过陀螺仪实现。陀螺仪是一种用于测量角度及维持方向的设备,原理是基于角动量守恒定律。陀螺仪主要应用于手机摇一摇,或者在某些游戏中可以通过移动手机改变视角,如虚拟现实技术。另外,当人们进入隧道之后,卫星定位系统很可能没有信号,而这时候的导航仍能继续工作,其功能也是靠陀螺仪实现的。

(6) 气压传感器

气压传感器主要用于检测大气压,通过对大气的检测来判断海拔和高程。其主要用于辅助导航定位系统和显示楼层高度。尽管之前的手机上面并没有这个传感器,但是现在上市的手机大部分都配备了这个传感器。

(7) 声音和图像传感器

声音传感器用来支持手机语言录制和语音通话,视频传感器用来拍照和录制视频。这两种传感器在手机中使用最早,也是应用最广泛的传感器。

3.4 物联网标识技术

随着商品经济的快速发展,物品标识与管理逐渐形成一门科学。在物联网系统中,如何标识物体的身份是一项重要工作。本节重点阐述物联网的标识技术,主要包括一维码技术、二维码技术和 RFID 技术等。

3.4.1 一维码

条形码是集条形码理论、光电技术、计算机技术、通信技术、条形码印制技术于一体的物品身份自动识别方法,其作为自动识别技术中应用较早的一类,诞生于20世纪50年代的美国,并于70年代在国际上得到推广和应用。

1949年,美国工程师乔·伍德兰德(Joe Wood Land)和伯尼·西尔沃(Berny Silver)在一个食品项目中开始研发并设计了一种同心圆的特殊编码,被称为"公牛眼",并设计出能够解码的自动识别设备,且因此获得了美国专利。

1970年,美国率先对条形码实施标准化,选定了当初IBM公司的条形码方案,最终成为美国通用商品代码,即UPC码,并在商品零售业中进行推广。

1976年,欧洲的十二个工业国创立了欧洲物品编码协会(EAN),制定了欧洲物品编码标准,即EAN-8码和EAN-13码,推动了商品编码国际化的发展。

1994年,日本电装公司发明了世界上首个二维码——QR(quick response code)码,并应用于汽车零部件追溯系统。因为QR码拥有信息容量大、标签尺寸小、防错能力强和解码速度快的优点,可以存储更加丰富的信息,包括文字和网址等,如今已被广泛应用于电子票务、网络营销和交通运输等领域。随着移动社交和手机App的发展,QR码的应用达到前所未有的热度。

1980年左右,中国开始引入条形码的自动识读技术。首先在一些关键部门建立条形码识读和管理系统,包括邮局、图书馆、国家银行及运输行业等,并于1988年成立中国物品编码中心,专门负责国内商品的编码分配和日常管理工作。1991年4月,中国物品编码中心正式成为国际物品编码协会的会员,负责向国内的企业和组织推广通用的国际编码标识系统和供应链管理标准,并提供标准化解决方案和公共服务平台。

目前,中国物品编码中心日益发展壮大,已成立47个分支部门,拥有20万家以上的企业注册会员和超过十亿条的商品信息,覆盖了日用百货、办公用品、食品饮料、日化用品和服装等数百个行业,这些重要的数据信息为中国商品的流通管理和质量监管提供了有效的支持,极大地促进了商品经济的发展。

1. 一维码的概念与组成

一维码是由一组反射率不同、宽窄各异的条、空符号按一定规则交替排列编码而成的图形符号,可用以表示一定的信息,例如,表示物体名称、种类或者产地等,能在信息交换过程中实时快速地提供正确的标识。

一个完整的一维码的组成结构如图3-6所示,从左到右依次是左侧空白区、起始符、数据字符、校验符、终止符和右侧空白区,以及供人识别的字符下面分别进行说明。

(1)空白区:位于条形码符号起始符和终止符的外侧,包括左侧空白区和右侧空白区,其反射率与空的反射率相同,对其宽度有一个最小值限定。空白区与起始符或者终止符结合才能确定一维码检测的开始或结束。

(2)起始符:位于一维码起始位置,由若干条、空按照固定规则排列而成,表示条形码的开始。

(3)数据字符:位于起始符与终止符(或校验符)之间,由若干条、空按照条形码字符集的编码规则进行排列,表示若干字符。

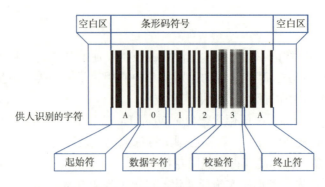

图 3-6　条形码的组成结构

（4）校验符：通常位于一维码数据字符与终止符之间，由条、空排列表示的字符是用来对数据字符区的字符进行校验的。

（5）终止符：位于一维码的结束位置，由若干条、空按照固定规则排列而成，表示条形码的终止。

（6）供人识别的字符：位于条形码字符的下方，对应于条形码数据字符的区域，是整个条形码的字符表示，方便人们识别。

2. 一维码的编码

一维码是利用反射率不同的"条"和"空"，以不同的宽度和规则的排列，来构成具有一定排列规则的二进制 0 和 1，并借以表示某个字符或者数字，最后将 0 和 1 连在一起反映一定的信息。在一维码中，不同码制的编码方式不同。主要编码方式包括：

（1）宽度调节编码法

宽度调节编码法就是指一维码符号中的"条"和"空"均有宽、窄两种类型的条形码编码方法。根据宽度调节编码法制定的码制，通常是用窄单元的"条"或者"空"来表示计算机二进制的 0，而用宽单元的"条"或者"空"来表示计算机二进制的 1。

编码标准规定，宽单元应该至少是窄单元的 2～3 倍，同时，两个相邻的二进制数位，无论是由空到条或者是由条到空，都应该印刷有明显的边界。交叉二五码、库德巴码和 39 码都属于宽度调节编码法的一维码。

（2）模块组配编码法

模块组配编码法是指一维码的字符结构由规定数量的数个模块组成的编码方式。该码制的"条"和"空"是由不同数量的模块组合而成，二进制的 1 是由一个单位模块宽度的"条"来表示，而二进制的 0 是由一个单位模块宽度的"空"来表示。

国际流行的 UPC 码和 EAN 码都是采用模块组配编码法的一维码。相关编码标准规定，商品条形码的单个模块的标准宽度是 0.33 mm。如果表示字符的条形码间存在间隔，则属于非连续条形码，而字符条形码间不存在间隔的，则属于连续性条形码。

3.4.2　一维码实例：EAN

目前，常用的一维码主要有 EAN、UPC、ISBN、ISSN 和 39 码等，不同的码制有各自的应用领域。本节介绍一维商品码 EAN 的编码技术，下节讲解 ISBN 和 ISSN，其他条形码读者可以通过网络进行学习。

一维商品码 EAN 又称为欧洲商品条形码(European article number),诞生于 1977 年,是当时的欧洲各个工业国为了提高商品在国家之间流通的便利性,联合开发并推广使用的一种一维商品码,极大地促进了欧洲区域内的经济增长。如今,EAN 商品码已经在世界各地得到普遍应用,成为国际性的条形码标准。国际物品编码协会负责进行 EAN 商品码的管理,并为各国成员分配国家代码,再由各自成员国的商品码管理机构对国内的制造商和经销商等授予厂商代码。

EAN 商品码具有以下几个方面的特性:

(1)EAN 商品码编码范围仅包含 10 个阿拉伯数字(0 至 9),而且编码长度最多为 13 个。

(2)EAN 商品码支持双向扫描的功能,使识读设备可以从左右两个方向开始进行扫描解码。

(3)EAN 商品码支持一个校验字符,以判断条形码内容是否被正确解出。

(4)EAN 商品码的编码内容又分为左右两个部分,即左侧数据符及右侧数据符,左右两部分使用不同的编码机制。

(5)根据数据结构和编码长度的不同,又分为 EAN-13 码和 EAN-8 码。

1. EAN-13 商品码的编码规则

EAN-13 商品码的编码内容为一组 13 位的阿拉伯数字,用来标识某种商品。其中,国家代码占 3 位,厂商代码占 4 位,产品代码占 5 位,校验码占 1 位。EAN-13 码的结构与编码方式如图 3-7 所示。

(1)国家代码由国际商品条形码总会授权。中国的国家代码为 690~691,凡由中国核发的号码,均须冠以 690~691 的字头,以区别于其他国家;国家代码中的第一位称为前缀码,不参与编码。

(2)厂商代码由中国物品编码中心核发给申请的厂商,占四个码,代表申请厂商的号码。

图 3-7 EAN-13 商品码构成示例

(3)产品代码占五个码,系代表单项产品的号码,由厂商自由编定。

(4)校验码占一个码,用于防止条形码扫描器误读的自我检查。

2. EAN-13 商品码的编码方法

EAN-13 采取模块单元组合法进行字符编码。包括 0~9 共 10 个数字。每个数字包括"条""空"组合而成的七个模块单元,其中,"条"对应二进制 1,"空"对应二进制 0。因此,EAN-13 的每个数字实际上对应一个七位二进制序列。

根据 EAN-13 标准规定,每个数字的条空组合有三套字符集可选,即 A、B 和 C。在这三套字符集中,每个数字的条空组合的规则见表 3-3(表中 S 表示空,B 表示条),根据条空规则转换为二进制后,每个数字对应的二进制序列见表 3-4。

例如,在选用字符集 A 时,数字"2"的条空组合为 2 个 S、1 个 B、2 个 S、2 个 B,即"SSBSSBB",对应二进制 0010011。

从表 3-3 中可以发现,三套字符集编码规则具有相关性,字符集 A 和字符集 C 中编码的"条"和"空"是刚好反向的,而字符集 B 和字符集 C 中编码的二进制表示是倒序的。而

EAN-13 的起始符、中间分隔符和终止符都是固定的,因此不包含在编码表里。

表 3-3　EAN 商品码的字符集编码表示

数字字符	字符集 A				字符集 B				字符集 C			
	S	B	S	B	S	B	S	B	B	S	B	S
0	3	2	1	1	1	1	2	3	3	2	1	1
1	2	2	2	1	1	2	2	2	2	2	2	1
2	2	1	2	2	2	2	1	2	2	1	2	2
3	1	4	1	1	1	1	4	1	1	4	1	1
4	1	1	3	2	2	3	1	1	1	1	3	2
5	1	2	3	1	1	3	2	1	1	2	3	1
6	1	1	1	4	4	1	1	1	1	1	1	4
7	1	3	1	2	2	1	3	1	1	3	1	2
8	1	2	1	3	3	1	2	1	1	2	1	3
9	3	1	1	2	2	1	1	3	3	1	1	2

说明:"S"表示空(0),"B"表示"条"(1)

表 3-4　EAN 商品码的字符集编码后对应的二进制序列

数字字符	字符集 A	字符集 B	字符集 C
0	"0001101"	"0100111"	"1110010"
1	"0011001"	"0110011"	"1100110"
2	"0010011"	"0011011"	"1101100"
3	"0111101"	"0100001"	"1000010"
4	"0100011"	"0011101"	"1011100"
5	"0110001"	"0111001"	"1001110"
6	"0101111"	"0000101"	"1010000"
7	"0111011"	"0010001"	"1000100"
8	"0110111"	"0001001"	"1001000"
9	"0001011"	"0010111"	"1110100"

EAN-13 商品码由八个部分组成,包括左右两侧的空白区域、起始符及终止符、两侧数据符、分隔符和校验符。EAN-13 商品码构成示例如图 3-8 所示。

具体编码方法如下:

(1)左侧空白区:位置在条形码图形的最左边,一般包括九个及以上"空"单元。

(2)起始符:由"条""空""条"三个模块单元组成,表示条形码符号的开始,并且据此可以计算条形码符号的模块单

图 3-8　EAN-13 商品码构成示例

元宽度。

(3)左侧数据符：包含六个数字字符的编码，每个字符包含七个模块单元，共有 42 个模块单元。数字字符的编码规则为：当前缀码为 0、1、2、3、4 时，左侧的每个数字字符的七个模块在编码时使用的字符集依次为 AAAAAA、AABABB、AABBAB、AABBBA、ABAABB；当前缀码为 5、6、7、8、9 时，每个字符的七个模块编码使用的字符集依次为 ABBAAB、ABBBAA、ABABAB、ABABBA、ABBABA。

(4)中间分隔符：是平分整个条形码的特殊符号，位置在左右两侧数据符的中间，由"空""条""空""条""空"五个模块单元组成。

(5)右侧数据符：包含五个数字字符的编码，每个字符包含七个模块单元，共有 35 个模块单元。右侧数字字符的编码规则为：不管前缀码为多少，每个字符的七个模块编码均使用字符集 C。

(6)校验符：通过对左侧数据符和右侧数据符计算得到，占用一个数符，包含七个模块单元，采用字符集 C 进行编码。其作用是校验条形码的正确性，后面会介绍校验符的计算方法。

(7)终止符：和起始符一样，由"条""空""条"三个模块单元组成，表示条形码符号的结束。

(8)右侧空白区：位置在条形码图形的最右边，包括最少七个"空"单元。

另外，为避免打印的条形码被忽略，可以在右侧空白区域的右下角增加字符"＞"（不参与条形码的字符编码），并在条形码的正下方，打印一行供人识别的条形码数字，目的是当条形码无法正确识读时，可以进行人工输入。

【例 3-1】已知某 EAN-13 条形码为 0903244981003，请给出该条形码的完整二进制序列。

问题分析：该条形码的第一位为"0"，即为前缀码；第 2～7 位为"903244"，即六位左侧数据符；第 8～12 位为"98100"，即五位右侧数据符；第 13 位即最后一位为"3"，就是校验符（即校验码）。

问题求解：根据上面介绍的 EAN-13 的编码规则，0903244981003 的各部分的二进制编码见表 3-5。将它们连成一体就是该条形码的完整二进制序列。

表 3-5　EAN-13 码 0903244981003 的二进制编码

字符	空白符	起始符	左字符 9	左字符 0	左字符 3	左字符 2	左字符 4	左字符 4	分隔符
编码	000000000	101	0001011	0001101	0111101	0010011	0100011	0100011	01010
字符	右字符 9	右字符 8	右字符 1	右字符 0	右字符 0	校验符 3	终止符	空白符	
编码	1110100	1001000	1100110	1110010	1110010	1000010	101	000000000	

同理，可以获得 EAN-13 码 6966090118206 的二进制编码为：000000000，101，0001011，0000101，0000101，0100111，0001011，0001101，01010，1100110，1100110，1001000，1101100，1110010，1010000，101，000000000。请读者自行验证。

3. EAN-13 校验码的计算方法

在 EAN-13 中，有一位校验码用来验证编码的可靠性，该校验码的计算方法如下：

(1) 设置校验码所在位置为序号 1，按从右至左的逆序分配位置序号 2~13（对应正序的 12~1）；按照序号将条形码符号中的任一个数字码表示为 X_i，其中 i 为位置序号 1，2，3，……，13；

(2) 从位置序号 2 开始，计算全部序号为偶数的数字之和，结果乘以 3，得到乘积 N_1：

$$N_1 = 3 \cdot \sum_{i=1}^{n} X_{2i} \quad \text{其中，} n = 6$$

(3) 从位置序号 3 开始，计算全部序号为奇数的数字之和，得到乘积 N_2：

$$N_2 = \sum_{i=1}^{n} X_{2i-1} \quad \text{其中，} n = 6$$

(4) 对 N_1 和 N_2 求和，得到 N_3，即 $N_3 = N_1 + N_2$；

(5) 将 N_3 除以 10，求得余数 M，计算 $10-M$ 的差，并将差值进行模 10 运算，其结果即为校验码的值。

例如，要计算 EAN 条形码 696609011820? 的校验码，其计算方法如下：

(1) 先求偶数位的和，然后乘以 3：$N_1 = (0+8+1+9+6+9) \times 3 = 33 \times 3 = 99$；

(2) 再求奇数位的和：$N_2 = 2+1+0+0+6+6 = 15$；

(3) 计算 N_1 与 N_2 之和，然后除以 10，得余数 M：$M = (99+15) \div 10$ 得余数 4；

(4) 计算 $10-M$ 的校验码：$10-4 = 6$。

在实际应用中，当进行编码时，使用上述方法计算校验码；当进行解码时，先对条形码进行识读，提取校验码，并将该检验码之前的、已经别出的 12 个数字按照上述方法进行计算，得到计算的校验码。比较提取的校验码和计算的校验码是否一致，如果相同，则条形码识读结果正确，否则，识读失败。

在现实生活中，除了商品码 EAN 被广泛使用之外，在出版行业，ISBN 和 ISSN 也应用广泛。下面首先介绍这两种条形码的编码规则，然后阐述 ISSN 与 EAN-13 之间转换方法。

3.4.3 一维码实例：ISBN 和 ISSN

1. ISBN 码

国际标准书号 ISBN 是应图书出版、管理的需要，并便于国际出版物的交流与统计所发展出的一套国际统一的编号制度。它由一组冠有"ISBN"代号（978）的十位数码所组成，用以识别出版物所属国别、地区或语言、出版机构、书名、版本及装订方式。这组号码也可以说是图书的代表号码。世界各地的出版机构、书商及图书馆都可以利用国际标准书号迅速而有效地识别某一本书及其版本、装订形式。图 3-9 所示为一个 ISBN 码示例。

在 ISBN 中，除 978 作为 ISBN 前缀外，后续第一段号码是地区号，又叫组号，最短的为一位数字，最长的达五位数字，大体上兼顾文种、国别和地区。把全世界自愿申请参加国际标准书号体系的国家和地区划分成若干地区，各有固定的编码。0、1 代表英语，主要国家有澳大利亚、加拿大、新西兰、英国、美国等；2 代表法语，主要国家有法国、卢森堡及比利时，加拿大和瑞士的法语区也使用该代码；3 代表德语，包括德国、奥地利和瑞士的德

图 3-9 ISBN 码示例

语区；4是日本出版物使用的代码；5是俄罗斯出版物使用的代码；7是中国出版物使用的代码。第二段号码是出版社代码，由其隶属的国家或地区 ISBN 中心分配，允许取值范围为 2～5 位数字。中国出版社代码是三位。第三段是书序号，由出版社自定，而且每个出版社的书序号是定长的。最短的一位，最长六位。中国目前每个出版社的书号长度都为五位。第四段只有一位，是 ISBN 的校验码，起止范围为 0～10，10 由 X 代替。

为了实现 ISBN 码与 EAN 商品码扫描识别的一致性，带 978 前缀的 13 位 ISBN 校验码的计算方法与 EAN-13 码的校验码计算方法相同，这里不再赘述。

2. ISSN 码

ISSN 号即标准国际刊号，是标准国际连续出版物号的简称。是为各种内容类型和载体类型的连续出版物(如报纸、期刊、年鉴等)所分配的具有唯一识别性的代码。分配 ISSN 的权威机构是 ISSN 国际中心。

按国际标准 ISO3297 规定，一个国际标准刊号由以 "ISSN" 为前缀的八位数字(两段四位数字，中间以连字符 "-" 相接)组成。图 3-10 所示为一个 ISSN 码示例。在 ISSN 中，前七位为单纯的数字序号，最后一位为校验码。

ISSN 校验码的计算方法为：前七位数字依次以 8～2 加权后求和、再以 11 为模数进行计算得到余数。若余数为 0，则校验码为 0；否则校验码为 11 减余数，余数如果为 10，则用"X"表示。

图 3-10 ISSN 码示例

3. ISSN 到 EAN-13 的转换

为了方便通用的激光扫描仪对 ISSN 的识读，通常需要将 ISSN 码转换成 EAN-13 码。按照 EAN 规则生成的 ISSN 码，简称为 EAN-ISSN 码。EAN-ISSN 码在 ISSN 码前加前缀 "977" 作为期刊识别码，后跟七位 ISSN，再跟两位附加码和一位校验码。两位附加码可以采用固定数值(如 20)方式，也可以采用非固定数值方式。

3.4.4 一维码的识读

由于一维条形码是应用最早的条形码技术，因此早期的条形码扫描设备都是一维条形码扫描器，如条形码笔、红光式条形码扫描器和激光式条形码扫描器。

(1)条形码笔是出现最早、最简单的识读设备，成本很低，需要贴近条形码标签进行手工扫描，识别率不高。目前已经基本被淘汰。

(2)红光式条形码扫描器的识读原理是基于 CIS(contact image sensor)光电传感器对条形码信息进行采集，并转化为电信号进行译码。红光式条形码扫描器工作时仍需贴近条形码标签，识别景深太浅，而且精度不高。目前主要应用于图书管理和超市储物柜管理等领域。

(3)激光式条形码扫描器的基本原理是激光二极管发射出一束激光，照射在转动或者摆动的光栅器件上，形成一条或多条扫描线，然后由光电传感器接收反射光，经过信号滤波和放大之后，得到条形码信号波形，最终译码输出。其识别速度很快，抗干扰能力强，不仅可以识读一维条形码，而且可以识读堆叠码，是目前应用较广泛的识读设备，在商品零售和快递物流等领域最为常见。

一维条形码识读系统包括以下几个部分：激光扫描部件、模拟信号整形部件、编码/解码部件和解码结果输出部件，如图 3-11 所示。

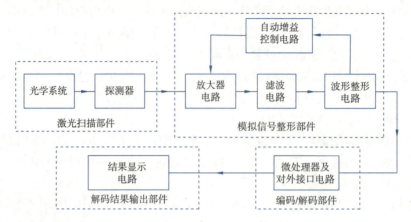

图 3-11　条形码采集系统的组成

（1）激光扫描部件

激光扫描部件包括光学系统和探测器两部分，其中光学系统用来产生一束摆动的激光，使其照射在一维条形码上，并收集一维条形码的反射光至探测器，探测器是一个光电转换器（如光电二极管），能将反射光转变为电信号。

（2）模拟信号整形部件

由于激光扫描部件生成的电信号很弱，容易受到外界干扰，所以必须使用放大器电路进行信号放大，并通过滤波电路、波形整形电路分别进行平滑处理和波形整形。放大器电路可以起到很好的隔离缓冲作用，自动增益控制电路的作用是采集即将输入到微处理器的方波信号，并通过多级电容滤波电路，最后输出一个能反映电压信号强弱的电压信号给放大电路部分，并通过此电压来调节放大倍数。

（3）编码/解码部件

编码/解码部件主要由微处理器及对外接口电路组成。经过整形后的方波信号通过接口电路中的模数转换器输入到微处理器中，微处理器通过设置模数转换器的采样频率，将能反映方波信号的一系列的点采集出来，并存放在微处理器的寄存器中，然后通过相应的算法，识别出方波信号反映的一维条形码的"条""空"信息，并记录其宽窄和排列顺序。微处理器根据这些信息，确定一维条形码的码制、起始符、数据字符和终止符。再结合码制和数据字符，将条形码包含的信息解译出来，最后把识读结果放在微处理器的寄存器中。

（4）解码结果输出部件

解码结果输出部件的作用是编码/解码部件的条形码结果输出到专门的显示器、计算机或手机终端机上进行显示，同时也具备将一维条形码信息发送到其他设备进行显示的接口能力。

3.4.5　二维码

目前，一维码技术在商业、交通运输、医疗卫生、快递仓储等行业得到了广泛应用。

但一维码存在许多的缺陷，其一，其表征的信息量有限，每英寸只能存储十几个字符信息；其二，一维码只能表达字母和数字，不能表达汉字和图像；其三，一维码不具备纠错功能，比较容易受外界污染的干扰。二维码的诞生解决了一维码不能解决的问题。

1. 二维码的特点

国外对二维码技术的研究始于20世纪80年代末。中国对二维码技术的研究开始于1993年。中国物品编码中心对几种常用的二维码的技术规范进行了跟踪研究，制定了两个二维码的国家行业标准：二维码网格矩阵码（SJ/T 11349—2006）和二维码紧密矩阵码（SJ/T 11350—2006），并将两项二维码行业标准的修订版统一称为 GB/T 23704-200，从而大大促进了中国具有自主知识产权技术的二维码的研发。

二维码是用某种特定的几何图形按一定规律，相应元素位置上用"点"表示二进制"1"，用"空"表示二进制"0"，由"点"和"空"的排列组成的代码。二维码是一种比一维码更高级的条形码格式。一维码只能在一个方向（一般是水平方向）上表达信息，而二维码在水平和垂直方向都可以存储信息。一维码只能由数字和字母组成，而二维码能存储汉字、数字和图片等信息，因此二维码的应用领域要广得多。二维码的优越性具体体现在以下几个方面：

（1）信息容量大：根据不同的条空比例，每平方英寸可以容纳 250～1 100 个字符。在国际标准的证卡有效面积上（相当于信用卡面积的 2/3，约为 76 mm × 25 mm），二维码可以容纳 1 848 个字母字符或 2 729 个数字字符，约 500 个汉字信息。这种二维码比普通条形码信息容量高几十倍。

（2）编码范围广：二维码可以将照片、指纹、掌纹、签字、声音、文字等凡可数字化的信息进行编码。

（3）保密、防伪性能好：二维码具有多重防伪特性，它可以采用密码防伪、软件加密及利用所包含的信息，如指纹、照片等进行防伪，因此具有极强的保密防伪性能。

（4）译码可靠性高：普通条形码的译码错误率为百万分之二左右，而二维码的误码率不超过千万分之一，译码可靠性极高。

（5）修正错误能力强：二维码采用了世界上先进的数学纠错理论，如果破损面积不超过 50%，二维码受到玷污、破损等情况，可以照常破译出丢失的信息。

（6）容易制作且成本低：利用现有的点阵、激光、喷墨、热敏/热转印、制卡机等打印技术，即可在纸张、卡片、PVC、甚至金属表面上印出二维码。由此所增加的费用仅是油墨的成本，因此人们又称二维码是"零成本"技术。

（7）二维码的形状可变：同样的信息量，二维码的形状可以根据载体面积及美工设计等进行变化调整。

2. 二维码的分类

按原理来分，二维码可以分为堆叠式/行排式二维码和矩阵式二维码。堆叠式/行排式二维码形态上是由多行短截的一维码堆叠而成；矩阵式二维码以矩阵的形式组成，在矩阵相应元素位置上用"点"表示二进制"1"，用"空"表示二进制"0"，"点"和"空"的排列组成代码。

（1）堆叠式/行排式二维码

堆叠式/行排式二维码又称堆积式二维码或层排式二维码，其编码原理是建立在一维码基础之上的，按需要堆积成两行或多行。它在编码设计、校验原理、识读方式等方面继承了一维码的一些特点，识读设备与条形码印刷与一维码技术兼容。但由于行数的增加，需要对行进行判定，其译码算法与软件也不完全相同于一维码。有代表性的行排式二维码有 Code 16K、Code 49、PDF417、MicroPDF417 等。

（2）矩阵式二维码

矩阵式二维码又称棋盘式二维码。它是在一个矩形空间通过黑、白像素在矩阵中的不同分布进行编码。在矩阵相应元素位置上，用点(方点、圆点或其他形状)的出现表示二进制的"1"，点的不出现表示二进制的"0"，点的排列组合确定了矩阵式二维码所代表的意义。矩阵式二维码是建立在计算机图像处理技术、组合编码原理等基础上的一种新型图形符号自动识读处理码制。具有代表性的矩阵式二维码有 Code One、MaxiCode、QR Code、Data Matrix、Han Xin Code、Grid Matrix 等。图 3-12 所示为一个 QR Code 示例。

图 3-12　QR Code 实例

3. 二维码的构成

二维码是在一维码的基础上扩展出另一维具有可读性的条形码，使用黑白矩形图案表示二进制数据，被设备扫描后可获取其中所包含的信息。每一种二维码都有其编码规则。按照这些编码规则，通过编程即可实现条形码生成器。目前，人们所看到的二维码绝大多数是 QR 码，QR 码是 quick response 的缩写。QR 码一共有 40 个尺寸，包括 21×21 点阵、25×25 点阵，最高的是 177×177 点阵。一个标准的 QR 码的结构如图 3-13 所示。

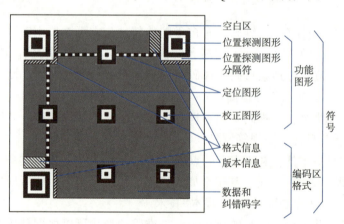

图 3-13　QR 码的结构图

图中各个位置模块具有不同的功能，各部分的功能介绍如下：

- 位置探测图形：用于标记二维码的矩形大小，个数为 3，因为 3 个位置探测图形即可标识一个矩形，同时可以用于确认二维码的方向。
- 位置探测图形分隔符：留白是为了更好地识别图形。
- 定位图形：二维码有 40 种尺寸，尺寸过大的需要有根标准线，以免扫描的时候扫歪了。

- 校正图形：只有 25×25 点阵及以上的二维码才需要。点阵规格确定后，校正图形的数量和位置也就确定了。
- 格式信息：用于存放一些格式化数据，表示二维码的纠错级别，分为 L、M、Q、H 四个级别。
- 版本信息：即二维码的规格信息。QR 码符号共有 40 种规格的矩阵。
- 数据码和纠错码：存放实际保存的二维码信息（数据码）和纠错信息（纠错码），其中，纠错码用于修正二维码损坏带来的错误。

目前，QR 码支持数字编码（从 0 到 9）、字母编码（大写的 A 到 Z）、符号编码（如 $、%、*、+、-、.、/、:）、字节编码（0~255）、汉字编码和一些特殊行业用字符编码等。

4. 二维码识读

二维码的识读需要读写器，读写器利用自身光源照射条形码，再利用光电转换器接受反射的光线，将反射光线的明暗转换成数字信号。二维码的识读设备种类繁多，根据不同的识读原理，可以分为以下三类：

（1）基于 CCD（charge coupled device）的线性图像式读写器

CCD 是一种电子自动扫描的光电转换器件，也叫 CCD 图像感应器。它可阅读一维码和线性堆叠式二维码（如 PDF417），在阅读二维码时需要沿条形码的垂直方向扫过整个条形码，因此称之为"扫描式阅读"。

（2）基于激光扫描器的读写器

激光扫描器通过激光二极管发出一束光线，照射到一个旋转的棱镜或来回摆动的镜子上，反射后的光线穿过阅读窗照射到条形码表面，光线经过条或空的反射后返回读写器，由一个镜子进行采集、聚焦，通过光电转换成电信号，该信号将通过扫描器或终端上的译码软件译码。可阅读一维码和线性堆叠式二维码。阅读二维码时将光线对准条形码，由光栅元件完成垂直扫描，不需要手工扫动。

（3）基于摄像的读写器

采用摄像方式将条形码图像摄取后进行分析和解码，可阅读一维码和所有类型的二维码。例如，手机扫码都是通过摄像头进行的，是典型的图像式阅读方式。

3.4.6 射频识别技术

1948 年，Harry Stockman 发表了题为"利用反射功率进行通信"一文，奠定了 RFID 系统的理论基础。RFID 是一种非接触式全自动识别技术，通过射频信号自动识别目标对象并获取相关数据，无须人工干预，可以工作于各种恶劣环境。

1. RFID 的特点

RFID 技术的特点是利用电磁信号和空间耦合（电感或电磁耦合）的传输特性实现对象信息的无接触传递，从而实现对静止或移动物体的非接触自动识别。与传统的条形码技术相比，RFID 技术具有以下优点：

（1）快速扫描。条形码一次只能有一个条形码受到扫描，而 RFID 读写器可同时辨识读取数个 RFID 电子标签。

(2)体积小型化、形状多样化。RFID 在读取上并不受尺寸大小与形状显示,不需要为了读取精确度而要求纸张的固定尺寸和印刷品质。此外,RFID 电子标签更可往小型化与多样形态发展,以应用于不同产品。

(3)抗污染能力和耐久性好。传统条形码的载体是纸张,因此容易受到污染,但 RFID 电子标签对水、油和化学药品等物质具有很强的抵抗性。

(4)可重复使用。条形码印刷后就无法更改,RFID 电子标签则可以重复地新增、修改、删除 RFID 卷标内储存的数据,方便信息的更新。

(5)可穿透性阅读。在被覆盖的情况下,RFID 能够穿透纸张、木材和塑料等非金属或非透明的材质,并能够进行穿透性通信。而条形码扫描机必须在近距离而且没有物体遮挡的情况下,才可以辨读条形码。

(6)数据的记忆容量大。一维码的容量通常是 50 B,二维码最大的容量可储存 2~3 000 字符,RFID 最大的容量则有数兆位。

(7)安全性。由于 RFID 承载的是电子式信息,其数据内容可由密码保护,使其内容不易被伪造及变造。

目前,RFID 技术被广泛应用于工业自动化、智能交通、物流管理和零售业等领域。尤其是近几年,借物联网的发展契机,RFID 技术展现出新的技术价值。

2. RFID 系统的组成

通常,RFID 系统由电子标签、读写器和数据管理系统组成,其组成结构如图 3-14 所示。

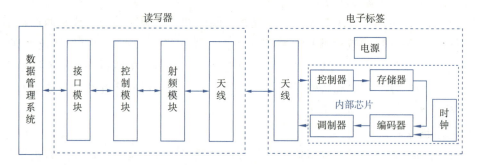

图 3-14 RFID 系统的构成

(1)电子标签

电子标签(tag)由耦合元件及芯片组成,每个电子标签都具有全球唯一的电子编码,将它附着在物体目标对象上可实现对物体的唯一标识。电子标签内编写的程序可根据应用需求的不同进行实时读取和改写。通常,电子标签的芯片体积很小,厚度一般不超过 0.35 mm,可以印制在塑料、纸张、玻璃等外包装上,也可以直接嵌入商品内。

电子标签与读写器间通过电磁耦合进行通信,与其他通信系统一样,电子标签可以看作一个特殊的收发信机,电子标签通过天线收集读写器发射到空间的电磁波,电磁波通过控制器、存储器完成接收处理,通过编码器、调制器转换为电磁波通过天线发送。

根据电子标签的供电方式、工作方式等的不同,RFID 的电子标签可以分为六种基本的类型。

①按电子标签供电方式分类：分为无源和有源。
②按电子标签工作模式分类：分为主动式、被动式和半主动式。
③按电子标签读写方式进行分类：分为只读式和读写式。
④按电子标签工作频率分类：分为低频、中高频、超高频和微波。
⑤按电子标签封装材料分类：分为纸质封装、塑料封装和玻璃封装。

RFID 系统的电子标签的工作频率有 125 kHz、134 kHz、13.56 MHz、27.12 MHz、433 MHz、900 MHz、2.45 GHz、5.8 GHz 等多种。不同频率的电子标签应用场景略有不同。

低频电子标签的典型工作频率有 125 kHz、134 kHz，一般为无源电子标签，其工作原理主要是通过电感耦合方式与读写器进行通信，阅读距离一般小于 10 cm。低频电子标签的典型应用有动物识别、容器识别、工具识别和电子防盗锁等。与低频电子标签相关的国际标准有：ISO 11784/11785、ISO 18000-2。低频电子标签的芯片一般采用 CMOS 工艺，具有省电、廉价的特点，工作频率段不受无线电频率管制约束，可以穿透水、有机物和木材等，适合近距离、低速、数据量较少的应用场景。

中高频电子标签的典型工作频率有：13.56 MHz，其工作方式同低频电子标签一样，也通过电感耦合方式进行。高频电子标签一般做成卡状，用于电子车票、电子身份证等。相关的国际标准有：ISO 14443、ISO 15693、ISO 18000-3 等，适用于较高的数据传输率。

超高频和微波频段的电子标签，简称为微波电子标签，其工作频率为：433.92 MHz、862~928 MHz、2.45 GHz、5.8 GHz。微波电子标签可分为有源电子标签和无源电子标签两类。当工作时，电子标签位于读写器天线辐射场内，读写器为无源电子标签提供射频能量，或将有源电子标签唤醒。超高频电子标签的读写距离可以达到几百米以上，其典型特点主要集中在是否无源、是否支持多电子标签读写、是否适合高速识别等应用上。微波电子标签的数据存储量在 2 kbit 以内，应用于移动车辆、电子身份证、仓储物流等领域。

(2) 读写器

读写器(reader)又称阅读器，是利用射频技术读写电子标签信息的设备，通常由天线、射频模块控制模块和接口模块四部分组成。读写器是电子标签和后台系统的接口，其接受范围受多种因素影响，如电波频率、电子标签的尺寸和形状、读写器功率、金属干扰等。读写器利用天线在周围形成电磁场，发射特定的询问信号，当电子标签感应到这个信号后，就会给出应答信号，应答信号中含有电子标签携带的数据信息。读写器在读取数据后对其进行梳理，最后将数据返回给后台系统，进行相应操作处理。读写器的主要功能是：

①读写器与电子标签通信，对读写器与电子标签之间传送的数据进行编码、解码。
②读写器与后台程序通信，对读写器与电子标签之间传送的数据进行加密、解密。
③在读写作用范围内实现多电子标签的同时识读，具有防碰撞功能。

由于 RFID 可以支持"非接触式自动快速识别"，所以电子标签识别成为相关应用的最基本的功能，广泛应用于物流管理、安全防伪、食品行业和交通运输等领域。实现电子标签识别功能的典型的 RFID 应用系统包括 RFID 电子标签、读写器和交互系统三个部分。当物品进入读写器天线辐射范围后，物品上的电子标签接收到读写器发出的射频信号，电子标签可以发送存储在芯片中的数据。读写器读取数据、解码并直接进行数据处理，发送到交互系统，交互系统根据逻辑运算判断电子标签的合法性，针对不同设定进行相应的处理和控制。

图 3-13 所示为两种常用的 RFID 读写器设备，即固定式读写器和手持式读写器。

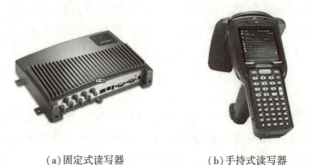

(a) 固定式读写器　　　　(b) 手持式读写器

图 3-15　两种常用的 RFID 读写器产品

3. RFID 的识读协议

随着物联网的广泛应用，RFID 识读时的安全问题日益突出。为了阻止非授权的 RFID 读写器访问非授权的电子标签，多种基于 RFID 安全认证的识读协议相继提出。在这些安全认证协议中，比较流行的是基于 Hash 运算的安全认证协议，它对消息的加密通过 Hash 算法实现。

Hash Lock 协议是一种经典的隐私增强的 RFID 识读协议。该协议是 MIT 的 Sarma 等人提出的，不直接使用真实的节点 ID，取而代之的是一种短暂性节点，即临时节点 ID。这样做的好处是，保护了真实的节点 ID。

该协议在 RFID 系统中存储了两个电子标签 ID：metaID 与真实电子标签 ID。其中，metaID 通过一个给定的密钥 key，利用 Hash 函数计算得到，即 metaID = hash(key)。metaID 与真实 ID 的对应关系通过后台应用系统中的数据库获取。即数据库中存储了三个参数：metaID、真实 ID 和 key。

当读写器向电子标签发送认证请求时，电子标签先用 metaID 代替真实 ID 发送给读写器，然后电子标签进入锁定状态，当读写器收到 metaID 后发送给后台的数据库系统，后台数据库系统查找相应的 key 和真实 ID 最后返还给电子标签，电子标签将接收到 key 值进行 hash 函数取值，然后判断其与自身存储的 metaID 值是否一致。如果一致，电子标签就将真实 ID 发送给读写器开始认证，如果不一致则认证失败。Hash Lock 协议的流程如图 3-14 所示。图 3-16 中，reader 是读写器，tag 是电子标签。

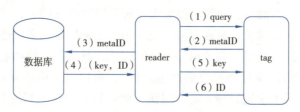

图 3-16　Hash-Lock 协议

Hash-Lock 协议的执行过程如下:

(1)读写器向电子标签发送 query 认证请求;

(2)电子标签将内部的 metaID 发送给读写器 reader;

(3)读写器将收到的 metaID 转发给后台数据库;

(4)后台数据库管理系统查询其数据库中是否有与 metaID 匹配的项,如果找到,则将该 metaID 对应的(key,ID)发送给读写器。其中,ID 为待认证电子标签的标识,metaID = hash(key);否则,返回给读写器认证失败信息;

(5)读写器将接收到的(key,ID)中的 key 发送给电子标签;

(6)电子标签验证内部的 metaID 是否等于 hash(key),如果等于,则将其 ID 发送给读写器;

(7)读写器比较从电子标签接收到的 ID 是否与后台数据库发送过来的 ID 一致,如一致,则认证通过;否则,认证失败。

由上述过程可以看出,Hash-Lock 协议中没有 ID 动态刷新机制,并且 metaID 也保持不变,因此,研究者又提出了很多改进的 RFID 安全识读协议。这里就不一一论述了。

4. RFID 防碰撞技术

在 RFID 系统应用中,经常会遇到多读写器、多电子标签的情景,这就会造成电子标签之间或读写器之间在工作时的相互干扰,这种干扰被称为碰撞或者冲突(collision)。为了保证 RFID 系统能够正常地工作,这种碰撞应予以避免。避免碰撞的方法或者操作过程就被称为防碰撞算法。RFID 碰撞可以分为两种:电子标签碰撞和读写器碰撞,下面分别予以简单介绍。

(1)电子标签碰撞

在只有一个电子标签处于读写器工作范围的情况下,电子标签内信息会被正常读取。但是,当多个电子标签同时处于同一个读写器的工作范围内时,则多个电子标签之间的应答信号就会相互干扰,导致电子标签内的信息无法被读写器正常读取,形成碰撞。图 3-17 所示为电子标签碰撞的过程。当读写器发出识别指令后,各

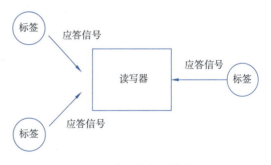

图 3-17 电子标签碰撞过程

电子标签都在某一时间做出应答。当出现两个以上电子标签同时应答,或者在一个电子标签应答未完成时,另一个电子标签开始应答,这样电子标签之间的应答信号就会相互干扰,这就是电子标签碰撞的过程。

在无线通信技术中,碰撞是一个长久以来一直存在的问题,人们也研究出了许多相应的解决方法。目前基本上分为四种,即空分多址(space division multiple access,SDMA)、频分多址(frequency division multiple access,FDMA)、码分多址(code division multiple access,CDMA)和时分多址(time division multiple access,TDMA)。具体技术不做介绍,感兴趣的读者可以参考网络相关资源。

(2)读写器防碰撞算法

传统上,很多 RFID 系统都被设计成只有一个读写器,但是,随着 RFID 相关技术的发

展和应用规模的扩大，大多数情形下一个读写器满足不了实际应用中的需求，有些应用场景需要在一个很大的范围内的任何地方都可以阅读电子标签。由于读写器和电子标签通信有范围限制，必须在这个范围内高密度地布置读写器才能满足系统应用的要求。高密度的读写器必然会导致读写器的询问区域出现交叉，那么询问交叉区域的读写器之间就可能会发生相互干扰，甚至在读写器询问区域没有重叠的情况下，也有可能会发生相互干扰。这些由读写器引发的干扰都称为读写器碰撞。

目前，读写器防碰撞算法主要有以下几个：

①Colorwave 算法：该算法是一种分布式的 TDMA 算法，通过给读写器分配不同的时隙来避免读写器之间的碰撞。该算法需要所有读写器之间的时间同步，同时，还要求所有的读写器都可以检测 RFID 系统中的碰撞。

②Q-Learning 算法：该算法是一个分等级、在线学习的算法，通过学习读写器碰撞模型，解决动态 RFID 系统中读写器冲突问题。其思想类似于无线传感网中的分簇思想。读写器将发生碰撞的信息给上层等级阅读服务器，然后由一个独立的服务器给读写器分配资源，这个方式使得读写器之间的通信不发生碰撞。

③Pulse 算法：该算法将通信信道分为控制信道和数据信道两部分。控制信道用于发送忙音信号和进行读写器之间的通信；数据信道则用于读写器和电子标签之间的通信。Pulse 算法实现起来比较简单，适合动态拓扑变化较快的情况。

除上面介绍的算法外，还有控制读写器阅读范围来减少读写器之间的碰撞，以及减小读写器的发送功率等方法。

3.5 物联网的典型应用

物联网发展到今天，已经无时无刻不充斥在我们的生活之中。例如，二维条形码支付、刷卡乘车、电子不停车收费等。

3.5.1 条形码支付

如今，当人们在购物付款时，使用手机中的微信、支付宝扫一扫即可完成支付（见图 3-18），无须像以前那样支付现金并等着商户找零钱。扫码支付大大提高了人们付款的效率。那么，扫描支付是如何完成的呢？这就离不开二维条形码。

1. 二维条形码：信息的载体

扫码支付都是从二维条形码开始的。通过扫描二维条形码，人们可以看到付款页面商家的名称，所以二维条形码在这里承担的角色是

图 3-18　微信和支付宝上的扫码支付电子钱包

信息的载体。选择二维条形码作为付款信息的载体，一方面是受收银台扫描一维条形码来识别商品的启发，另一方面是二维条形码本身可存储足够大的数据信息，而且支持不同的数据格式，同时，二维条形码有一定的容错性，部分损坏后仍可正常读取。这一切，使得二维条形码成为了被大众广泛使用的信息载体。

2. 二维条形码识别：扫码支付

二维条形码携带的信息，人们无法通过肉眼识别，不同的支付机构在二维条形码中注入的信息规则不一致，需要对应的服务器根据其编码规则进行解析。人们每次扫描二维条形码后，手机应用程序或后台服务器需要解析这个二维条形码的内容，通常包括校验二维条形码携带的链接地址是否合法，是属于支付链接还是属于外链网址等。

校验的规则很多，就支付链接来说，不同的公司各有差异。微信 App 和支付宝 App 的校验规则不同，因此，微信 App 生成的二维条形码是不能被支付宝 App 识别的。校验通过后，后台服务器会把商户名称返回到发起用户的手机 App 上，同时告诉 App 服务器校验通过了，App 可以调用收银台确定支付。

从上面的过程来看，要实现扫码支付，最关键的是要确定哪些类型的二维条形码是这个 App 规定的合法二维条形码。

以上说的是主动式扫码支付，也就是用户扫描商家二维条形码，具体交易流程如图 3-19 所示，这种模式的工作过程如下：

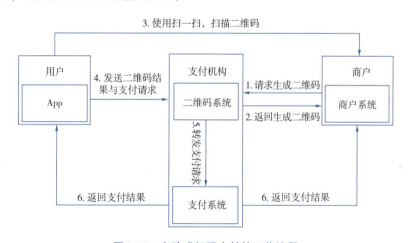

图 3-19 主动式扫码支付的工作流程

步骤 1 和 **步骤 2** 商家事先按支付宝或微信支付协议生成支付二维条形码。为了方便用户使用，商家的二维条形码信息通常是显示在商户 POS 终端或者打印在纸上进行张贴的。

步骤 3 用户再用支付宝或微信钱包客户端的"扫一扫"功能完成对商家二维条形码的扫描。

步骤 4 用户 App 识别商家二维条形码，将二维条形码中的商家信息（如网络链接）和支付价格（用户自行输入）发送到支付机构（即微信或支付宝平台）。

步骤 5 商家对支付进行验证，然后向支付系统发起支付请求。

步骤6 支付系统完成支付结算后,将支付结果通知到用户和商家,告知支付结果。

该模式适用于餐馆、酒店、停车场、医院自助挂号等没有专人值守的应用场景。

3. 二维条形码识别:出示二维条形码支付

对于用户出示二维条形码的被动式扫码支付,其工作原理与主动式扫码支付基本相同。在这种模式中,用户通过支付宝或微信钱包向商家展示二维条形码,商家使用红外线扫描枪扫描二维条形码完成支付。这种模式适用于商场收银台、医院收费柜台等有人值守的应用场景。在这种模式中,用户的付款码中包含的是该用户的专属ID,商家通过收银系统向微信或支付宝提交订单时,把扫码枪识别出来的信息传递给微信或支付宝,他们根据这个专属ID找到对应的用户,通过代扣直接扣款。这种模式的工作过程如下:

步骤1 用户打开微信,选择付款码支付。

步骤2 收银员在商户系统操作生成支付订单,输入支付金额(或根据商品扫描信息自动统计支付金额)。

步骤3 商户收银员用扫码设备扫描用户的条形码或二维条形码,商户收银系统提交支付。

步骤4 微信支付后台系统收到支付请求,根据验证密码规则判断是否验证用户的支付密码,不需要验证密码的交易直接发起扣款,需要验证密码的交易会弹出密码输入框。支付成功后微信端会弹出成功页面,支付失败会弹出错误提示。

3.5.2 刷卡乘车

随着我国经济的快速发展,高铁遍布全国,发展实力居于世界首位。以前,人们进出火车站必须凭借火车票才可以,但是现在只要刷一下身份证就可以快速进站,如图3-20所示。

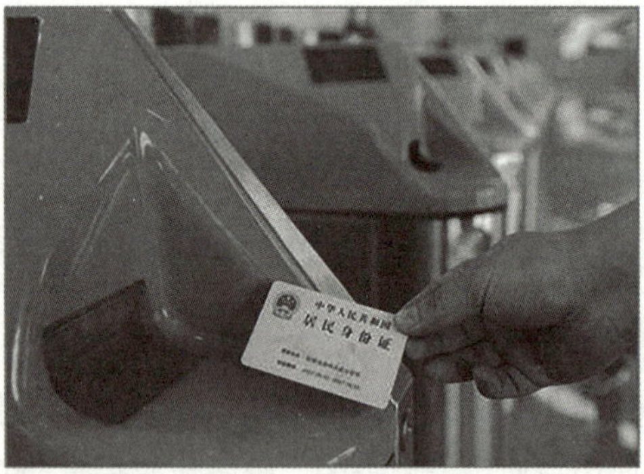

这种便捷的刷卡进站乘车的方式不仅极大地减少人员排队时间和拥堵风险,而且在验票环节可以节省大量的人力和物力。

使用身份证能够刷卡进站乘车,主要得益于二代身份证也使用了RFID卡技术,防伪程度高,破解困难。

第一代身份证采用聚酯膜塑封,后期使用激光图案防伪,但总体防伪效果不佳,容易被犯罪分子恶意复制,所以很难实现个人身份的唯一性验证。

图3-20 刷身份证进站

为了提高防伪效果,中国政府启用了第二代身份证。第二代身份证内藏的非接触式IC芯片是具有科技含量的RFID芯片。该芯片可以存储个人的基本信息,可近距离读取卡内资料。当需要时,在专用读写器上扫一扫,即可显示出某人身份的基本信息。而且芯片的信息编写格式和内容等只由特定厂提供,只有通过认证的读卡器才能读取其中的内容,因此防伪效果显著,不易伪造。

3.5.3 电子不停车收费

现在的一些高速公路收费站都有一个电子不停车收费系统(electronic toll collection, ETC),且无专人值守。车辆只要减速行驶,不用停车即可完成车辆信息的身份认证和自动计费,减少了大量的人工成本。

在国内,最早在首都机场高速公路开始试点不停车收费系统,目前已经在全国各地高速公路普遍使用。不仅高速公路上已经广泛使用 ETC 系统,城市内部的各种停车场也在广泛使用 ETC 进行收费和管理。

图 3-21 所示为 ETC 的工作原理:当携带有 RFID 标签的车辆经过检测区域时,读写协同的天线所发出的信号会激活车载的 RFID 标签;然后 RFID 标签会发送带有车辆身份信息的信号,天线将接收到的信号传送给 RFID 读写系统,经读写系统解码后通过网络传输到数据中心,数据中心提供分析处理后就可以获得通过检测区域的车辆的身份信息。

车辆每通过一个 ETC 卡口时,都会进行车辆的身份验证,由此可以判定车辆的行驶轨迹。根据车辆轨迹,不仅可以确定车辆收费,还能分析车辆的行驶密度、计算路网的交通流量,为新修道路或拓宽道路提供依据。

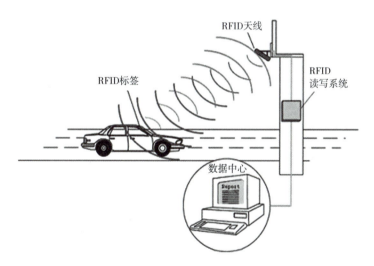

图 3-21　ETC 的工作原理

◆ 小　　结 ◆

本章介绍了物联网的概念与特征、物联网的起源与发展,以及物联网的体系结构,从物联网感知维度讲解了传感检测模型、传感器的主要类型和典型传感器的工作原理,从物联网标识技术维度讲解了一维码和二维码的原理和识读方法、RFID 的工作原理和识读方法,最后介绍了物联网的几种典型应用。

习 题

一、选择题

1. 最早提出基于 RFID 技术的唯一编码方案，即产品电子编码(EPC)的是(　　)。
   A. 斯坦福大学　　B. 麻省理工学院　　C. 哈佛大学　　D. 西安交通大学

2. 2009 年 8 月 7 日，时任总理在无锡微纳传感网工程技术研发中心视察并发表重要讲话，提出了(　　)。
   A. 感知中国　　B. 物联中国　　C. 中国制造 2025　　D. 工业 4.0

3. 在 RFID 系统中，无源标签的能耗来自(　　)。
   A. 光照　　B. 磁场　　C. 电池　　D. 振动

4. 目前流行的智能手机的计步功能，主要是通过(　　)传感器实现。
   A. 加速度　　B. 温度　　C. 光　　D. 声音

5. 利用支付宝进行地铁支付，其技术实现主要是基于(　　)。
   A. 一维码　　B. 二维码　　C. RFID　　D. 图像

6. 2008 年 8 月，美国麻省理工学院的三名学生宣布成功破解了波士顿地铁资费卡。主要原因是(　　)。
   A. 密码过于简单　　　　　　　B. 物理保护措施不力
   C. 机器故障　　　　　　　　　D. 内部泄密

7. 不属于电子钱包的是(　　)。
   A. 微信零钱　　B. 支付宝花呗　　C. 银行信用卡　　D. 京东白条

二、问答题

1. 什么是物联网？
2. 物联网的三个主要特征是什么？简述每个特征的含义。
3. 简述四层物联网体系结构中每层的功能。
4. 简述传感器的主要分类方法。
5. 简述一维码和二维码的主要区别。
6. 请调研生活中使用二维码的场景，思考为什么利用二维码能够在景区进行自助导游？
7. 简述北斗卫星定位的基本原理，说明其主要应用。
8. 什么是 RFID 技术？RFID 系统的基本组成部分有哪些？
9. 简述 RFID 的识读原理，给出一种安全的 RFID 识读方法。

三、综合题

1. 已知《物联网技术导论》的国际标准书号为 978-7-302-51064-?，请写出其校验码计算方法。

2. 已知《计算机学报》的国际标准期刊号为 ISSN 0254-4164，请写出校验码的计算方法。

第 4 章

移动互联网

学习目标

(1) 了解移动互联网的基本概念及其发展历程。
(2) 理解 Wi-Fi 技术和蓝牙技术，能够进行无线联网和蓝牙配对实验。
(3) 理解卫星通信技术及其在空间定位中的作用。
(4) 理解移动通信技术及其在蜂窝定位中的作用。
(5) 理解计算机网络的数据封装过程。
(6) 理解计算机网络协议的作用，能够配置 IP 地址和无线路由器。

4.1 移动互联网的基本概念

移动互联网是移动和互联网融合的产物，继承了移动随时、随地、随身和互联网开放、分享、互动的优势，是一个全国性的、以宽带 IP 为技术核心的、可同时提供话音、传真、数据、图像、多媒体等高品质电信服务的新一代开放的电信基础网络，由运营商提供无线接入，互联网企业提供各种成熟的应用。

4.1.1 移动互联网的概念

移动互联网是将移动通信和互联网二者有机结合起来，成为一体。它是互联网的技术、平台、商业模式、应用与移动通信技术结合并实践的活动的总称。移动互联网的核心技术是无线通信技术和计算机网络技术。

通过移动互联网，人们可以使用手机、平板计算机等移动终端设备浏览新闻，还可以使用各种移动互联网应用，例如，在线搜索、在线聊天、移动网游、手机电视、在线阅读、网络社区、收听及下载音乐等。其中，移动环境下的网页浏览、文件下载、位置服务、在线游戏、视频浏览和下载等是其主流应用。目前，移动互联网正逐渐渗透到人们生活、工作的各个领域，微信、支付宝、位置服务等丰富多彩的移动互联网应用迅猛发展，正在深刻改变信息时代的社会生活，近几年，更是实现了 3G 经 4G 到 5G 的跨越式发展。全球覆盖的网络信号，使得身处大洋和沙漠中的用户，仍可随时随地保持与世界的联系。

相对传统互联网而言，移动互联网强调可以随时随地，并且可以在高速移动的状态中接入互联网并使用应用服务，主要区别在于：终端、接入网络，以及由于终端和移动通信网络的特性所带来的独特应用。此外，还有类似的无线互联网，一般来说移动互联网与无线互联网并不完全等同：移动互联网强调使用蜂窝移动通信网接入互联网，因此常常特指手机终端采用移动通信网接入互联网并使用互联网业务；而无线互联网强调接入互联网的方式是无线接入，除了蜂窝网外还包括各种无线接入技术。移动互联网的结构如图 4-1 所示。

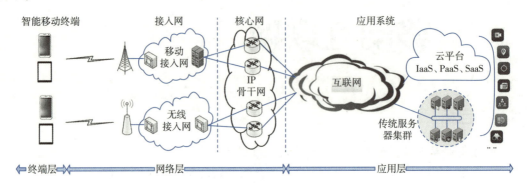

图 4-1 移动互联网的结构

从图 4-1 可以看出，移动互联网的组成可以归纳为移动接入网络、智能终端设备、移动互联网应用系统和移动互联网相关技术四大部分。

(1) 移动接入网络：移动互联网时代无须连接各终端、节点所需要的网线，它是指移动通信技术通过无线网络将网络信号覆盖延伸到每个角落，让人们能随时随地接入所需的移动应用服务。

(2) 智能终端设备：无线网络技术只是移动互联网蓬勃发展的动力之一，移动互联网智能终端设备的兴起才是移动互联网发展的重要助推器。

(3) 移动互联网应用系统：大量应用渗透到人们生活、工作的各个领域，进一步推动着移动互联网的蓬勃发展。移动音乐、手机游戏、视频应用、手机支付、位置服务等丰富多彩的移动互联网应用发展迅猛，正在深刻改变信息时代的社会生活，移动互联网正在迎来新的发展浪潮。

(4) 移动互联网相关技术：移动互联网相关技术总体上分成三大部分，分别是移动互联网终端技术、移动互联网通信技术和移动互联网应用技术。

① 移动互联网终端技术包括硬件设备的设计和智能操作系统的开发技术。无论对于智能手机还是平板计算机来说，都需要移动操作系统的支持。在移动互联网时代，用户体验已经逐渐成为终端操作系统发展的至高追求。

② 移动互联网通信技术包括通信标准与各种协议、移动接入网络技术和中短距离无线通信技术。在过去的十年中，全球移动通信发生了巨大的变化，移动通信特别是蜂窝网络技术的迅速发展，使用户彻底摆脱终端设备的束缚、实现具有完整的个人移动性、可靠性的传输手段和接续方式。

③ 移动互联网应用技术包括服务器端技术、浏览器技术和移动互联网安全技术。目前，支持不同平台、操作系统的移动互联网应用很多。

4.1.2 移动互联网的发展历程

移动互联网的发展历程可以归纳为四个阶段：萌芽阶段、培育成长阶段、高速发展阶段和全面发展阶段。

1. 萌芽阶段（2000—2007年）

萌芽阶段的移动应用终端主要是基于WAP(wireless application protocol，无线应用协议)的应用模式。该时期由于受限于移动2G网速和手机智能化程度，中国移动互联网发展处在一个简单WAP应用期。WAP应用把互联网上HTML的信息转换成用WML描述的信息，显示在移动电话的显示屏上。由于WAP只要求移动电话和WAP代理服务器的支持，而不要求现有的移动通信网络协议做任何的改动，因而被广泛地应用于GSM(global system of mobile communications，全球移动通信系统)、CDMA、TDMA等多种网络中。在移动互联网萌芽期，利用手机自带的支持WAP协议的浏览器访问企业WAP门户网站是当时移动互联网发展的主要形式。

2. 培育成长阶段（2008—2011年）

2009年1月7日，工业和信息化部为中国移动、中国电信和中国联通发放了三张第三代移动通信(3G)牌照，此举标志着中国正式进入3G时代，3G移动网络建设掀开了中国移动互联网发展的新篇章。随着3G移动网络的部署和智能手机的出现，移动网速的大幅提升初步破解了手机上网带宽瓶颈，移动智能终端丰富的应用软件让移动上网的娱乐性得到大幅提升。同时，中国在3G移动通信协议中制定的TD-SCDMA(time division-synchronous code division multiple access，时分同步码分多址)协议得到了国际的认可和应用。

在成长培育阶段，各大互联网公司都在摸索如何抢占移动互联网入口，一些大型互联网公司企图推出手机浏览器来抢占移动互联网入口，还有一些互联网公司则是通过与手机制造商合作，在智能手机出厂的时候，就把企业服务应用(如微博视频播放器等应用)预安装在手机中。

3. 高速发展阶段（2012—2018年）

随着手机操作系统生态圈的全面发展，智能手机规模化应用促进移动互联网快速发展，具有触摸屏功能的智能手机的大规模普及应用解决了传统键盘机上网的诸多不便，安卓智能手机操作系统的普遍安装和手机应用程序商店的出现极大地丰富了手机上网功能，移动互联网应用呈现了爆发式增长。2012年之后，由于移动上网需求大增，安卓智能操作系统的大规模商业化应用，传统功能手机进入了一个全面升级换代期，传统手机厂商纷纷效仿苹果模式，普遍推出了触摸屏智能手机和手机应用商店，由于触摸屏智能手机上网浏览方便，移动应用丰富，受到了市场极大欢迎。同时，手机厂商之间竞争激烈，智能手机价格快速下降，千元以下的智能手机大规模量产，推动了智能手机在中低收入人群的大规模普及应用。2013年12月4日工信部正式向中国移动、中国电信和中国联通三大运营商发放了TD-LTE4G牌照，中国4G网络正式大规模铺开。

4. 全面发展阶段（2018年至今）

移动互联网的发展永远都离不开移动通信网络的技术支撑，而5G网络建设将中国移动互联网发展推上快车道。随着5G网络的部署，移动上网网速得到极大提高，上网网速瓶颈限制得到基本破除，移动应用场景得到极大丰富。

由于网速、上网便捷性、手机应用等移动互联网发展的外在环境基本得到解决,移动互联网应用开始全面发展。桌面互联网时代,门户网站是企业开展业务的标配;移动互联网时代,手机 App 应用是企业开展业务的标配,5G 网络催生了许多公司利用移动互联网开展业务。特别是由于 5G 网速大大提高,促进了实时性要求较高、流量较大、需求较大类型的移动应用快速发展,许多手机应用开始大力推广移动视频应用。

4.2 近距离无线通信技术

近距离无线通信技术是实现无线局域网、无线个人局域网中节点、设备组网的常用通信技术,用于将传感器、RFID,以及手机等移动感知设备的感知数据进行数据汇聚,并通过网关传输到上层网络中。近距离无线通信技术通常有 Wi-Fi、蓝牙和 ZigBee 技术。

4.2.1 Wi-Fi 技术

Wi-Fi(wireless fidelity)技术是一种将 PC(personal computer,个人计算机)、移动手持设备(如 PDA、手机)等终端以无线方式互相连接的短距离无线电通信技术,由 Wi-Fi 联盟于 1999 年发布。Wi-Fi 联盟最初为 WECA(wireless ethernet compatibility alliance,无线以太网相容联盟),因此,Wi-Fi 技术又称无线相容性认证技术。

1. Wi-Fi 协议标准与特点

Wi-Fi 联盟主要针对移动设备,规范了基于 IEEE 802.11 协议的数据连接技术,用以支持包括本地无线局域网(wireless local Area networks,WLAN)、个人局域网(personal area networks,PAN)在内的网络。因此,Wi-Fi 常用的协议标准有以下几个:

(1)工作于 2.4 GHz 频段,数据传输速率最高可达 11 Mbit/s 的 IEEE 802.11b 标准。

(2)工作于 5 GHz 频段,数据传输速率最高可达 54 Mbit/s 的 IEEE 802.11a 标准。

(3)工作于 2.4 GHz 频段,数据传输速率最高可达 54 Mbit/s 的 IEEE 802.11g 标准。

(4)工作于 2.4 GHz/5 GHz 频段,数据传输速率最高可达 450 Mbit/s 的 IEEE 802.11n 标准。

与其他短距离通信技术相比,Wi-Fi 技术具有以下特点:

(1)覆盖范围广。开放性区域的通信距离通常可达 305 m,封闭性区域的通信距离通常在 76~122 m。特别是基于智能天线技术的 IEEE 802.11n 标准,可将覆盖范围扩大到 10 km^2。

(2)传输速率快。基于不同的 IEEE 802.11 标准,传输速率可从 11 Mbit/s 到 450 Mbit/s。

(3)建网成本低,使用便捷。通过在机场、车站、咖啡店、图书馆等人员较密集的地方设置"热点"(hotspot),即无线接入点 AP(access point),任意具备无线接入网卡的设备均可利用 Wi-Fi 技术实现网络访问。目前,Wi-Fi 技术在全球拥有超过 7 亿用户和超过 750 万个 Wi-Fi 热点。

(4)更健康、更安全。Wi-Fi 技术采用 IEEE 802.11 标准,实际发射功率约为 60~70 mW,与 200 mW~1 W 的手机发射功率相比,辐射更小,更加安全。

2. Wi-Fi 组网技术

利用 Wi-Fi 技术组建的网络,称为无线 LAN。无线 LAN 有两种模式。一种是没有接入点的 Ad-Hoc 模式：它利用 Wi-Fi 技术实现设备间的连接，通常用在掌上游戏机、数字相机和其他电子设备上，以实现数据的相互传输；另一种是接入点模式：它利用无线路由器作为访问接入点，具有无线网卡的台式机、笔记本计算机以及具有 Wi-Fi 接口的手机均可作为无线终端接入，形成一个由无线终端与接入点组成的无线局域网络，如图 4-2 所示。后一种模式较常用，通常和 ADSL、小区宽带等技术相结合，实现无线终端的互联网访问。

图 4-2 基于接入点模式的 Wi-Fi 组网示意图

在接入点模式中，Wi-Fi 的设置至少需要一个接入点（一般是无线路由器）和一个或一个以上的终端。接入点每 100 ms 将 SSID（service set identifier，服务集标识）经由信号台（beacons）分组广播一次，beacons 分组的传输速率是 1 Mbit/s，并且长度很短，所以这个广播动作对网络性能的影响不大。因为 Wi-Fi 规定的最低传输速率是 1 Mbit/s，所以可确保所有的 Wi-Fi 终端都能收到这个 SSID 广播分组。基于收到的 SSID 分组，终端可以自主决定连接对应的访问点。同样，用户也可以预先设置要连接访问点的 SSID。

3. Wi-Fi 的应用

近年来，随着电子商务和移动办公的进一步普及，Wi-Fi 正成为无线接入的主流标准。基于 Wi-Fi 技术的无线网络使用方便、快捷高效，使得无线接入点数量迅猛增长。其中，家庭和小型办公网络用户对移动连接的需求是无线局域网市场增长的主要动力。许多国家在公共场所集中建立热点的基础上，积极着手建设城域网。目前，Wi-Fi 技术的商用化进程遇到了许多困难。一方面是受制于 Wi-Fi 技术自身的限制，比如其漫游性、安全性和如何计费等都还没有得到妥善的解决；另一方面，Wi-Fi 的赢利模式不明确，如果将 Wi-Fi 作为单一网络来经营，商业用户的不足会使网络建设的投资收益比较低，因此也影响了电信运营商的积极性。但是，作为一种方便、高效的接入手段，Wi-Fi 技术正逐渐和 4G 等其他通信技术相结合，成为现代短距离通信技术的主流。

4.2.2 蓝牙技术

蓝牙（bluetooth）是一种支持设备短距离通信（10 cm～10 m）的无线电技术，可以在包括移动电话、PDA、无线耳机、笔记本计算机、相关外设等众多设备之间进行无线信息交换。

利用蓝牙技术,能够有效地简化移动通信终端设备之间的通信,也能够简化设备与互联网之间的通信,从而使数据传输变得更加迅速、高效。蓝牙技术最初由爱立信公司提出,后与索尼爱立信、IBM、英特尔、诺基亚及东芝等公司联合组成蓝牙技术联盟(bluetooth special interest group, SIG),并于 1999 年公布 1.0 版本。

蓝牙技术是一种无线数据与语音通信的开放性全球规范,最初以去掉设备之间的线缆为目标,为固定与移动设备通信环境建立一个低成本的近距离无线连接。采用蓝牙技术的适配器和蓝牙耳机如图 4-3 所示。随着应用的扩展,蓝牙技术可为已存在的数字网络和外设提供通用接口,组建一个远离固定网络的个人特别连接设备群,即无线个人局域网(wireless personal area networks, WPAN)。

图 4-3　蓝牙适配器和蓝牙耳机

1. 蓝牙组网技术

蓝牙系统的基本单元是微微网(piconet),包含一个主节点,以及 10 m 距离内的至多七个处于活动状态的从节点。多个微微网可同时存在,并通过桥节点连接,如图 4-4 所示。

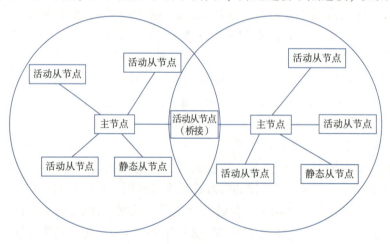

图 4-4　蓝牙组网示意图

在一个微微网中,除了允许最多七个活动从节点外,还可有多达 255 个静态节点。静态节点是处于低功耗状态的节点,可节省电源能耗。静态节点除了响应主节点的激活或者指示信号外,不再处理任何其他事情。微微网中主、从节点构成一个中心化的 TDM 系统,由主节点控制时钟,决定每个时槽相应的通信设备(从节点)。通信仅发生在主、从节点间,从节点间无法直接通信。

2. 蓝牙应用服务

蓝牙在其 1.1 版本中规范了 13 种应用服务见表 4-1。其中，一般访问和服务发现是蓝牙设备必须实现的应用，其他应用则为可选。

表 4-1　蓝牙应用服务

应 用 名	说　　明
一般访问（generic access）	针对链路管理的应用
服务发现（service discovery）	用于发现所提供的服务
串行端口（serial port）	用于代替串行端口电缆
一般对象交换（generic object exchange）	为对象移动过程定义客户—服务器关系
LAN 访问（LANaccess）	移动计算机和固定 LAN 之间的协议
拨号联网（dial-up networking）	计算机通过移动电话呼叫
传真（fax）	传真机与移动电话建立连接
无绳电话（cordless telephony）	无绳电话与基站间建立连接
内部通信联络系统（intercom）	数字步话机
头戴电话（headset）	允许免提的语音通信
对象推送（object push）	提供交换简单对象的方法
文件传输（file transfer）	提供文件传输
同步（synchronization）	PDA 与计算机间进行数据同步

3. 蓝牙技术的安全措施

蓝牙规范定义了三种不同的安全模式，即非安全模式、业务层安全模式和链路层安全模式。

（1）非安全模式。此模式不采用信息安全管理也不执行安全保护及处理，当设备上运行一般应用时使用此种模式。该模式中，设备避开链路层的安全功能，可以访问不敏感信息。

（2）业务层安全模式。蓝牙设备在逻辑链路层建立信道之后采用信息安全管理机制，并执行安全保护功能。这种安全机制建立在 L2CAP 和它之上的协议中，该模式可为多种应用提供不同的访问策略，并且可以同时运行安全需求不同的应用。

（3）链路层安全模式。链路层安全模式是指蓝牙设备在连接管理协议层建立链路的同时就采用信息安全管理和执行安全保护和处理，这种安全机制建立在连接管理协议的基础之上。在该模式中，链路管理器在同一层面上对所有的应用强制执行安全措施。

业务层安全模式和链路层安全模式的本质区别在于在业务层安全模式下的蓝牙设备在信道建立以前启动的安全性过程，也就是说，它的安全性过程在较高层协议进行，而链路层安全模式下的蓝牙设备在信道建立后启动安全性过程，它的安全性过程在较低层协议实施。

链路层安全模式包括验证和加密两个功能。两个不同的蓝牙设备第一次连接时，需要验证两个设备是否具有互相连接的权限，用户必须在两个设备上输入 PIN（personal identification number）码作为验证的密码，称为配对（pairing）过程。配对过程中的两个设备分别称为 Verifier 与 Claimant。在配对过程中并不是 Verifier 与 Claimant 直接比较两者的 PIN 码，因为 Verifier 与 Claimant 还没有建立共同的秘密通信方式，若是 Claimant 直接传送未加密的 PIN 码给 Verifier，机密性非常高的 PIN 码容易被在线侦听而遭泄露。所以当 Verifier 对 Claimant 验证时，中间传送的并不是 PIN 码。

链路层的通信流程包括以下四个步骤：

（1）产生初始密钥。当两个不同的蓝牙设备第一次连接时，用户在两个设备输入相同的 PIN 码，接着 Verifier 与 Claimant 都产生一个相同的初始化密钥，称为 KINIT，长度为 128 位；KINIT 是由设备地址 BD_ADDR、PIN、PIN 的长度及一个随机数 IN_RAND 经过计算得到的。这样 Verifier 与 Claimant 可以通过双方都拥有的相同初始密钥 KINIT 进行连接，并对传递的参数进行加密，以保证不被他人侦听。

（2）产生设备密钥。每个蓝牙设备在第一次开机操作完成初始化的参数设置后，设备将产生一个设备密钥（unit key）表示为 KA。KA 保存在设备的内存中，KA 是由 128 位的随机数 RAND 与 48 位的 BD_ADDR 经过 E21 算法计算而来的。一旦设备产生 KA 后，便一直保持不变，因为有多个 Claimant 共享同一个 Verifier，若是 Verifier 内的 KA 改变，则以前所有与其相连接过的 Claimant 都必须重新运行初始化的程序，以得到新的链路密钥。

（3）产生链路密钥。链路密钥由设备密钥和初始化密钥产生。Verifier 与 Claimant 间以设备内的链路密钥作为验证和比较的依据，双方必须拥有相同的链路密钥，Claimant 才能通过 Verifier 的验证。每当 Verifier 与 Claimant 间进行验证时，链路密钥作为加密过程中产生加密密钥的输入参数，链路密钥的功能和 KINIT 的功能相同，只是 KINIT 是初始化时的临时性密钥，存储在设备的内存中，当链路密钥产生时，设备就将 KINIT 丢弃。

依据设备存储能力的不同，链路密钥有两种产生方式。当设备的存储容量较小时，可以直接把 Claimant 的 KA 作为链路密钥，经过 KINIT 的编码后传递到 Verifier 上；当设备的存储容量足够时，则结合 Verifier 与 Claimant 两个设备内的 KA 产生 KAB，Verifier 与 Claimant 分别产生随机数 LK_RANDA 和 LK_RANDB，这两个随机数经过 KINIT 的编码后，互相传给对方，Verifier 与 Claimant 即根据随机数 LK_RANDA、LK_RANDB 与 BD_ADDR 运用算法计算出相同的 KAB。

链路密钥究竟是采用 KA 还是 KAB 取决于具体的应用。对于存储容量较小的蓝牙设备或者对于处于大用户群中的设备，适合采用 KA，此时只需存储单一密钥；对于安全等级请求较高的应用，适合采用 KAB，但此时设备必须拥有较大的存储空间。

（4）验证。在 Verifier 和 Claimant 都拥有一个相同的链路密钥 KAB 后，Verifier 利用链路密钥 KAB 验证 Claimant 是否能够与其相连，如果双方根据 KAB 生成的验证码相同，则 Verifier 接受 Claimant 的连接请求，否则 Verifier 将拒绝 Claimant 的连接请求。

为了防止非法的入侵者不断地尝试以不同的 PIN 码连接 Verifier，当某次 Claimant 请求验证而被 Verifier 拒绝时，Claimant 必须等待一定的时间间隔才能再次请求 Verifier 的验证，Verifier 将记录验证失败的 Claimant 的 BD_ADDR。当同一个验证失败的 Claimant 不断地重复验证，则每次验证间的等待时间将以指数的速率一直增加。在 Verifier 内记录了每一个 Claimant 的验证时间间隔，以控制 Claimant 的验证时间间隔，这将更有效地阻止一些不当的操作或非法的入侵者。

4.2.3 ZigBee 技术

ZigBee 技术作为短距离无线传感器网络的通信标准,由于复杂程度低、能耗低、成本低,广泛应用于家庭居住控制、商业建筑自动化、工厂车间管理和野外监控等领域。ZigBee 技术标准由 ZigBee 联盟于 2004 年推出,该联盟是一个由半导体厂商、技术供应商和原始设备制造商加盟的组织。

1. ZigBee 技术的主要特征

ZigBee 技术相对于其他的无线通信技术具有以下特点:

(1)功耗低。由于 ZigBee 的传输速率低,传输数据量小,并且采用了休眠模式,因此 ZigBee 设备非常省电。据估算,ZigBee 设备仅靠两节 5 号电池就可以维持长达六个月到两年的时间。

(2)成本低。ZigBee 技术协议简单,内存空间小,专利免费,芯片价格低,使得 ZigBee 设备成本相对低廉。

(3)传输范围小。ZigBee 技术的室内传输距离在几十米以内,室外在几百米内。

(4)时延短。ZigBee 从休眠状态转入工作状态只需要 15 ms,搜索设备时延为 30 ms,活动设备信道接入时延为 15 ms。相对而言,蓝牙需要 3~10 s、Wi-Fi 则需要 3 s。

(5)网络容量大。ZigBee 的节点编址为两字节,其网络节点容量理论上达 65 536 个。

(6)可靠性较高。ZigBee 技术中避免碰撞的机制可以通过为宽带等预留时隙而避免传送数据时发生竞争或是冲突;通过 ZigBee 技术发送的每个数据报是否被对方接收都必须得到完全的确认。

(7)安全性好。ZigBee 提供鉴权和认证,采用 AES 128 高级加密算法来保护数据载荷和防止攻击者冒充合法设备。

2. ZigBee 协议标准

ZigBee 针对低速率无线个人局域网,基于 IEEE 802.15.4 介质访问控制层和物理层标准,开发了一组包含组网、安全和应用软件方面的技术标准。ZigBee 是建立在 802.15.4 标准之上的,它确定了可在不同制造商之间共享的应用纲要。ZigBee 协议栈的体系结构模型如图 4-5 所示。IEEE 802.15.4 标准定义了物理层(PHY 层)和介质接入控制子层(MAC 层),ZigBee 联盟定义了网络层(NWK 层)和应用层(APL 层)框架的设计。

图 4-5 ZigBee 协议栈体系结构示意图

(1)物理层(PHY 层)。ZigBee 产品工作在 IEEE 802.15.4 的物理层上,可工作在 2.4 GHz(全球通用标准)、868 MHz(欧洲标准)和 915 MHz(美国标准)三个频段上,并且在这三个频段上分别具有 250 kbit/s(16 个信道)、20 kbit/s(1 个信道)和 40 kbit/s

(10个信道)的最高数据传输速率。在使用 2.4 GHz 频段时,ZigBee 技术室内传输距离为 10 m,室外传输距离则能达到 200 m;使用其他频段时,室内传输距离为 30 m,室外传输距离则能达到 1 000 m。实际传输中,其传输距离根据发射功率确定,可变化调整。

ZigBee 为避免设备互相干扰,各个频段均采用直接序列扩频技术。物理层的直接序列扩频技术允许设备无须闭环同步,在这三个不同频段都采用相位调制技术。在 2.4 GHz 频段采用较高阶的 QPSK(quadrature phase shift keying,正交相移键控)调制技术,以达到 250 kbit/s 的速率。在 915 MHz 和 868 MHz 频段则采用 BPSK(binary phase shift keying,二进制相移键控)的调制技术。

(2)MAC 层。IEEE 802.15.4 的 MAC 层能支持多种标准,其协议包括以下功能:①设备间无线链路的建立、维护和结束。②确认模式的帧传送与接收。③信道接入控制。④帧校验。⑤预留时隙管理。⑥广播信息管理。同时,使用 CSMA/CA(carrier sense multiple access with collisson avoidance)机制和应答重传机制,实现了信道的共享及数据帧的可靠传输。

(3)网络层(NWK 层)。ZigBee 网络层主要功能是负责拓扑结构的建立和网络连接的维护,包括设计连接和断开网络时所采用的机制、帧信息传输过程中所采用的安全性机制、设备的路由发现、路由维护和转交机制等。

(4)应用层(APL 层)。应用层主要为用户提供 API 函数和一些网络管理方面的函数。ZigBee 应用层主要负责把不同的应用映射到 ZigBee 网络,包括与网络层连接的应用支持层(application support sbu-layer,APS)、ZigBee 设备对象(ZDO)及 ZigBee 的应用层架构(application framework,AF)。

3. ZigBee 组网技术

ZigBee 可以采用星形、树状、网状拓扑,也允许采用三者的组合,组网方式如图 4-6 所示。

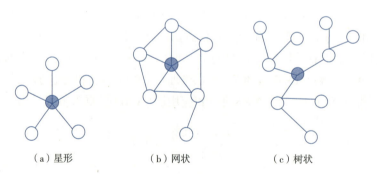

(a)星形　　　　(b)网状　　　　(c)树状

图 4-6　ZigBee 网络拓扑

在 ZigBee 技术的应用中,具有 ZigBee 协调点功能且未加入任一网络的节点可以发起建立一个新的 ZigBee 网络,该节点就是该网络的 ZigBee 协调点,如图 4-6 中的实心圆圈所示。ZigBee 协调点首先进行 IEEE 802.15.4 中的能量探测扫描和主动扫描,选择一个未探测到网络的空闲信道或探测到网络最少的信道,然后确定自己的 16 bit 网络地址、网络的 PAN 标识符(PAN ID)、网络的拓扑参数等,其中 PAN ID 是网络在此信道中的唯一标识,因此 PAN ID 不应与此信道中探测到的网络的 PAN ID 冲突。各项参数选定后,ZigBee 协调点便可以接收其他节点加入该网络。

当一个未加入网络的节点要加入当前网络时,要向网络中的节点发送关联请求,收到关联请求的节点如果有能力接收其他节点为其子节点,就为该节点分配一个网络中唯一的 16 bit 网络地址,并发出关联应答。收到关联应答后,此节点成功加入网络,并可接收其他节点的关联。节点加入网络后,将自己的 PAN ID 标识设为与 ZigBee 协调点相同的标识。一个节点是否具有接收其他节点并与其关联的能力,主要取决于此节点可利用的资源,如存储空间、能量等。

如果网络中的节点想要离开网络,同样可以向其父节点发送解除关联的请求,收到父节点的解除关联应答后,便可以成功地离开网络。但如果此节点有一个或多个子节点,在其离开网络之前,需要解除所有子节点与自己的关联。

4.3 远距离无线通信技术

远距离无线通信技术常被用在偏远山区、岛屿等有线通信设施(如光缆等)因地域、条件、费用等因素可能无法铺设的区域,以及船、人等需要数据通信却又在实时移动的物体上。远距离无线通信技术与互联网技术相结合,成为网络骨干通信技术的补充。常规远距离无线通信技术有卫星通信技术、移动通信技术和微波通信技术。

4.3.1 卫星通信技术

卫星通信是指利用人造地球卫星作为中继站转发无线电信号,在两个或多个地面站之间进行的通信过程或方式。卫星通信属于宇宙无线电通信的一种形式,工作在微波频段。卫星通信是在地面微波中继通信和空间技术的基础上发展起来的。微波中继通信是一种"视距"通信,即只有在"看得见"的范围内才能通信。而通信卫星相当于离地面很高的微波中继站,因此经过一次中继转接之后即可进行长距离的通信。

1. 卫星通信技术原理

图 4-7 所示是一种简单的卫星通信系统示意图,它是由一颗通信卫星和多个地面通信站组成的。地面通信站通过卫星接收或发送数据,实现数据的传递。

如图 4-8 所示,离地面高度为 h_e 的卫星中继站,看到地面的两个极端点是 A 点和 B 点,即地面上最大的通信距离 s 将是以卫星为中继站所能达到的最大通信距离,其计算公式见式(4-1)。

$$s = R_0\theta = R_0\left(2\arccos\frac{R_0}{R_0 + h_e}\right) \tag{4-1}$$

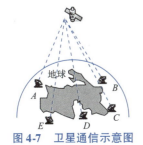

图 4-7 卫星通信示意图

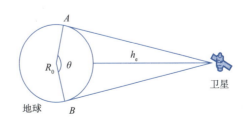

图 4-8 卫星通信原理示意图

在式(4-1)中，R_0 为地球半径，$R_0 = 6\,378$ km；θ 为 AB 所对应的圆心角(弧度)；h_e 为通信卫星到地面的高度，单位为千米。由式(5-1)可得，h_e 越高，地面上的最大通信距离越大。

由于卫星处于外层空间，即在电离层之外，地面上发射的电磁波必须能穿透电离层才能到达卫星；同样，从卫星到地面上的电磁波也必须穿透电离层。而在无线电频段中只有微波频段恰好具备这一条件，因此卫星通信使用微波频段。

卫星通信系统选择的主要工作频段见表4-2。其中，C 频段被最早用于商业卫星，较低的频率范围用于下行流量(从卫星发出)，较高的频率用于上行流量(发向卫星)。为了能够同时在两个方向上传输流量，要求使用两个信道，每个方向一个信道。

表 4-2 卫星通信频段

频 段	下行链路	上行链路	带 宽	问 题
L	1.5 GHz	1.6 GHz	15 MHz	低带宽、拥挤
S	1.9 GHz	2.2 GHz	70 MHz	低带宽、拥挤
C	4.0 GHz	6.0 GHz	500 MHz	地面干扰
K_u	11 GHz	14 GHz	500 MHz	雨水
K_a	20 GHz	30 GHz	3 500 MHz	雨水、设备成本

2. 通信卫星的种类

目前，通信卫星的种类繁多，按不同的标准有不同的分类。下面给出几种常用的卫星种类。

(1)按卫星的供电方式划分。按卫星是否具有供电系统，可将其分为无源卫星和有源卫星两类。无源卫星是运行在特定轨道上的球形或其他形状的反射体，没有任何电子设备，它是靠其金属表面对无线电波进行反射来完成信号中继任务的，在 20 世纪 50—60 年代进行卫星通信试验时，曾使用过这种卫星。目前，几乎所有的通信卫星都是有源卫星，一般多采用太阳能电池和化学能电池作为能源，这种卫星装有收、发信机等电子设备，能将地面站发来的信号进行接收、放大、频率变换等其他处理，然后再发回地球；这种卫星可以部分地补偿信号在空间传输时造成的损耗。

(2)按通信卫星的运行轨道角度划分。按卫星的运行轨道角度可将其划分为三类：①赤道轨道卫星：指轨道平面与赤道平面夹角 φ 为 0°的卫星；②极轨道卫星：指轨道平面与赤道平面夹角 φ 为 90°的卫星；③倾斜轨道卫星：指轨道平面与赤道平面夹角为 $\varphi (0° < \varphi < 90°)$ 的卫星。所谓轨道就是卫星在空间运行的路线，如图 4-9 所示。

(3)按卫星距离地面的最大高度划分。按卫星距离地面最大高度的不同可分为：①低轨道卫星：是指距离地表在 5 000 km 以内的卫

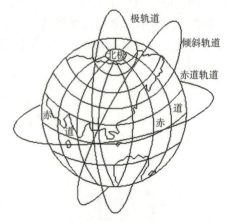

图 4-9 卫星运行轨道示意图

星;②中间轨道卫星:是指距离地表 5 000~20 000 km 的卫星;③高轨道卫星:是指距离地表在 20 000 km 以上的卫星。

(4)按卫星与地球上任一点的相对位置的不同划分。按卫星与地球上任一点的相对位置的不同可划分为同步卫星和非同步卫星。①同步卫星是指在赤道上空约 35 800 km 高的圆形轨道上与地球自转同向运行的卫星。由于其运行方向和周期与地球自转方向和周期均相同,因此从地面上任何一点看上去,卫星都是"静止"不动的,所以把这种相对地球静止的卫星简称为同步(静止)卫星,其运行轨道称为同步轨道。②非同步卫星的运行周期不等于(通常小于)地球自转周期,其轨道倾角、高度和轨道形状(圆形或椭圆形)可因需要而不同。从地球上看,这种卫星以一定的速度在运动,故又称为移动卫星或运动卫星。

不同类型的卫星有不同的特点和用途。在卫星通信中,同步卫星使用得最为广泛,其主要原因是:

第一,同步卫星距地面高达 35 800 km,一颗卫星的覆盖区(从卫星上能"看到"的地球区域)可达地球总面积的 40% 左右,地面最大跨距可达 18 000 km。因此只需三颗卫星适当配置,就可建立除两极地区(南极和北极)以外的全球性通信,如图 4-10 所示。

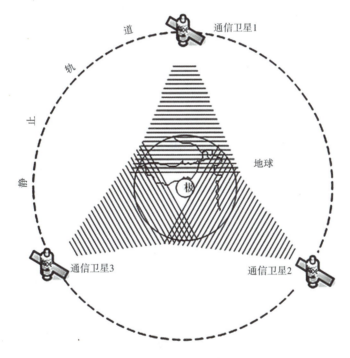

图 4-10 同步卫星通信系统示意图

第二,由于同步卫星相对地球是静止的,因此,地面站天线易于保持对准卫星,不需要复杂的跟踪系统;通信连续,不像相对地球以一定速度运动的卫星那样,在变更转发信号卫星时会出现信号中断;信号频率稳定,不会因卫星相对地球运动而产生多普勒频移。

当然,同步卫星也有一些缺点,主要表现在:两极地区为通信盲区;卫星离地球较远,故传输损耗和传输时延都较大;同步轨道只有一条,能容纳卫星的数量有限;同步卫星的发射和在轨测控技术比较复杂。此外,在春分和秋分前后,还存在着星蚀(卫星进入地球的阴影区)和日凌中断(卫星处于太阳和地球之间,受强大的太阳噪声影响而使通信中断)现象。

非同步卫星的主要优缺点基本上与同步卫星相反。由于非同步卫星的抗毁性较高,因此也有一定的应用。

3. 卫星通信系统分类

目前世界上建成了数以百计的卫星通信系统,归结起来可进行如下分类:

(1)按卫星制式可分为静止卫星通信系统、随机轨道卫星通信系统和低轨道卫星(移动)通信系统。

(2)按通信覆盖区域的范围可划分为国际卫星通信系统、国内卫星通信系统和区域卫星通信系统。

(3)按用户性质可分为公用(商用)卫星通信系统、专用卫星通信系统和军用卫星通信系统。

(4)按业务范围可分为固定业务卫星通信系统、移动业务卫星通信系统、广播业务卫星通信系统和科学实验卫星通信系统。

(5)按基带信号体制可分为模拟制卫星通信系统和数字制卫星通信系统。

(6)按多址方式可分为频分多址(FDMA)、时分多址(TDMA)、空分多址(SDMA)和码分多址(CDMA)卫星通信系统。

(7)按运行方式可分为同步卫星通信系统和非同步卫星通信系统。目前国际和国内的卫星通信大都是同步卫星通信系统。

4.3.2 移动通信技术

移动通信是指通信双方或至少一方是在运动中实现信息传输的过程或方式。例如,移动体(车辆、船舶、飞机、人)与固定点或移动体之间的通信等。移动通信可以应用在任何条件之下,特别是在有线通信不可及的情况下(如无法架线、埋电缆等),更能显示出其优越性。

1. 移动通信分类

随着移动通信应用范围的不断扩大,移动通信系统的类型越来越多,其分类方法也多种多样。

(1)按设备的使用环境分类

按这种方式分类主要有陆地移动通信、海上移动通信和航空移动通信三种类型。对于特殊的使用环境,还有地下隧道、矿井、水下潜艇,以及太空、航天等移动通信。

(2)按服务对象分类

按这种方式分类可分为公用移动通信和专用移动通信两种类型。例如,我国的中国移动、中国联通等经营的移动电话业务就属于公用移动通信。由于是面向社会各阶层人士的,因此称为公用网。专用移动通信是为保证某些特殊部门的通信所建立的通信系统。由于各个部门的性质和环境有很大区别,因而各个部门使用的移动通信网的技术要求也有很大差异,例如,公安、消防、急救、防汛、交通管理、机场调度等。

(3)按系统组成结构分类

①蜂窝状移动电话系统。蜂窝状移动电话是移动通信的主体,它是用户容量最大的全

球移动电话网。

②集群调度移动电话。它可将各个部门所需的调度业务进行统一规划建设,集中管理,每个部门都可建立自己的调度中心台。它的特点是共享频率资源、共享通信设施、共享通信业务、共同分担费用,是一种专用调度系统的高级发展阶段,具有高效、廉价的自动拨号系统,频率利用率高。

③无中心个人无线电话系统。它没有中心控制设备,这是与蜂窝网和集群网的主要区别。它将中心集中控制转化为电台分散控制。由于不设置中心控制,故可以节约建网投资,并且频率利用率最高。系统采用数字选呼方式,采用共用信道传送信令,接续速度快。由于系统没有蜂窝移动通信系统和集群系统那样复杂,故建网简易、投资低、性价比最高,适合个人业务和小企业的单区组网分散小系统。

④公用无绳电话系统。公用无绳电话是公共场所使用的电话系统,如商场、机场、火车站等。加入无绳电话系统的手机可以呼入市话网,也可以实现双向呼叫。它的特点是不适用于乘车使用,只适用于步行。

⑤移动卫星通信系统。21世纪通信的最大特点是卫星通信终端手持化,个人通信全球化。所谓个人通信,是移动通信的进一步发展,是面向个人的通信,其实质是任何人在任何时间、任何地点,可与任何人实现任何方式的通信。只有利用卫星通信覆盖全球的特点,通过卫星通信系统与地面移动通信系统的结合,才能实现名副其实的全球个人通信。近年来移动卫星通信系统发展较快的是低轨道的铱系统和全星系统,以及中轨道的国际移动通信卫星系统和奥德赛系统。

2. 移动通信的发展

移动通信目前处于5G时代,未来五年即将进入6G时代。按照移动通信的发展过程,可划分为如下几个阶段。

(1) 第一代(1G)模拟移动通信系统

从1946年美国使用150 MHz单个汽车无线电话开始到20世纪90年代初,是移动通信发展的第一阶段。因为调制前信号都是模拟的,也称模拟移动通信系统。第一代移动通信的主要特征为模拟技术,可分为蜂窝、无绳、寻呼和集群等多类系统,每类系统又有互不兼容的技术体系。

(2) 第二代(2G)数字移动通信系统

这时的移动通信系统的主要特征是采用了数字技术。虽然仍是多种系统,但每种系统的技术体制有所减少。主要包括GSM、CDMA和GPRS(general packet radio service)等几种模式。

GSM:GSM是全球移动通信系统的简称。自20世纪90年代中期投入商用以来,被全球超过100个国家采用。

CDMA:CDMA是码分多址访问的简称。CDMA允许所有使用者同时使用全部频带(1.228 8 MHz),且把其他使用者发出的信号视为杂讯,完全不必考虑到信号碰撞问题。

GPRS:GPRS是通用分组无线服务技术的简称,是GSM移动电话用户可用的一种移动数据业务,传输速率可提升为56~114 kbit/s。GPRS通常被描述成"2.5G通信技术",它介于第二代(2G)和第三代(3G)移动通信技术之间。

(3) 第三代(3G)移动通信

3G 移动通信的标准有 WCDMA（wideband code division multiple access）、CDMA2000 与 TD-SCDMA 三种。WCDMA 是由欧洲提出的宽带 CDMA 技术，是在 GSM 的基础上发展而来的；CDMA2000 由美国主推，是基于 IS-95 技术发展起来的 3G 技术规范；TD-SCDMA 即时分同步 CDMA 技术，是由我国自行制定的 3G 标准。

(4) 第四代(4G)移动通信

4G 集 3G 与 WLAN 于一体，具备传输高质量视频图像的能力，其图像质量与高清晰度电视不相上下。4G 系统能够以 100 Mbit/s 的速度下载，比拨号上网快 2 000 倍，上传的速度也能达到 20 Mbit/s，并能够满足大部分用户对于无线服务的要求。

国际电信联盟(ITU)已经将 WiMAX、HSPA+、LTE 正式纳入到 4G 标准里，加上之前就已经确定的 LTE-Advanced 和 WirelessMAN-Advanced 这两种标准，目前 4G 标准已经达到了五种。

(5) 第五代(5G)移动通信

2016 年 11 月，举办于乌镇的第三届世界互联网大会上，高通公司带来的可以实现"万物互联"的 5G 技术原型入选 15 项"黑科技"——世界互联网领先成果。目前，5G 向千兆移动网络和人工智能迈进，中国华为、韩国三星电子、日本、欧盟都在投入相当的资源研发 5G 网络。2017 年 2 月 9 日，国际通信标准组织 3GPP 宣布了 5G 的官方 logo。

我国 5G 技术研发分为 5G 关键技术试验、5G 技术方案验证和 5G 系统验证三个阶段实施。2018 年 6 月 28 日，中国联通公布了 5G 部署，5G 网络正式商用。

3. 移动通信系统的组成

移动通信系统一般由移动终端 MS(mobile set)、基站 BS(base station)、控制交换中心 CSC(control switch center)和有线电话网等组成，其中，移动终端包括车载终端和手持终端；不同基站覆盖不同区域，如无线区 1、无线区 2、无线区 3 等，如图 4-11 所示。

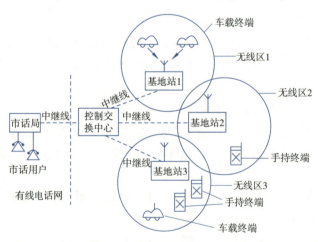

图 4-11 移动通信系统示意图

基站和移动终端设有收、发信机和天线等设备。每个基站都有一个可靠通信的服务范围，称为无线区(通信服务区)。无线区的大小主要由发射功率和基站天线的高度决定。根据服务面积的大小可将移动通信网分为大区制、中区制和小区制三种。

大区制是指一个通信服务区(比如一个城市)由一个无线区覆盖,此时基站发射功率很大(50 W 或 100 W 以上,对手机的要求一般为 5 W 以下),无线覆盖半径可达 25 km 以上。其基本特点是,只有一个基站,覆盖面积大,信道数有限,一般只能容纳数百到数千个用户。大区制的主要缺点是系统容量不大。为了克服这一限制,适合更大范围(大城市)、更多用户的服务,就必须采用小区制。

小区制一般是指覆盖半径为 2~10 km 的多个无线区链合而形成的整个服务区的制式,此时的基站发射功率很小(8~20 W)。由于通常将小区绘制成六角形(实际小区覆盖地域并非六角形),多个小区结合后看起来很像蜂窝,因此称这种组网方式为蜂窝网。用这种组网方式可以构成大区域、大容量的移动通信系统,进而形成全省、全国或更大的系统。小区制有以下四个特点:

①基站只提供信道,其交换、控制都集中在一个移动电话交换局 MTSO (mobile telephone switching office),或称为移动交换中心,其作用相当于一个市话交换局。而大区制的信道交换、控制等功能都集中在基站完成。

②具有"过区切换功能"(handoff),简称"过区"功能,即一个移动终端从一个小区进入另一个小区时,要从原基站的信道切换到新基站的信道上来,而且不能影响正在进行的通话。

③具有漫游(roaming)功能,即一个移动终端从本管理区进入到另一个管理区时,其电话号码不能变,仍然像在原管理区一样能够被呼叫到。

④具有频率再用的特点,所谓频率再用是指一个频率可以在不同的小区重复使用。由于同频信道可以重复使用,再用的信道越多,用户数也就越多。因此,小区制可以提供比大区制更大的通信容量。小区制几种频率的组网方式如图 4-12 所示。目前的发展方向是将小区划小,成为微区、宏区和毫区,其覆盖半径降至 100 m 左右。

中区制则是介于大区制和小区制之间的一种过渡制式。

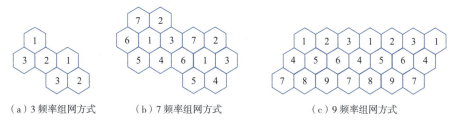

(a) 3 频率组网方式　　(b) 7 频率组网方式　　(c) 9 频率组网方式

图 4-12　小区频率再用示意图

移动交换中心主要用来处理信息和整个系统的集中控制管理。因系统不同而有几种名称,如在美国的 AMPS 系统中被称为移动交换局 MTSO,而在北欧的 NMT-900 系统中被称为移动交换机 MTX。

4.3.3　微波通信技术

微波(microwave)的发展与无线通信的发展是分不开的。1901 年马克尼使用 800 kHz 中波信号进行了从英国到北美纽芬兰,且是世界上第一次横跨大西洋的无线电波的通信试验,开创了人类无线通信的新纪元。无线通信初期,人们使用长波及中波来通信。20世纪20年代初,人们发现了短波通信,直到20世纪60年代卫星通信的兴起,它一直是国际远距离通信的主要手段,并且对目前的应急和军事通信仍然很重要。

用于空间传输的电波是一种电磁波,其传播的速度等于光速。无线电波可以按照频率或波长来分类和命名,如把频率高于300 MHz的电磁波称为微波。由于各波段的传播特性各异,因此,不同的波段将用于不同的通信系统。例如,中波主要沿地面传播,绕射能力强,适用于广播和海上通信;而短波具有较强的电离层反射能力,适用于环球通信;超短波和微波的绕射能力较差,可作为视距或超视距中继通信。

1931年在英国多佛与法国加莱之间建起了世界上第一条微波通信电路。第二次世界大战后,微波接力通信得到迅速发展。1955年对流层散射通信在北美试验成功。20世纪50年代开始进行卫星通信试验,60年代中期投入使用。由于微波波段频率资源极为丰富,而微波波段以下的频谱十分拥挤,为此移动通信等也向微波波段发展。

微波是波长在1 mm ~1 m(不含1 m)的电磁波,是分米波、厘米波、毫米波和亚毫米波的统称,其频谱示意图如图4-13所示。微波频率比一般的无线电波频率高,通常也称为"超高频电磁波"。微波作为一种电磁波也具有波粒二象性。微波的基本性质通常呈现为穿透、反射、吸收三个特性。对于玻璃、塑料和瓷器,微波几乎是穿越而不被吸收;对于水和食物等就会吸收微波而使自身发热;而对金属类的物质,微波则会被反射。

微波通信(microwave communication)是使用微波进行的通信。微波通信不需要固体介质,当两点间无障碍时就可以使用微波传送。利用微波进行通信,具有容量大、质量好、传输距离远的特点。微波通信是在第二次世界大战后期开始使用的无线电通信技术,经过几十年的发展已经获得广泛的应用。微波通信分为模拟微波通信和数字微波通信两类。模拟微波通信早已发展成熟,并逐渐被数字微波通信取代。数字微波通信已成为一种重要的传输手段,并与卫星通信、光纤通信一起作为当今的三大传输手段。

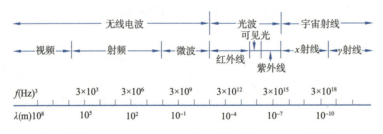

图4-13 频谱示意图

1. 微波类型

根据微波的波长,可以将微波分为分米波、厘米波、毫米波等类型,见表4-3。

表4-3 微波类型

波 段	波 长	频 率	频段名称
分米波	1 m ~ 10 cm	0.3 ~ 3 GHz	特高频(UHF)
厘米波	10 cm ~ 1 cm	3 ~ 30 GHz	超高频(SHF)
毫米波	1 cm ~ 1 mm	30 ~ 300 GHz	极高频(EHF)

2. 微波通信的方式及其特点

中国微波通信广泛使用的 L、S、C、X 和 K 等几种频段进行通信，每个频段适合的应用场景各有差异。由于微波的频率极高，波长又很短，其在空中的传播特性与光波相近，也就是直线前进，遇到阻挡就被反射或被阻断，因此微波通信的主要方式是视距通信，超过视距以后需要中继转发。微波通信的主要特点如下：

（1）微波频带宽，通信容量大；
（2）微波中继通信抗干扰性能好，工作较稳定、可靠；
（3）微波中继通信灵活性较大；
（4）天线增益高、方向性强；
（5）投资少、建设快。

一般说来，由于地球曲面的影响及空间传输的损耗，每隔 50 km 左右，就需要设置中继站，将电波放大转发来延伸。这种通信方式也称为微波中继通信或微波接力通信。长距离微波通信干线可以经过几十次中继传至数千公里，仍可保持很高的通信质量。其接力通信示意图如图 4-14 所示。

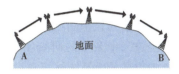

图 4-14　微波通信示意图

3. 微波通信系统

微波通信系统由发信机、收信机、天馈线系统、多路复用设备及用户终端设备等组成，其中，发信机由调制器、上变频器、高功率放大器组成；收信机由低噪声放大器、下变频器、解调器组成；天馈线系统由馈线、双工器及天线组成；用户终端设备把各种信息变换成电信号；多路复用设备则将多个用户的电信号构成共享一个传输信道的基带信号。在发信机中，调制器把基带信号调制到中频再经上变频变至射频，也可直接调制到射频。在模拟微波通信系统中，常用的调制方式是调频；在数字微波通信系统中，常用多相数字调相方式，大容量数字微波则采用有效利用频谱的多进制数字调制及组合调制等调制方式。发信机中的高功率放大器用于把发送的射频信号提高到足够的电平，以满足经信道传输后的接收场强。收信机中的低噪声放大器用于提高收信机的灵敏度；下变频器用于中频信号与微波信号之间的变换以实现固定中频的高增益稳定放大；解调器的功能是进行调制的逆变换。微波通信天线一般为强方向性、高效率、高增益的反射面天线，常用的有抛物面天线、卡塞格伦天线等，馈线主要采用波导或同轴电缆。在地面接力和卫星通信系统中，还需以中继站或卫星转发器等作为中继转发装置。

4.4　空间定位技术

随着物联网应用研究的不断深入，快速准确地为用户提供空间位置信息的需求变得日益迫切。利用 RFID 及各类传感器节点的定位、感知功能，人们可以获取物理世界中各种各样的信息。通常情况下，这些信息都需要与传感器的位置信息联系起来综合分析，最终为用户提供个性化的信息服务。因此，能够快速、准确地提供位置信息的定位技术是物联网应用所要解决的关键问题之一。

4.4.1 卫星定位系统

卫星定位系统是利用卫星来测量物体位置的系统。由于对科技水平要求较高且耗资巨大，所以世界上只有少数的几个国家能够自主研制卫星定位导航系统。目前已投入运行的主要包括：美国的全球定位系统（global positioning system，GPS）、俄罗斯的格洛纳斯系统（global orbiting navigation satellite system，GLONASS）、中国的北斗导航系统（Beidou navigation satellite system，BDS）和欧洲的伽利略卫星导航系统，此外，还有日本的准天顶卫星系统（quasi-zenith satellite system，QZSS）和印度区域导航卫星系统（Indian regional navigation satellite system，IRNSS）等。

1. 卫星定位系统的结构

20世纪70年代，由于人们对连续实时三维导航的需求日渐增强，美国国防部开始研究和建立新一代空间卫星导航定位系统，主要目的是提供实时、全天候和全球性的导航服务。经过二十余年的研究实验，到1994年3月，一个由24颗卫星组成，全球覆盖率达98%的卫星导航系统终于布设完成，该系统被称为全球定位系统（GPS）。

中国北斗卫星导航系统（BDS）是中国自行研制的全球卫星导航系统，也是继卫星定位、GLONASS之后的第三个成熟的卫星导航系统。

2020年7月31日上午，北斗三号全球卫星导航系统正式开通。BDS系统的运行对于保护国家安全具有重要意义。

北斗卫星导航系统由空间段、地面段和用户段三部分组成，可在全球范围内全天候、全天时为各类用户提供高精度、高可靠定位、导航、授时服务，并且具备短报文通信能力，已经初步具备区域导航、定位和授时能力，定位精度为分米、厘米级别，测速精度0.2米/秒，授时精度10纳秒。

典型的卫星定位系统的结构如图4-15所示。

（1）空间段部分

北斗卫星定位系统由35颗卫星组成，包括5颗静止轨道卫星、27颗中地球轨道卫星、3颗倾斜同步轨道卫星。5颗静止轨道卫星定点位置为东经58.75°、80°、110.5°、140°、160°，中地球轨道卫星运行在3个轨道面上，轨道面之间为相隔120°均匀分布。由于北斗卫星分布在离地面两万多千米的高空上，以固定的周期环绕地球运行，使得在任意时刻，在地面上的任意一点都可以同时观测到四颗以上的卫星。

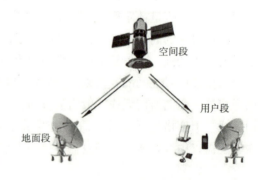

图4-15 卫星定位系统的组成

GPS卫星定位系统的空间部分由24颗距地球表面约20 200 km的卫星所组成，其中包括三颗备用卫星。这些卫星以60°等角均匀地分布在六个轨道面上，每条轨道上均匀分布四颗卫星，并以11 h 58 min（12恒星时）为周期环绕地球运转。在每一颗卫星上都载有位置及时间信号，只要客户端装设卫星定位设备，就能保证在全球的任何地方、任何时间同时接收到至少四颗卫星的信号，并能保证良好的定位计算精度。每颗卫星都对地表发射涵盖本身在轨道面的坐标、运行时间等数据信号，地面的接收站通过对这些数据进行处理和分析，实现定位、导航、地标等精密测量，提供全球性、全天候和高精度的定位和导航的服务。

(2) 地面控制部分

地面控制部分一般包括一个主控站、三个注入站和五个监控站，负责对整个系统进行集中控制管理，实现卫星时间同步，同时对卫星的轨道进行监测和预报等。

(3) 用户部分

用户部分一般包括各种型号的卫星定位信号接收机，由卫星定位接收机天线、卫星定位接收机主机组成。其主要任务是捕获待测卫星，并跟踪这些卫星的运行。接收卫星定位卫星发射的无线电信号，即可获取接收天线至卫星的伪距离和距离的变化率，解调出必要的定位信息及观测量，通过定位解算方法进行定位计算，计算出用户所在地的地理位置信息，从而实现定位和导航功能。

如今，随着电子技术和集成电路技术的不断发展，卫星定位客户端接收器体积不断缩小，接收器的接收精准度也越来越高。例如，智能手机、PDA、甚至笔记本计算机等电子产品已经集成了卫星定位接收模块，可实现定位及导航功能，卫星定位已经成为这些电子设备的标准配备之一。

2. 导航卫星的定位原理

导航卫星的定位利用到达时间测距的原理来确定用户的位置。这种原理需要测量信号从位置已知的辐射源发出到达用户处所经历的时间，将这个信号传播的时间段乘以信号的速度(如音速、光速)，便得到从辐射源到接收机的距离。接收机同时接收多个辐射源的信号，由于这些辐射源的位置已知，即可利用它们来确定自己的位置。

一般情况下，接收机只需要接收到三颗卫星信号，就可以获得使用者与每颗卫星之间的距离。在实际运行中，信号发射由卫星钟确定，收到时刻是由接收机钟确定，在测定卫星至接收机的距离中，不可避免地受两台钟不同步的误差和电离层、对流层延迟误差的影响，这并不是卫星与接收机之间的实际距离，所以称之为伪距。伪距法定位是利用全球定位系统进行导航定位的最基本方法。伪距法定位的基本原理就是在某一瞬间利用导航接收机同时测定至少四颗卫星的伪距，根据已知的卫星位置和伪距观测值，采用距离交会法求出接收机的三维坐标和时钟改正数。

在卫星定位时，主要考虑以下两种误差：

(1) 接收机时钟一般与系统时钟之间有一个偏移误差。

(2) 卫星内的时钟误差。

为保证信号的可靠性，消除和减少误差，因此，卫星定位都是利用接收装置接收到四颗以上的卫星信号，利用卫星钟差来消除时间不同步带来的计算误差，获取使用者精确的位置和速度等信息。

所谓卫星钟差是指卫星定位卫星时钟与卫星定位标准时间之间的差值。尽管卫星定位卫星采用了高精度的原子钟来保证时钟的精度，具有比较长期的稳定性；但原子钟依然有频率偏移和老化的问题，导致它们与卫星定位标准时间之间会存在一个差异。这个偏差可以通过差分的方式来消除。具体方法可参考卫星定位的技术文档。

如图4-16所示，假设待测定用户坐标为(x_u, y_u, z_u)，它与四颗卫星S_i(其中$i=1, 2, 3, 4$)之间的距离$\rho_i(i=1, 2, 3, 4)$，c为卫星定位信号的传播速度(即光速)，t_u为接收机时钟与系统时钟之间的偏移。

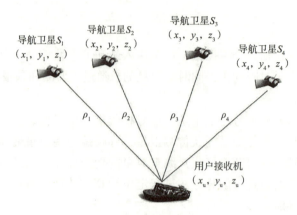

图 4-16 卫星定位原理示意图

根据四颗卫星的位置 (x_i, y_i, z_i)（其中 $i=1,2,3,4$），利用空间中任意两点间的距离公式，可得：

$$\rho_1 = \sqrt{(x_1-x_u)^2+(y_1-y_u)^2+(z_1-z_u)^2} + c \times t_u$$

$$\rho_2 = \sqrt{(x_2-x_u)^2+(y_2-y_u)^2+(z_2-z_u)^2} + c \times t_u$$

$$\rho_3 = \sqrt{(x_3-x_u)^2+(y_3-y_u)^2+(z_3-z_u)^2} + c \times t_u$$

$$\rho_4 = \sqrt{(x_4-x_u)^2+(y_4-y_u)^2+(z_4-z_u)^2} + c \times t_u$$

在上式中，4 颗卫星的位置及它们与待测用户的距离是已知的。因此，通过上列等式，可计算出待测定用户的位置坐标 (x_u, y_u, z_u) 和 t_u。

3. 卫星导航系统的应用

卫星导航应用十分广泛，涵盖各行各业。根据应用的功能和领域的不同，可简单概括为以下几个方面：

（1）定位导航。实现车辆、船舶、飞机等的定位导航，如汽车的自主导航定位，车辆最佳行驶路线测定，船舶实时调度与导航，飞机航路引导和进场降落，车辆及物体的追踪和城市交通的智能管理等。

（2）勘察测绘。卫星导航技术与地理信息系统（geographic information system，GIS）相结合，可实现大气物理观测、地球物理资源勘探、工程测量、水文地质测量、地壳运动监测和市政规划控制等。同时，在农业和林业领域，可用于林业调查，农作物信息采集，耕地面积核实等。

（3）应急救援。对于消防、医疗等部门的紧急救援、目标追踪和个人旅游及野外探险的导引，卫星导航都具有得天独厚的优势。

（4）精确制导。在军事领域，卫星导航从当初的为军舰、飞机、战车、地面作战人员等提供全天候、连续实时、高精度的定位导航，扩展到目前成为精确制导武器复合制导的重要技术手段之一。利用导弹上安装卫星导航接收机接收导航卫星播发的信号来修正导弹的飞行路线，大大提高了制导精度。

卫星导航的问世标志着电子导航技术发展到了一个更加辉煌的时代。与其他导航系统相比,卫星导航具有高精度、全天候、全球覆盖、高效率、多功能、简单易用等特点。但是,由于卫星导航定位技术过于依赖终端性能,将卫星扫描、捕获、伪距信号接收及定位运算等工作集中在终端上运行,造成定位灵敏度低且终端耗电量大等缺点。另外,由于卫星信号穿透能力差,所以卫星导航仅适合在户外开阔区域使用,对于室内定位的应用需求,需要借助其他定位技术实现。

4.4.2 蜂窝定位技术

随着移动通信技术的迅速发展,手机已经成为人们生活的必备工具,手机功能也从单一的语音通话逐渐向多元化方向发展。移动定位就是手机诸多的附加功能之一。1996年,美国联邦通信委员会通过了 E-911 法案,该法案要求无线运营商能够提供在 50～100 m 之内定位一个手机的功能,当手机用户拨打美国全国紧急服务电话时,能对用户进行快速定位。这一法规的提出,促进了基于通信基站的定位技术发展。

蜂窝定位就是一种基于基站的定位技术。其利用运营商的移动通信网络,通过手机与多个固定位置的收发信机之间传播信号的特征参数来计算出目标手机的几何位置。同时,结合地理信息系统(GIS),进一步为移动用户提供位置查询等服务。主要蜂窝定位技术包括:

(1)蜂窝小区定位:COO 是一种单基站定位,是通过手机当前连接的蜂窝基站的位置进行定位的。该技术根据手机所处的小区 ID 号来确定用户的位置。手机所处的小区 ID 号是网络中已有的信息,手机在当前小区注册后,系统的数据库中就会将该手机与该小区 ID 号对应起来,根据小区基站的覆盖范围,确定手机的大致位置。

(2)基于电波传播时间的定位:TOA(time of arrival,到达时间定位法)是以一种三基站定位方法。该定位方法以电波的传播时间为基础,利用手机与三个基站之间的电波传播时延,通过计算得出手机的位置信息。

(3)基于电波到达时差定位:TDOA(time difference of arrival,到达时间差定位法)与 TOA 定位类似,也是一种三基站定位方法。该方法是利用手机收到不同基站的信号时差来计算手机的位置信息的。

(4)网络辅助 GPS 定位:A-GPA(assisted global positioning system,辅助全球卫星定位系统)是一种结合网络基站信息和 GPS 信息对手机进行定位的技术。该技术需要在手机内增加 GPS 接收机模块,并改造手机天线,同时要在移动网络上加建位置服务器、差分 GPS 基准站等设备。这种定位方法一方面通过 GPS 信号的获取,提高了定位的精度,误差可到 10 m 以内。

蜂窝定位主要应用于室外无线信号覆盖强度高的区域,在室内则无法精确定位。因此,近年来,室内移动对象定位研究逐渐成为研究的热点。研究人员期望通过逐步提高室内移动对象定位的精确度,进一步提高室内移动对象管理应用的可用性,为人们的现代生活提供便利。室内定位与室外定位有很大的不同,尽管卫星定位和蜂窝定位技术在室外定位中得到了广泛应用,但对于室内定位,由于密集建筑物对定位信号的遮挡作用,导致卫星定位技术在室内定位中无法发挥作用,造成定位精度低、能耗高的现象。在室内定位技术中,Wi-Fi 无线定位技术已经成为首选。它在现有 Wi-Fi 网络的基础上,在不需要安装定位设备的情况下直接进行定位,具有应用范围广、使用成本低、定位精度高等优势,具有良好的发展前景。

4.5 计算机网络概述

计算机网络是计算机技术和信息通信技术相结合的产物,是现代社会重要的基础设施,为人类获取和传播信息发挥了巨大的作用。因此,在学习计算机网络知识之前,需要了解计算机网络的概念、分类及其分层体系。

4.5.1 计算机网络的概念和体系

计算机网络是指将地理位置不同的、具有独立功能的多台计算机及其外部设备,通过通信线路连接起来,实现资源共享和信息传递的计算机系统。

最简单的计算机网络只有两个计算机和一条通信链路。最庞大的计算机网络就是互联网。它由大量计算机网络互联而成,因此互联网也称为"网络的网络"。

计算机网络作为一个复杂的、具有综合性技术的系统,为了允许不同系统实体互联和互操作,不同系统的实体在通信时都必须遵从相互均能接受的规则,这些规则的集合称为通信规程或协议(protocol)。协议需要预先制定(或约定)、相互遵循,否则通信双方无法理解对方信息的含义。在这里,系统是指计算机、终端和各种设备;实体是指各种应用程序、文件传输软件、数据库管理系统、电子邮件系统等;互联是指不同计算机能够通过通信子网互相连接起来进行数据通信;互操作是指不同的用户能够在通过通信链路连接的计算机上使用相同的命令或操作,使用其他计算机中的资源与信息,就如同使用本地资源与信息一样。

互联、互操作是计算机网络的基本功能,因此,在不引起概念混淆的情况下,人们通常也把计算机网络简称为网络或互联网。连接到网络中的节点可以是工作站、个人计算机、智能手机、平板计算机,还有服务器、打印机和其他网络连接设备等。为了简化描述,将网络上的这些节点统称为网络节点,具有较强计算功能的网络节点称为网络主机(如计算机、服务器等),具有较强通信功能的网络节点称为网络设备(如交换机、路由器等)。

计算机网络是相互连接的、以共享资源为目的的、自治的计算机的集合;为了保证计算机网络有效且可靠运行,网络中的各个节点、通信链路就必须遵守一整套合理而严谨的结构化管理规则。这些管理规则就包括网络分层体系和协议规范。

1. 计算机网络分层

一个完整的计算机网络需要有一套复杂的协议集合,在计算机网络中组织复杂协议的最好方式就是采用层次模型。计算机网络的层次模型和各层协议的集合就是计算机网络体系结构。计算机网络体系结构为不同的计算机之间互联和互操作提供相应的规范和标准。

为了建立一个开放的、能为大多机构和组织承认的网络互联标准,国际标准化组织(ISO)提出了开放系统互连参考模型(open system interconnection reference model),简称

OSI/RM 或 OSI 参考模型。

OSI 参考模型定义了计算机相互连接的标准框架，该框架将网络结构分为七层，如图 4-17 所示，具体包括：

应用层：提供网络服务与最终用户的接口。
表示层：提供数据表示、加解密和解压缩等功能。
会话层：建立、管理和终止网络会话（即通信连接）。
传输层：定义传输数据的协议端口号，以及流量控制和差错校验功能。
网络层：进行逻辑地址寻址并实现不同网络之间的路径选择。
数据链路层：建立逻辑连接，进行硬件地址寻址、差错校验等。
物理层：建立、维护、断开物理连接。

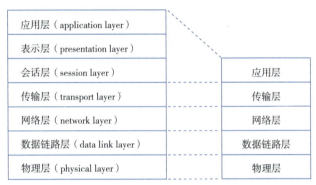

图 4-17　计算机网络的层次模型

随着技术的发展，OSI 参考模型中的"会话层"和"表示层"已经被合并到"应用层"之中，所以，目前流行的计算机网络是五层互联网参考模型（见 4-17）。

2. 局域网体系结构

按照 IEEE 802 标准，局域网体系结构分为三层，即物理层、媒体链路控制层（MAC 子层）和逻辑链路控制层（LLC 子层）。该标准将数据链路层拆分为更具体的媒体链路控制层和逻辑链路控制层。

其中，MAC 子层负责介质访问控制机制的实现，即处理局域网中各站点对共享通信介质的争用问题和物理寻址，屏蔽 MAC 子层的不同实现，将其变成统一的 LLC 子层接口，从而向网络层提供一致的服务。

不同类型的局域网通常使用不同的介质访问控制协议，如以太网、令牌环、令牌总线等。它们所遵循的都是 IEEE（美国电子电气工程师协会）制定的以 802 开头的标准，目前共有 11 个与局域网有关的标准。典型的 IEEE 802 标准包括：

IEEE 802.2：逻辑链路控制。
IEEE 802.3：以太网总线结构及访问方法。
IEEE 802.4：令牌总线结构及访问方法。
IEEE 802.5：令牌环结构及访问方法。
IEEE 802.6：城域网访问方法及物理层规定。

IEEE 802.8：光纤局域网(FDDI)。

IEEE 802.11：Wi-Fi 接入方法等。

IEEE 802.15.x：蓝牙、Zigbee、WiMAX 等无线接入。

以太网是一种计算机局域网技术。IEEE 802.3 标准制定了以太网的技术标准，它规定了包括物理层的连线、电子信号和介质访问层协议的内容。以太网是目前应用最普遍的局域网技术，相比其他局域网技术，如令牌环、令牌总线等应用更为广泛。以太网和局域网的主要关系如下：

(1) 以太网是一种总线型局域网，而局域网的拓扑结构除了总线型外，还包括星形、树形、环形等，局域网是四者的统称。但是，因为现在大部分的局域网均为以太网，因此一般提及局域网都会默认为以太网。

(2) 以太网通常采用 CSMA/CD 协议，即带冲突检测的载波监听多路访问协议，遵循 IEEE 802.3 标准；而局域网使用的协议更加广泛，包括 IPX/SPX 协议、NetBEUI 协议等。

4.5.2 计算机网络的数据封装

通过上面 OSI 参考模型的介绍可以发现，计算机网络的每个层次各司其职，有着不同的功能。这些功能组合起来，就可以完成一次完整的数据发送或数据接收功能。数据发送时自顶向下，数据接收时自底向上。下面以五层互联网参考模型为例分别进行介绍。

1. 计算机网络节点的数据发送

在五层的互联网模型中，数据发送是一个典型的应用数据封装过程。所谓数据封装就是指将每层的协议数据单元(PDU)封在一组协议头、数据和协议尾中的过程。

图 4-18 所示为计算机网络自顶向下进行数据发送时的数据封装过程。

首先，用户数据通过应用层协议，封装上应用层首部，构成应用数据；应用数据作为整体，在传输层封装上 TCP 首部，就是报文；然后，报文传输到网络层封装上 IP 首部，就是数据包；封装后的 IP 数据包作为整体传输到数据链路层，数据链路层将其封装上 MAC 头部，就是数据帧。数据帧传输到以太网卡(注意：以太网卡包含了数据链路层的功能和物理层的功能)后，通过硬件加入以太网首部，然后再在物理线路上传输。

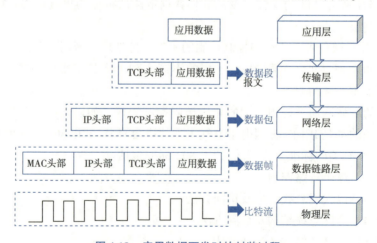

图 4-18 应用数据下发时的封装过程

接收方接到上述数据信包后，从以太网卡开始依次解包，获得需要的应用数据。

具体数据发送过程如下：

（1）在应用层，用户数据添加上一些控制信息（如用户数据大小、用户数据校验码等）后，形成应用数据。如果需要，将应用数据的格式转换为标准格式（如英文的 ASCII 或标准的 Unicode 码），或进行应用数据压缩、加密等，然后发往传输层。

（2）传输层接收到应用数据后，根据流量控制需要，分解为若干数据段，并在发送方和接收方主机之间建立一条可靠的连接，将数据段封装成报文后依次传给网络层。每个报文均包括一个数据段及这个数据段的控制信息（如端口号、数据大小、序列号等）。

（3）在网络层，来自传输层的每个报文首部被添加上逻辑地址（如 IP 地址）和一些控制信息后，构成一个网络数据包，然后发送到数据链路层。每个数据包增加逻辑地址后，都可以通过互联网络找到其要传输的目标主机。

（4）在数据链路层，来自网络层的数据包的头部附加上物理地址（即网卡标识，以 MAC 地址呈现）和控制信息（如长度、校验码、类型等），构成一个数据帧，然后发往物理层。需要注意的是：在本地网段上，数据帧使用网卡标识（即硬件地址）可以唯一标识每一台主机，防止不同网络节点使用相同逻辑地址（即 IP 地址）而带来的通信冲突。

（5）在物理层，数据帧通过卡硬件单元增加链路标志（如 01111110 B）后转换为比特流发送到物理链路。比特流的发送需要按照预先规定的数字编码方式和时钟频率进行控制。

2. 计算机网络节点的数据接收

与发送方的发送数据过程相反，接收方接收数据的过程就是从以太网卡开始逐层依次解包的过程，如图 4-19 所示。

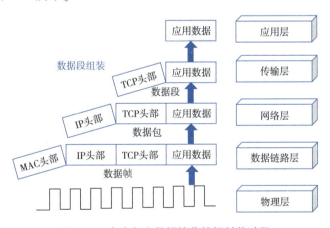

图 4-19 自底向上数据接收的解封装过程

具体过程如下：

（1）在物理层，连接到物理链路上的网络节点通过网卡上的硬件单元，使用预先规定的数字编码方式和时钟频率对物理链路信息进行读取，形成数据帧，并发往数据链路层。

（2）在数据链路层，对从物理层接收的数据帧进行校验和物理地址（MAC）比对，如果校验出错或地址比对不符，则抛弃该帧，否则去除物理地址、帧头、帧尾和校验码后形成数据包，发送到网络层。

（3）在网络层，比对数据包头部的逻辑地址（如 IP 地址）与本机设置的 IP 地址是否一致，如果一致，则将数据包的 IP 头去除，形成一个数据报文，发往传输层，否则，该数据包被抛弃。

（4）传输层收到网络层的数据报文后，提取报文中的控制信息（如报文系列号等），将每个报文去除头部信息，构成数据段后进行缓存。并根据报文的系列号，将数据段组装成完整的应用数据，并发送到应用层。

（5）在应用层，应用数据根据需要进行数据格式转换、解压、解密等处理，去除一些控制信息（如数据大小、校验码等）后，转换为用户数据。至此，数据接收过程完毕。

4.6 计算机网络协议

计算机网络作为一种"信息高速公路"，面临着"公路"管理同样的难题。在公路管理中，人、车、路如何协同工作，长期面临挑战。为了解决上述挑战，不仅需要通过技术来解决，更要通过法律、法规来疏导和预防。在计算机网络中也是如此，必须通过各种规程或协议（类似于法律、法规）来保证网络安全、稳定、高效运行。其中就包括网络节点身份标识协议（用来对用户违规和网络故障进行追踪和溯源等）、网络数据传输协议（保证网络节点数据正确到达目标节点）、网络资源竞争协议（保证每个网络节点均有机会使用网络传输信息等）、网络资源共享协议（保证不同组织和个人的信息可以共享和共用等）等。表 4-4 为公路网与互联的关联关系一览表。

表 4-4 公路网与互联的关联关系比较

序 号	公路通行标准	计算机网络协议	网络协议类别	网络协议实例
1	车牌、路标	物理地址、逻辑地址	网络节点身份协议	MAC、IP 等
2	各行其道、限速、禁停	帧管理、流量控制	网络数据传输协议	HDLC、TCP、UDP 等
3	有序通行、优先通行	链路轮转、链路竞争	网络资源竞争协议	令牌、CSMA/CD 等
4	共享汽车、停车场	文件、网页、图片等	网络资源共享协议	FTP、HTTP、SMTP 等

4.6.1 网络节点身份标识协议

计算机网络的发展是从局域网发展到互联网。为了唯一标识网络中的每个节点，局域网使用了网络硬件地址（即 MAC 地址）来标识网络节点；而由多个局域网互联而成的广域网网络，则使用了逻辑地址（IP 地址）来标识网络节点。

1. MAC 地址

局域网是计算机网络发展的第一个阶段。为了解决局域网中网络节点的身份标识问题，IEEE 标准规定，网络中每台设备都要有一个唯一的网络硬件标识，这个标识就是 MAC 地址。

MAC 地址的直译为媒体存取控制地址，也称为局域网地址、以太网地址、网卡地址或物理地址，它是用来确认网络节点的身份（或位置），由网络设备制造商生产时写在硬件内部（一般是网卡内部）。

MAC 地址用于在网络中唯一标识一个网卡。一台设备若有多个网卡，则每个网卡都需要并会有一个唯一的 MAC 地址。MAC 地址由 48 位(6 个字节)组成。书写时通常在每个字节之间用":"或"-"隔开,如"08-00-20-0A-8C-6D"就是一个 MAC 地址。其中,前 3 个字节是网络硬件制造商的编号,由 IEEE 分配,后 3 字节由制造商自行分配,代表该制造商所生产的某个网络产品(如网卡)的系列号。

在 OSI 参考模型中,数据链路层负责 MAC 地址的管理。由于 MAC 地址固化在网卡里面,理论上讲,除非盗来硬件即网卡,否则一般是不能被冒名顶替的。基于 MAC 地址的这种特点,局域网采用了用 MAC 地址来标识具体用户。

查看网络节点的 MAC 地址的流程如下:控制面板→网络和共享中心→本地连接→详细信息→物理地址。这里的物理地址就是 MAC 地址,操作过程如图 4-20 所示。

图 4-20　计算机的 MAC 地址查询方法

2. IP 地址

随着计算机网络的快速发展,不同的局域网络连成一体,出现了互联网。为了屏蔽每个局域网络的差异性,做到不同物理网络的互联和互通,就需要提出一种新的统一编址方法,为互联网上每一个子网、每一个主机分配一个全网唯一的地址。

IP 地址就是为此而制定的。由于有了这种唯一的地址,才保证了用户在联网的计算机上操作时,能够高效且方便地从千千万万台计算机中选出自己所需的对象来。IP 地址就像是人们的通信住址一样,如果你要写信给一个人,你就要知道他(她)的通信地址,这样邮递员才能把信送到。计算机发送信息就像是邮递员送信,它必须知道唯一的"通信地址"才能不至于把信送错对象。只不过人们的通信地址是用文字来表示的,计算机的地址用二进制数字表示。

IP 地址被用来给网络上的计算机一个编号。大家日常见到的情况是每台联网的 PC 上都需要有 IP 地址,才能正常通信。如果把"个人计算机"比作"一台电话",那么"IP 地址"就相当于"电话号码",而互联网中的路由器,就相当于电信局的"程控式交换机"。

IP 地址是一个 32 位的二进制数,通常被分割为 4 字节,书写时用"点分十进制"表示成(a. b. c. d)的形式,其中,a、b、c、d 都是 0~255 之间的十进制整数。例如,点分十进制 IP 地址(128.0.0.9),实际上是 32 位二进制数 10000000.00000000.00000000.00001001。

在互联网中,由 NIC(network information center,网络信息中心)组织统一负责全球 IP 地址的规划、管理,由其下属机构 Inter NIC(Internet network information center,因特网信息中心)、APNIC(Asia-pacific network information center,亚太网络信息中心)、RIPE(reseaux

IP Europeens，欧洲 IP 地址注册中心)等网络信息中心具体负责美国及全球其他地区的 IP 地址分配。中国申请 IP 地址是通过负责亚太地区事务的 APNIC 进行的。

4.6.2 网络节点数据传输协议

实现数据安全、可靠和高效传输是互联网的核心目标。在局域网内部，主要通过数据链路层协议来保障数据的可靠传输；在广域网之中，主要通过传输层协议来进一步提高数据传输的可靠性，防止链路拥堵。下面重点介绍其中的两种数据传输协议：HDLC(high-level data link control，高级数据链路控制)和 TCP(transmission control protocal，传输控制协议)协议。

1. HDLC 协议概述

1974 年，IBM 公司推出了面向比特的同步链路控制协议(synchronous data link control，SDLC)。后来，ISO 把 SDLC 修改后，称为高级数据链路控制协议(HDLC)。HDLC 协议支持两种类型的传输模式：同步传输模式和异步传输模式。

异步传输模式是以字节为单位来传输数据的，并且需要采用额外的起始位和停止位来标记每个字节的开始和结束。因此，每个字节的发送都需要额外的开销。在该模式下，发送方发出数据后，不等接收方发回响应，就可以接着发送下个数据包。该模式可以实现点对点数据通信或多点间数据通信。在短距离串行通信系统中，一般使用异步传输模式，如计算机的串行接口 RS-232。

同步传输模式是以同步的时钟节拍来发送数据信号的。因此，在一个串行的数据流中，各信号码元之间的相对位置都是固定的，接收方为了从收到的数据流中正确地区分出一个个信号码元，首先必须建立准确的时钟信号，该时钟信号通常由数据通信设备(DCE)提供。在同步传输中，数据的发送一般以帧为单位，在帧的开头和结束须加上预先规定的起始序列和终止序列作为标志(如 FFH)。该模式只能支持点对点间的数据通信。在计算机网络中，一般使用的是同步传输模式(如以太网)。

HDLC 支持数据报文的透明传输，主要有以下几个特点：
①协议不依赖于任何一种字符编码集。
②数据报文可透明传输，用于透明传输的"零比特插入法"易于硬件实现。
③全双工通信，不必等待确认就可以连续发送数据报文，有较高的数据链路传输效率。
④所有帧采用 CRC 校验，并对信息帧进行编号，可防止漏收或重收，传输可靠性高。
⑤传输控制功能与处理功能分离，具有较大的灵活性和较完善的控制功能。
⑥HDLC 的主要缺点在于，没有指定字段来标识已封装的第三层协议。

2. HDLC 协议结构

数据链路层的数据传送是以帧为单位的，所以，一个完整的 HDLC 协议就是一个帧。HDLC 的帧结构最多由六个字段组成，包括：标志字段 F、地址字段 A、控制字段 C、信息字段 I、帧校验序列字段 FCS(frame check sequence)构成，如图 4-21 所示。

(1)标志字段 F

HDLC 规定在一个帧的开头和结尾各放入一个特殊的标志字段 F(flag)，标记帧的开始和结束，也可以作为帧与帧之间的填充字符。它是一个 8 位序列，不仅作为帧的边界，也用于进行帧的同步。HDLC 标志字段 F 的位模式是 01111110。

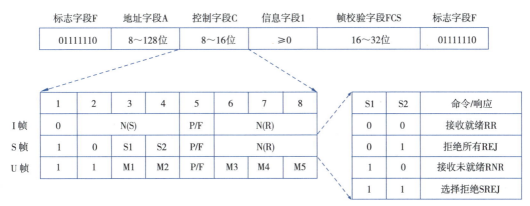

图 4-21 HDLC 帧结构

在实际应用中，由于传输信息也可能出现与标志字段 F 相同的二进制数序列。为了将二者区分开来，HDLC 协议引入了"零比特插入或删除"技术来解决这个问题，保证标志字段的唯一性和数据发送的透明性。

所谓"零比特插入"，就是发送端监视除标志字段 F 以外的所有字段，当发现有连续五个"1"出现时，便在其后添一个"0"。在接收端，同样监视除标志字段以外的所有字段。当连续发现五个连续的"1"后，则自动删除其后一个比特"0"，以恢复原来的比特流，这就是"零比特删除"技术。

（2）地址字段 A

该字段指定接收者的地址。如果该帧是由主站发送的，则它包含从站的地址；如果该帧是从站发送的，则包含主站的地址。地址字段默认为 1 个字节（最多可寻址 254 台主机），也可扩展到多个字节。当地址字段 A 为全"1"时，就是广播方式，全"0"时则是无效地址。在以太网络中，HDLC 的地址字段长度为 6 个字节。

（3）控制字段 C

该字段用于指示帧的类型、指定各种命令及响应方式，以便对链路进行监控，长度默认为一个字节，可以扩展到两个字节。在以太网络中，HDLC 的地址字段长度为两个字节。

根据控制字段 C 最高两个比特的取值，可以将 HDLC 帧指定为信息帧、监督帧和无编号帧三种类型。

信息帧（简称 I 帧）：若控制字段的最高位（第 1 比特）为 0，则该帧为 I 帧。I 帧承载来自网络层的用户数据，还包括附带在用户数据上的流和错误控制信息。第 2~4 位为发送序号 N(S)，第 6~8 位为接收序号 N(R)。N(S) 表示当前发送的 I 帧的序号，N(R) 表示本站所期望收到的帧的发送序号。控制字段的第 5 位是探询/终止（poll/final）比特，简称 P/F 比特。主站发出的命令帧中若将 P 比特置为 1，则表示要求对方立即发送响应。在对方确认的帧中若将 F 比特置为 1，则表示要发送的数据已经发送完毕。

监督帧（简称 S 帧）：若控制字段的第 1~2 比特为 10，则该帧为 S 帧。S 帧没有信息字段，主要用于流控和错误控制。监督帧共有四种，类型取决于第 3~4 比特的值，见表 4-5。

表 4-5 监督帧的类型

第 3～4 位组合	帧名	功能描述
00	接收准备就绪帧 RR	准备接收下一帧
10	接收未就绪帧 RNR	暂停接收下一帧
01	拒绝所有帧 REJ	从 N(R)开始的所有帧都被否认
11	选择拒绝帧 SREJ	只否认序号为 N(R)的帧

无编号帧(简称 U 帧)：若控制字段的第 1～2 位都是 1 时，这个帧就是无编号帧或 U 帧。未编号帧主要起控制作用，如链接管理(包括链路的建立与拆除)，可在需要时随时发出。如果需要，它可能包含一个信息字段。信息字段的内容由该帧的第 3～4 位、第 6～8 位进行指定，这里不再说明，感兴趣的读者可参考相关文献。

(4)信息字段 I

该字段承载来自网络层的数据包(如 IP 数据包)。它的长度由 FCS 字段或通信节点的缓存容量来决定。使用较多的上限是 1 000～2 000 比特，下限是 0 比特(S 帧时)。在以太网中，信息字段 I 的长度为 46～1 500 字节之间。

(5)帧校验字段 FCS

该字段用于对两个标志字段 F 之间的内容进行错误检测。默认为 2 字节，在以太网中可以扩展到 4 字节。错误检测使用的是循环冗余码(cyclic redundancy check, CRC)技术，检验范围从地址字段的第一个比特起到信息字段的最末一个比特为止。CRC 又称为多项式码(polynomial code)，是局域网和广域网的数据链路通信中用得最多、也是最有效的一种差错控制编码。

CRC 的主要思想是在发送端产生一个冗余码，附加在信息位后面一起发送到接收端，接收端收到的信息按发送端形成循环冗余码同样的算法进行校验，如果发现错误，则通知发送端重发。一般附加用于校验的冗余码的位数越多，检错能力就越强，但传输的额外开销也相应地变得更大。

3. TCP/IP 协议

在 TCP/IP 参考模型中，TCP/IP 协议是由传输控制协议(TCP)和网际互连协议(IP)组成。

TCP 是一种面向连接的、可靠的、基于字节流的传输层通信协议。为了使 TCP 协议能够独立于特定的网络，TCP 对报文长度有一个限定，即 TCP 传送的数据报长度要小于 64K 字节。这样，对长报文需要进行分段处理后才能进行传输。

TCP 协议不支持多播，但支持同时建立多条连接。TCP 协议的连接服务采用全双工方式。在数据传输之前，TCP 协议必须在两个不同主机的传输端口之间建立一条连接，一旦连接建立成功，在二个进程间就建立了两条相反方向的数据传输通道，可同时在两个相反方向传输字节流。TCP 建立的端到端的连接是面向应用进程的，对中间节点(如路由器)是透明的。

图 4-22 所示为两个进程建立 TCP 连接时，数据的传输过程(图中只给出了一个方向的数据传输)。由于 TCP 协议是基于字节流的，当上层发送进程的应用数据到达 TCP 发送缓冲后，原始数据的边界将淹没在字节流中。当 TCP 进行发送时，从发送缓冲中取一定数量的字节加上报头后组织成 TCP 报文进行发送。当 TCP 报文到达接收方的接收缓冲时，TCP

报文携带的数据也将被作为字节流处理，并提交给应用进程。这时，接收进程必须能从这些字节流中划分出原始的数据边界。

发送进程
写数据
应用数据
TCP
发送缓冲
TCP报文
TCP报文
TCP连接
接收进程
读数据
字节流
TCP
接收缓冲

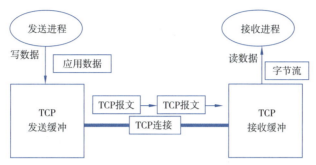

图 4-22　使用 TCP 连接进行数据传输

值得注意的是，TCP 在发送报文之前，必须首先通过三次握手建立连接。传输结束后，可以释放连接。

IP 协议是 TCP/IP 协议网络层的核心协议，它提供无连接的数据报传送机制。IP 协议只负责将分组送到目的节点，至于传输是否正确，不做验证，不发确认，也不保证分组的正确顺序，因此不能保证传输的可靠性。传输可靠性工作交给传输层处理。例如，如果应用层要求较高的可靠性，可在传输层使用 TCP 协议来实现。简单地说，IP 协议主要完成了以下工作：无连接的数据报传输、数据报路由（IP 路由）、分组的分段和重组。

IP 分组由分组头和数据区两部分组成。其中，分组头部分用来存放 IP 协议的具体控制信息，而数据区则包含了上层协议（如 TCP）提交给 IP 协议传送的数据。整个 IP 分组的长度是 4 字节的整数倍，如图 4-23 所示。

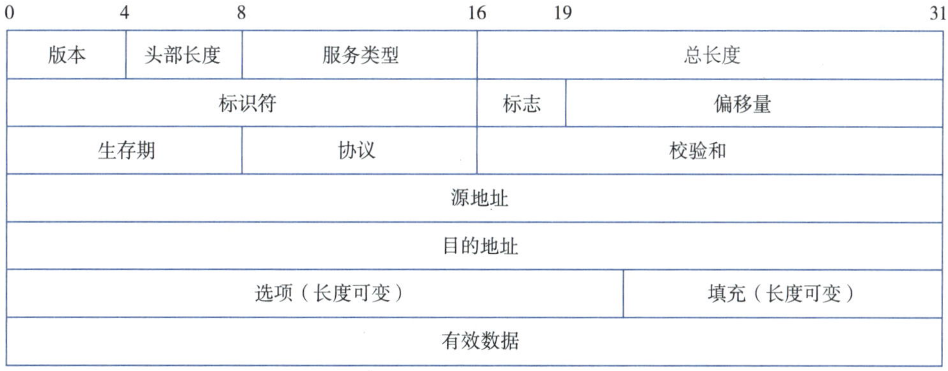

0
4
8
16
19
31
版本
头部长度
服务类型
总长度
标识符
标志
偏移量
生存期
协议
校验和
源地址
目的地址
选项（长度可变）
填充（长度可变）
有效数据

图 4-23　IP 分组格式

其中，IP 分组头部分由以下字段组成：

• 版本：长度为 4 比特，表示与 IP 分组对应的 IP 协议版本号，包括 IPv4 和 IPv6。

• 分组头长：长度为 4 比特，指明 IP 分组头的长度，其单位是 4 个字节（32 比特）。由于包含任选项字段，IP 分组头长度是可变的。

• 服务类型：长度为 8 比特，用于指明 IP 分组所希望得到的有关优先级、可靠性、吞吐量、延时等方面的服务质量要求。大多数路由器不处理这个字段。

• 总长度：长度为 16 比特，用于指明 IP 分组的总长度，单位是字节，包括分组头和数据区的长度。由于总长度字段为 16 比特，因此 IP 分组最多允许有 2^{16}(65 535) 个字节。

- 标识符：长度为 16 比特，用于唯一标识一个 IP 分组。标识符字段是 IP 分组在传输中进行分段和重组所必需的。
- 标志：长度为 3 比特，在 3 比特中 1 位保留，另两位为：DF 用于指明 IP 分组是否允许分段，MF 用于表明是否有后续分段。
- 片偏移：长度为 13 比特，以 8 字节为一单位，用于指明当前报文片在原始 IP 分组中的位置，这是分段和重组所必需的。
- 生存时间：长度为 8 比特，用于指明 IP 分组在网络中可以传输的最长"距离"，每经过一个路由器时，该字段减 1，当减到 0 值时，该 IP 分组将被丢弃。这个字段用于保证 IP 分组不会在网络出错时无休止地传输。
- 协议类型：长度为 8 比特，用于指明调用 IP 协议进行传输的高层协议，ICMP 时值为 1(十进制)，TCP 时值为 6，UDP 时值为 17。
- 分组头校验和：长度为 16 比特，对 IP 分组头以每 16 位为单位进行求异或和，并将结果求反，便得到校验和。
- 源 IP 地址：长度为 32 比特，用于指明发送 IP 分组的源主机的 IP 地址。
- 目的 IP 地址：长度为 32 比特，用于指明接收 IP 分组的目标主机的 IP 地址。
- 任选项：长度可变，该字段主要用于以后对 IP 协议的扩展。该字段的使用有一些特殊的规定，读者可以查阅网络资源获取相关信息。
- 填充：长度不定，由于 IP 分组头必须是 4 字节的整数倍，因此当使用任选项的 IP 分组头长度不足 4 字节的整数倍时，必须用 0 填入填充字段来满足这一要求。

4.6.3 网络链路争用协议

局域网大多采用总线结构，大量网络节点需要共享同一通信链路或信道，这种情况下需要解决的首要问题就是共享信道的分配。多路访问协议（又称介质访问控制协议）是解决共享信道竞争的主要手段，它可以分为有冲突协议和无冲突协议两类。

1. 有冲突协议

在采用有冲突协议的局域网中，节点在发送数据前不需要与其他节点协调对信道的使用权，而是有数据就发送。因此，当多个节点同时发送时会产生冲突。冲突协议的优点是控制简单，在轻载时节点入网延时短；但在重载时，由于会频繁发生冲突而导致网络吞吐量大大下降。为了解决这个问题，冲突协议中必须包含冲突检测的方法，以及检测到冲突后的退避策略。所谓退避策略是指系统需要设置一个随机间隔时间，只有此时间间隔期满后，各站点才能再次启动发送。

ALOHA 协议是 20 世纪 70 年代由美国夏威夷大学研制的一种冲突检测的信道争用协议，它允许各终端竞争地向中央主机发送信息，将发送冲突首次引入到实际网络中。但由于协议设计中存在缺陷，ALOHA 协议目前已经很少被采用了，取而代之的是载波监听多路访问协议(carrier sense multiple access，CSMA)。CSMA 协议的基本思想是网络节点在发送数据前，需要检测信道是否空闲，只有信道空闲时才能发送数据。但当两个或两个以上节点同时检测到信道空闲，立即发送数据仍会发生冲突，因此 CSMA 也属于有冲突协议。

CSMA 冲突协议可分为坚持式和非坚持式两大类。

(1) 1-坚持式 CSMA 协议

要发数据的站点,先检测信道。如果信道忙,节点就坚持等待信道变为空闲时再发送数据;如果信道空闲,则立即发送数据。一旦多个节点同时发送数据产生冲突,冲突的各站停止发送并等待一个随机的时间后重发。由于信道空闲时节点发送的概率为1,故称为1-坚持式 CSMA 协议。

(2) 非坚持式 CSMA 协议

节点发送数据之前先检测信道,如果信道空闲就可发送;如果信道忙,节点不坚持等到信道空闲再发送,而是等待一个随机长的时间后再检测信道。非坚持式 CSMA 在一定程度上避免了再次发送数据时的冲突,它的信道利用率比 1-坚持式 CSMA 要高。

(3) p-坚持式 CSMA 协议

节点发送数据之前先检测信道,信道空闲时以概率 p 发送,而以 $q = 1 - p$ 的概率推迟到下一个时间片发送。这种情况一直持续到连续多个时间片后发出自己的信息帧,或者在某个时间片检测到信道忙,等待一个随机长度时间后再检测信道。

CSMA/CD(carrier sense multiple access/collision detection)是一种带冲突检测(collision detection, CD)的载波监听多路访问方法。其起源于美国夏威夷大学开发的 ALOHA 网所采用的争用协议,并进行了改进,使之具有比 ALOHA 协议更高的介质利用率。

CSMA/CD 工作过程如下:一个工作站在发送前,首先需要监听信道是否有载波,如果信道无载波(表示空闲),则立即开始进行数据传输;如果监听到信道有载波(表示忙)的情况下则坚持等待。当帧的最后一个数据位传输完成后,应等待至少 9.6 μs,以提供适当的帧间间隔,随后才能开始下一次的传输。

2. 无冲突协议

相比有冲突协议而言,采用无冲突协议的局域网中的每个节点,按照特定仲裁策略来完成发送过程,避免了数据发送过程中冲突的产生。令牌协议是一种典型的无冲突协议,基本思想是,一个节点要发送数据,必须首先截获令牌(token,一种特殊的数据帧)。由于网络中只有一个令牌,因此在任何时刻只可能有一个节点发送数据,才不会产生冲突。

令牌总线是一种在总线拓扑结构中利用"令牌"作为控制节点访问公共传输介质的确定型介质访问控制方法。在采用令牌总线方法的局域网中,任何一个节点只有在取得令牌后才能使用共享总线去发送数据。与 CSMA/CD 方法相比,令牌总线方法比较复杂,需要完成大量的环维护工作,包括环初始化、新节点加入环、节点从环中撤出、环恢复和优先级服务等。IEEE 802.4 是令牌总线的一种标准化协议。

令牌环网是一种局域网协议,所有工作站都连接到一个环上,每个工作站只能向直接相邻的工作站传输数据。通过围绕环的令牌信息授予工作站传输权限。令牌环是 IBM 公司于 80 年代初开发成功的一种网络技术。之所以称为环,是因为这种网络的物理结构具有环的形状。环上有多个站逐个与环相连,相邻站之间是一种点对点的链路,因此令牌环与广播方式的以太网不同,它是一种顺序向下一站广播的局域网。相比 Ethernet,令牌环网即使负载很重,仍具有确定的响应时间。IEEE 802.5 是令牌环所采用的一种协议标准。

4.6.4 网络资源共享协议

计算机网络的主要目标就是实现资源共享。可共享的资源主要包括存储资源、设备资源(如打印机)和程序资源等。针对不同的资源共享模式，由于历史原因和技术差异，导致存在多种协议共存的局面。表4-6为几种常用的网络资源共享协议的概要信息，本节只介绍其中部分协议。

表4-6 网络资源共享协议的概要信息

协议名称	协议内涵	协议应用背景
HTTP	超文本传输协议	资源搜索
FTP	文件传输协议	用于文件上传和下载
HTML	超文本标记语言	用于网页制作
SMTP	简单电子邮件传输协议	用于电子邮件的发送和邮箱间投递
POP	邮局协议	用于电子邮件的接收
Telnet	远程登录协议	用于用户登录远程主机系统

1. Web 服务模型

信息时代，人们总需要通过网络搜索各种资源。其中就离不开百度、谷歌等网络资源搜索引擎。那么，搜索引擎是如何工作的呢？首先需要了解的就是万维网(world wide web,WWW)。

万维网又称 Web 网，是一种基于超文本传输协议 HTTP 的、全球性的、动态交互的、跨平台的分布式图形信息系统。该系统为用户在互联网上查找和浏览信息提供了图形化的、易于访问的直观界面。

万维网使用了一种全新的浏览器/服务器(B/S)模型。它是对客户/服务器(C/S)模型的一种改进。在 B/S 模型中，用户通过浏览器和互联网访问 WWW 应用服务器，应用服务器通过"数据库访问网关"请求数据库服务器的数据服务，然后再由应用服务器把查询结果返回给用户浏览器显示出来。

使用浏览器搜索资源时，就包括一次 Web 服务的资源请求过程，具体步骤如下：
(1)在浏览器中输入域名。
(2)使用 DNS(domain name service)对域名进行解析，得到对应的 IP 地址。
(3)根据这个 IP，找到对应的 Web 应用服务器，发起 TCP 的三次握手。
(4)建立 TCP 连接后，发起 HTTP 请求报文。
(5)服务器响应 HTTP 请求，浏览器得到包括 HTML 代码的响应文档。
(6)浏览器先对返回的 HTML 代码进行解析，再请求 HTML 代码中的资源，如 js、css、图片等(这些资源是二次加载)。
(7)浏览器对 HTML 代码及其资源进行渲染呈现给用户。
(8)服务器释放 TCP 连接，一次访问结束。

2. Web 服务协议

Web 服务协议主要包括 HTTP(hypertext transfer protocol，超文本传输协议)、DNS 和 HTML(hypertext markup language，超文本标记语言)等协议。

(1)HTTP 协议

超文本传输协议(HTTP)是一个客户端和服务器端请求和应答的标准。通常由 HTTP 客户端发起一个请求，建立一个到服务器指定端口(默认是 80 端口)的连接。HTTP 服务器则在指定端口监听客户端发送过来的请求,一旦收到请求,服务器向客户端发回一个响应的消息。消息体可能是请求的文件、错误消息,或者其他一些信息。客户端接收服务器所返回的信息通过浏览器显示在用户的显示屏上,然后客户机与服务器断开连接。

HTTP 的发展是万维网协会和互联网工程工作小组合作的结果,他们发布了一系列的 RFC(request for comments,请求评论)标准,其中 RFC 2616 定义了 HTTP 协议中一个现今被广泛使用的版本,即 HTTP 1.1。HTTP 1.1 能够很好地配合代理服务器工作,支持以管道方式同时发送多个请求,能有效降低线路负载,提高传输速度,并且向下兼容较早的版本 HTTP1.0。

HTTP1.0 使用非持久连接,客户端必须为每一个待请求的对象建立并维护一个新的连接。因为同一个页面可能存在多个对象,所以非持久连接可能使一个页面的下载变得很缓慢。HTTP1.1 引入了持久连接,允许在同一个连接中存在多次数据请求和响应,即在持久连接情况下,服务器在发送完响应后并不关闭 TCP 连接,而客户端可以通过这个连接继续请求其他对象,这样有助于减轻网络传输的负担。

(2) DNS 协议

为了能够正确地定位到目的主机,HTTP 协议中需要指明 IP 地址。但这种 4 个字节的 IP 地址很难记忆,因此,互联网提供了域名系统(DNS)。DNS 可以有效地将 IP 地址映射到一组用"."分隔的域名(domain name, DN),比如 202.117.1.13 对应的域名是 www.xjtu.edu.cn。DNS 最早于 1983 年由保罗·莫卡派乔斯(Paul Mockapetris)发明,原始的技术规范在 RFC 882 中发布。

互联网中的域名空间为树状层次结构,如图 4-24 所示。最高级的节点称为"根",根以下是顶级域名,再以下是二级域名、三级域名,以此类推。每个域名对它下面的子域名或主机进行管理。互联网的顶级域名分为两类:组织结构域名和地理结构域名。按照组织结构分,有 com、edu、net、org、gov、mil、int 等顶级域名,分别代表商业组织、大学等教育机构、网络组织、非商业组织、政府机构、军事单位和国际组织;按照地理结构分,美国以外的顶级域名,一般是以国家或地区的英文名称中的两字母缩写表示,如 cn 代表中国、uk 代表英国、jp 代表日本等。一个网站域名的书写顺序是由低级域到高级域依次通过点"."连接而成的。

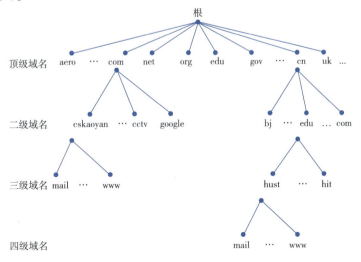

图 4-24 DNS 的域名树

相比 IP 地址，域名便于记忆，且 IP 地址和域名之间是一一对应的。DNS 查询有递归和迭代两种方式，一般主机向本地域名服务器的查询采用递归查询，即当客户机向本地域名服务器发出请求后，若本地域名服务器不能解析，则会向它的上级域名服务器发出查询请求，以此类推，最后得到结果后转交给客户机。而本地域名服务器向根域名服务器的查询通常采用迭代查询，即当根域名服务器收到本地域名服务器的迭代查询请求报文时，如果本地域名服务器中存在映射时，会直接给出所要查询的 IP 地址；否则，它仅告诉本地域名服务器下一级需要查找的 DNS 服务器，然后让本地域名服务器进行后续的查询。

（3）HTML 协议

WWW 服务的基础是将互联网上丰富的资源以超文本（hypertext）的形式组织起来。1963 年，泰德·纳尔逊（Ted Nelson）提出了超文本的概念。超文本的基本特征是在文本信息之外还能提供超链接，即从一个网页指向另一个目标的连接关系，这个目标可以是另一个网页，也可以是图片、电子邮件地址或文件，甚至是一个应用程序。当浏览者单击已经链接的文字或图片后，链接目标将显示在浏览器上，并根据目标的类型来打开或运行。

超文本标记语言（HTML）就是通过各种各样的"标记"来描述 Web 对象的外观、格式、多媒体信息属性位置和超链接目标等内容，将各种超文本链接在一起的语言。HTML 是目前网络上应用最为广泛的语言，也是构成网页文档的主要语言。一个 HTML 文档是由一系列的元素（element）和标签（tag）组成，用于组织文件的内容和指导文件的输出格式。

一个元素可以有多个属性，HTML 用标签来规定元素的属性和它在文件中的位置。浏览器只要读到 HTML 的标签，就会将其解释成网页或网页的某个组成部分。HTML 标签从使用内容上通常可分为两种：一种用来识别网页上的组件或描述组件的样式，如网页的标题 < title > 、网页的主体 < body > 等；另一种用来指向其他资源，如 < img > 用来插入图片、< applet > 用来插入 JavaApplets、< a > 用来识别网页内的位置或超链接等。

HTML 提供数十种标签，可以构成丰富的网页内容和形式。通常标签是由一对起始标签和结束标签组成，结束标签和起始标签的区别是在小于字符的后面要加上一个斜杠字符。下面是一个网页中使用到的基本网页标签：

```
<html> 标记网页的开始
  <head> 标记头部的开始：头部元素描述，如文档标题等
  </head> 标记头部的结束
  <body> 标记页面正文开始
    页面实体部分
  </body> 标记正文结束
</html> 标记该网页的结束
```

早期，使用 HTML 语言开发网页是一个困难和费时的工作。随着各种网页开发工具的出现，设计网页现状已经变得非常轻松了。Dreamweaver 是集网页制作和管理网站于一身的所见即所得网页编辑器，拥有可视化编辑界面，支持代码、拆分、设计、实时视图等多种方式来创作、编写和修改网页。对于初学者来说，无需编写任何代码就能快速创建 Web 页面。

3. 文件传输服务协议

人们每天都在使用计算机开展工作，期间会产生大量文件，那么，如何将这些文件实现共享是一个重要工作。FTP（file transfer protocal，文件传输协议）采用客户/服务器模型，

为实现一台主机到另一台主机的文件远程传输提供了一种便捷和有效的途径。

FTP 协议提供文件的上传(upload)和下载(download)功能。上传是指用户通过 FTP 客户端将本地文件传送到 FTP 服务器上，下载是指从 FTP 服务器获取文件到本地。要连上 FTP 服务器，一般要有该 FTP 服务器授权的账号，不同的账号有不同的权限(读或写权限)。但互联网中也有很大一部分 FTP 服务器被称为匿名(anonymous)FTP 服务器。这类服务器的目的是向公众提供文件拷贝服务，用户不用取得 FTP 服务器的授权。用户使用特殊的用户名"anonymous"登录 FTP 服务，就可访问远程主机上公开的文件。通用的 FTP 地址格式为

```
ftp://用户名:密码@ FTP服务器 IP 或域名:FTP命令端口/路径/文件名。
```

FTP 支持两种工作模式：主动模式(也称标准模式、port 模式)和被动模式(passive, pasv 模式)。主动模式是指服务器主动连接客户端的数据端口，被动模式则是服务器端被动地等待客户端连接自己的数据端口。一般情况下，FTP 服务器以被动方式打开 FTP 端口(保留端口为 21)，等待客户连接。一旦客户提出文件传输请求，在 21 端口建立客户和服务器的一条控制连接，然后经由该控制连接把用户名和口令发送给服务器。用户通过服务器的验证后，由服务器发起建立一个从服务器端口号 20 到客户指定端口之间的数据连接，进行数据传输。常用的 FTP 命令见表 4-7。

表 4-7　FTP 常用命令

命　　令	说　　明
ABOR	放弃先前的 FTP 命令和数据传输
LIST filelist	列表显示文件和目录
PASS password	输入用户口令
PORT n1, n2, n3, n4, n5, n6	客户端 IP 地址(n1.n2.n3.n4)和端口(n5 * 256 + n6)
QUIT	从服务器注销
RETR filename	下载指定文件
STOR filename	上传指定文件
SYST	服务器返回系统类型
TYPE type	说明文件类型：A 表示 ASCII，I 表示图像
USER username	输入用户名

4. 电子邮件服务协议

电子邮件是一种用电子手段提供信息交换的通信方式，是互联网应用最广的服务。人们每天都在使用电子邮箱进行交流，发送或接收各种电子邮件(E-mail)。通过网络上的电子邮件系统，用户可以以非常低廉的价格(不管发送到哪里，都只需负担网费)、非常快速的方式(几秒钟之内可以发送到世界上任何指定的目的地)，与世界上任何一个角落的网络用户联系。

在电子邮件系统中，邮件发送方和接收方作为客户端，一般通过用户代理(如 Hotmail、Foxmail)来进行邮件的编辑、发送和接收，如图 4-25 所示，发送方的用户代理通过 SMTP (simple mail transfer protocol，简单邮件传输)协议将邮件投递到发送端邮件服务器，发送服务器通过互联网投递到接收端邮件服务器，接收方的用户代理通过 POP3 协议读取邮件信息。

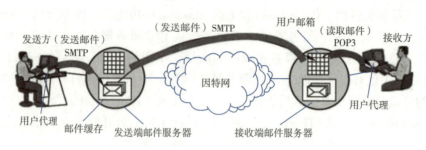

图 4-25　邮件传输模型

典型的电子邮件服务协议有两种：

SMTP 用于电子邮件的发送，是一种提供可靠且有效的电子邮件传输的协议。SMTP 是建立在 FTP 文件传输协议上的一种邮件服务，主要用于系统之间的邮件信息传递，并提供来信通知。

POP3（post office protocol v3，邮局协议第 3 版）用于电子邮件的接收，是第一个离线的电子邮件协议，允许用户从服务器上接收邮件并将其存储到本地主机，同时根据客户端的操作，删除或保存在邮件服务器上的邮件。这样客户就不必长时间地与邮件服务器连接，很大程度上减少了服务器和网络的整体开销。

4.7　计算机网络设备

不论是局域网、城域网还是广域网，在网络互联时，一般要通过传输介质（网线）、网络接口（RJ-45）和网络设备相连，这些设备可分为网内互联设备和网间互联设备，网内互联设备主要有网卡、中继器、集线器和交换机；网间互联设备主要有网桥、路由器和网关等。下面首先介绍网内互联设备，然后介绍网间互联设备。

4.7.1　网内互联设备

1. 传输介质与网卡

数据的传输最重要依靠传输介质，网络中常用的传输介质有双绞线、同轴电缆和光缆三种。其中，双绞线是经常使用的传输介质，它一般用于星形网络中，同轴电缆一般用于总线型网络，光缆一般用于主干网的连接。

（1）双绞线

双绞线是将一对或一对以上的双绞线封装在一个绝缘外套中而形成的一种传输介质，广泛用于局域网。为了降低信号的干扰程度，双绞线中的每一对都由两根绝缘铜导线相互缠绕而成的。双绞线分为非屏蔽双绞线（unshielded twisted pair，UTP）和屏蔽双绞线（shielded twisted pair，STP）两大类，局域网中非屏蔽双绞线分为 3 类、4 类、5 类和超 5 类四种，屏蔽双绞线分为 3 类和 5 类两种。

(2) 同轴电缆

同轴电缆是由一根空心的外圆柱导体(铜网)和一根位于中心轴线的内导线(电缆铜芯)组成,内导线和圆柱导体、圆柱导体和外界之间用绝缘材料隔开,具有抗干扰能力好,传输数据稳定,价格也便宜等优点,广泛使用于早期的计算机网络。

同轴电缆从用途上分可分为基带同轴电缆和宽带同轴电缆(即网络同轴电缆和视频同轴电缆)。同轴电缆分 50 Ω 基带电缆和 75 Ω 宽带电缆两类。基带电缆又分细同轴电缆和粗同轴电缆。基带电缆仅仅用于数字传输,数据率可达 10 Mbit/s。

(3) 光缆和光纤

工程中一般将多条光纤固定在一起构成光缆(optical fiber cable)。光缆将一定数量的光纤按照一定方式组成缆芯,外包有护套,有的还包覆外护层,它是目前广泛应用的、实现光信号传输的一种通信线路。

实际上,入射到光纤断面的光并不能全部被光纤所传输,只是在某个角度范围内的入射光才可以。这个角度就称为光纤的数值孔径。光纤的数值孔径大些对于光纤的对接是有利的。不同厂家生产的光纤的数值孔径不同。

按光在光纤中的传输模式,光纤可分为单模光纤和多模光纤。

- 单模光纤的纤芯直径很小,芯径一般为 8~10 μm,在给定的工作波长上只能以单一模式传输,传输频带宽,传输容量大,适用于远程通信,但其色度色散起主要作用,这样单模光纤对光源的谱宽和稳定性有较高的要求,即谱宽要窄,稳定性要好。
- 多模光纤是在给定的工作波长上,能以多个模式同时传输的光纤,与单模光纤相比,多模光纤的传输性能较差。多模光纤的中心玻璃芯较粗(50 μm 或 62.5 μm),可传多种模式的光。多模光纤的传输距离较近,一般只有几公里。

(4) 网卡

网卡是网络接口卡的简称,又叫作网络适配器。网络传输的数据来源于计算机,并最终通过传输介质传送给另外的计算机,这个时候就需要有一个接口将计算机和传输介质连接起来,网卡起的就是这个作用。

网卡是连接计算机和网络硬件的设备,一般插在计算机的主板扩展槽中(或集成到计算机主板上)。网卡根据不同的标准可以划分为不同的类型。

首先,根据网卡的传输速度可以分为:

- 100 M 网卡:传输速率为 100 Mbit/s。
- 1 000 M 网卡:传输速率为 1 000 Mbit/s,一般传输介质采用光纤。
- 自适应网卡:传输速率为 100 Mbit/s 或者 1 000 Mbit/s,根据交换机接口速率自动协商。
- 2.5 G 高速网卡:如 InfiniBand(无限宽带技术,IB)架构网卡的传输速率可达 2.5 Gbit/s。InfiniBand 架构是一种支持多并发连接的"转换线缆"技术,每种连接都可以达到 2.5 Gbit/s 的运行速度。

2. 中继器与集线器

中继器是局域网互联的最简单设备,它工作在 OSI 体系结构的物理层,用来连接不同的物理介质,并在各种物理介质中传输数据包。要保证中继器能够正确工作,首先要保证每一个分支中的数据包和逻辑链路协议是相同的。例如,在 802.3 以太局域网和 802.5 令牌环局域网之间，中继器是无法使它们通信的。

中继器也叫转发器，是扩展网络的最廉价的方法，主要负责在两个节点的物理层上按位传递信息，完成信号的复制调整和放大功能，以此来延长网络的长度。当扩展网络的目的是要突破距离和节点的限制时，并且连接的网络分支都不会产生太多的数据流量，成本又不能太高时，就可以考虑选择中继器。

采用中继器连接网络分支的数目要受具体的网络体系结构限制，只能在规定范围内进行有效的工作，否则会引起网络故障。例如，以太网络标准中约定了"5-4-3 规则"，即一个以太网上最多只允许出现 5 个网段，最多使用 4 个中继器，其中只有 3 个网段可以挂接计算机终端。

由于中继器没有隔离和过滤功能，它不能阻挡含有异常的数据包从中继器的一个分支端口传到另一个分支端口。这意味着，一个分支端口出现故障时，可能影响到连接在该中继器上的其他网络分支端口。

集线器是一种多端口的转发器，其功能比中继器弱。集线器不提供信号扩展功能，只提供多端口集线转发功能。在集线器中，即使网络中某条线路产生了故障，也不影响其他线路的工作。所以集线器在局域网中得到了广泛的应用。大多数的时候集线器用在星状与树状网络拓扑结构中，以 RJ-45 接口与各主机相连。

3. 交换机

交换机（switch）是一种在通信系统中完成信息交换功能的设备。它可以为接入交换机的任意两个网络节点提供独享的电信号通路，在同一时刻可进行多个端口对之间的数据传输。每一端口都可视为独立的网段，连接在其上的网络设备独自享有全部的带宽，无须同其他设备竞争使用。

交换机拥有一条很高带宽的背部总线和内部交换矩阵来支持每个端口的带宽独享。交换机的所有的端口都挂接在这条背部总线上，控制电路收到数据包以后，处理端口会查找内存中的地址对照表以确定目的 MAC（网卡的硬件地址）的网卡挂接在哪个端口上，通过内部交换矩阵迅速将数据包传送到目的端口，目的 MAC 若不存在，才广播到所有的端口，接收端口回应后，交换机会"学习"新的地址，并把它添加入内部 MAC 地址表中。使用交换机也可以把网络"分段"，通过对照 MAC 地址表，交换机只允许必要的网络流量通过交换机。通过交换机的过滤和转发，可以有效地隔离广播风暴，减少误包和错包的出现，避免共享冲突。

交换机根据其在网络中的位置，可分为以下三类：

（1）接入层交换机：接入层交换机直接面向用户，将用户终端连接到网络。接入层交换机具有低成本和高端口密度特性，一般应用在办公室、小型机房和业务受理较为集中的业务部门、多媒体制作中心、网站管理中心等部门。在传输速度上，接入层交换机大都提供多个具有 10 M/100 M/1 000 M 自适应能力的端口。

（2）汇聚层交换机：汇聚层交换机一般用于楼宇之间的多台接入层交换机的汇聚，它必须能够处理来自接入层设备的所有通信量，并提供到核心层的上行链路，因此汇聚层交换机与接入层交换机比较，需要更高的性能、更少的接口和更高的交换速率。

（3）核心层交换机：核心层交换机用来连接多个汇聚层交换机，其主要目的在于通过高速转发通信，提供优化，以及可靠的骨干传输结构，因此核心层交换机应拥有更高的可靠性、性能和吞吐量。

4.7.2 网间互联设备

1. 网桥

网桥是在数据链路层上实现网络互联的设备，它工作在以太网的 MAC 子层上，是基于数据帧的存储转发设备，用于两个或两个以上具有相同通信协议、传输介质及寻址结构的局域网。

网桥具有寻址和路径选择功能，它能对进入网桥数据的源/目的地址进行检测。若目的地址是本地网工作站的，则删除。若目的地址是另一个网络的，则发送到目的网工作站。这种功能称为筛选/过滤功能，它隔离掉不需要在网间传输的信息，大大减少网络的负载，改善网络的性能。

网桥具有网络管理功能，对扩展网络的状态进行监督，以便更好地调整网络拓扑逻辑结构，有些网桥还可以对转发和丢失的帧进行统计，以便进行系统维护。

网桥对广播信息不能识别，也不能过滤，于是容易产生 A 网络广播给 B 网络工作站数据，又被重新广播回 A 网络，这种往返广播，使网络上出现大量冗余信息，最终形成广播风暴。

2. 路由器

路由和交换之间的主要区别就是交换发生在 OSI 参考模型第二层（数据链路层），而路由发生在第三层，即网络层。这一区别决定了路由和交换在传输信息的过程中需使用不同的控制信息，所以两者实现各自功能的方式是不同的。

路由器（router）是互联网络的枢纽，是一种用来连接互联网中各局域网、广域网的设备，它会根据信道的情况自动选择和设定路由，以最佳路径，按前后顺序发送信号。目前路由器已经广泛应用于各行各业，各种不同档次的产品已成为实现各种骨干网内部连接、骨干网间互联和骨干网与互联网互联互通业务的主力军。

路由器是一种具有多个输入端口和多个输出端口的分组交换设备，其基本任务是实现 IP 分组的存储转发。这就是说，IP 路由器要从各个输入端口接收 IP 分组，分析每个分组的首部，按照分组的目的地址的网络前缀（即目的网络地址）查找路由表，获得分组的下一节点地址，将分组从某个合适的输出端口转发给下一跳路由器。下一跳路由器也按照同样的方法处理分组，直到该分组到达目的网络。

（1）路由器的功能

路由器的基本作用是连通不同的网络，核心作用是选择信息传送的线路。选择通畅快捷的近路，能大大提高通信速度，减轻网络系统通信负荷，节约网络系统资源，提高网络系统畅通率，从而让网络系统发挥出更大的效益来。路由器的主要功能如下：

①互联功能：路由器支持单段局域网间的通信，并可提供不同类型（如局域网或广域网）、不同速率的链路或子网接口，如在互联广域网时，可提供 X.25、FDDI、帧中继、SMDS 和 ATM 等接口。

②选择路径的功能：路由器能在多网络互联环境中，建立灵活的连接，路由器可根据网络地址对信息包进行过滤和转发，对于不该转发的信息（包括错误信息），都过滤掉，从而可避免广播风暴，比网桥具有更强的隔离作用和安全保密性能，并且能够使网络传输保持最佳带宽，更适合于复杂的、大型的、异构网互联。

③网络管理功能：路由器可利用通信协议本身的流量控制功能来控制数据传输，有效地解决拥挤问题。还可以支持网络配置管理、容错管理和性能管理。

通过路由器，可在不同的网段之间定义网络的逻辑边界，从而将网络分成各自独立的广播网域，把一个大的网络划分为若干个子网。另外，路由器也可用来作流量隔离，以实现故障诊断，并将网络中潜在的问题限定在某一局部，避免扩散到整个网络。

（2）无线路由器

无线路由器是一种用来连接有线和无线网络的通信设备，它可以通过 Wi-Fi 技术收发无线信号来与个人数码助理和笔记本等设备通信。无线网络路由器可以在不设电缆的情况下，方便地建立一个网络。但是，一般在户外通过无线网络进行数据传输时，它的速度可能会受到天气的影响。其他的无线网络还包括了红外线、蓝牙及卫星微波等。

每个无线路由器都可以设置一个业务组标识符（service set identifier，SSID），移动用户通过 SSID 可以搜索到该无线路由器，通过输入登录密码后可进行无线上网。SSID 是一个 32 位的数据，其值是区分大小写的。它可以是无线局域网的物理位置标识、人员姓名、公司名称、部门名称、或其他自己偏好的标语等。

无线路由器在计算机网络中有着举足轻重的地位，是拓展计算机网络互联的桥梁。通过它不仅可以连通不同的网络，还能将各种智能终端连接起来，方便用户移动访问。因此，安全性至关重要。

相对于有线网络来说，通过无线网发送和接收数据更容易被窃听。设计一个完善的无线网络系统，加密和认证是需要考虑的安全因素。针对这个目标，IEEE 802.11 标准中采用了 WEP（wired equivalent privacy，有线等线保密）协议来设置专门的安全机制，进行业务流的加密和节点的认证。为了进一步提高无线路由器的安全性，一种新的保护无线网络安全的 WPA（Wi-Fi protected access，Wi-Fi 网络安全接入）协议得到广泛应用，它包括 WPA、WPA2 和 WPA3 三个标准。

无线路由器的配置对初学者来说，并不是一件十分容易的事。请读者找一个无线路由器，学习无线路由器的配置过程。

3. 网关

网关（gateway）是一种充当转换重任的计算机系统或设备，既可以用于广域网互联，也可以用于局域网互联。在使用不同的通信协议、数据格式或语言，甚至体系结构完全不同的两种系统之间，网关是一个翻译器。与网桥只是简单地传达信息不同，网关对收到的信息要重新打包，以适应目的系统的需求。同时，网关也可以提供过滤和安全功能。

网关的主要功能包括：互联网络间的协议转化、报文的存储转发和流量控制；应用层的互通及网间管理，虚电路接口及应用服务支撑。

网关又称网间连接器、协议转换器。网关在传输层上可以实现网络互连，是最复杂的网络互联设备，能使不同类型计算机所使用的协议相互兼容；大多数网关运行在 OSI 参考模型的顶层，即应用层。因此，根据网关所处位置和作用不同，网关可以分为以下三大类：

协议网关：主要功能是在不同协议的网络之间的协议转换。不同的网络（如 Ethernet、WAN、Wi-Fi、WPA 等）具有不同的数据封装格式、不同的数据分组大小、不同的传输率。然而，这些网络之间相互进行数据共享、交流却是必不可免的。为消除不同网络之间的差异，使得数据能顺利进行交流，就需要一个专门的翻译人员，也就是协议网关。依靠协议网关，可以使得一个网络能够连接和理解另一个网络。

应用网关：主要是针对专门的应用而设置的网关，其作用是将同一类应用服务的一种数据格式转化为另外一种数据格式，从而实现数据交流。这种网关通常与特定服务关联，也称网关服务器。最常见的网关服务器就是邮件服务器了。例如，SMTP 邮件服务器就提供了多邮件格式(如 POP3、SMTP、FAX、X.400、MHS 等)转换的网关接口功能，从而保证通过 SMTP 邮件服务器可以向其他服务器发送邮件。

安全网关：最常用的安全网关就是包过滤器，实际上就是对数据包的原地址、目的地址、端口号、网络协议进行授权。通过对这些信息的过滤处理，能够让有许可权的数据包通过网关传输，而对那些没有许可权的数据包进行拦截甚至丢弃。相比软件防火墙，安全网关的数据处理量大，处理速度快，可以在对整个网络保护的同时不给网络带来瓶颈。

除此之外，还有数据网关(主要用于进行数据吞吐的简单路由器，为网络协议提供传递支持)、多媒体网关(除了数据网关具有的特性外，还提供针对音频和视频内容传输的特性)、集体控制网关(实现网络上的家庭控制和安全服务管理)等。

◆ 小　　结 ◆

本章讲述了移动互联网的体系结构，短距离无线通信技术、长距离无线通信技术、计算机网络的概念和分类、计算机网络体系结构、计算机网络的数据封装过程、计算机网络的身份标识协议、数据传输协议、链路争用协议和资源共享协议，讲解了计算机网络的主要互联设备，包括网卡、中继器、交换机、路由器和网关等。

◆ 习　　题 ◆

一、选择题

1. 局域网的英文缩写为(　　)。
   A. LAN　　　　B. WAN　　　　C. ISDN　　　　D. MAN
2. 计算机网络中广域网和局域网的分类是以(　　)来划分的。
   A. 信息交换方式　　　　　　B. 网络使用者
   C. 网络连接距离　　　　　　D. 传输控制方法
3. OSI(开放系统互联)参考模型的最底层是(　　)。
   A. 传输层　　　B. 网络层　　　C. 物理层　　　D. 应用层
4. 在 Internet 中，用来进行数据传输控制的协议是(　　)。
   A. IP　　　　　B. TCP　　　　C. HTTP　　　　D. FTP
5. Internet 的域名中，顶级域名为 gov 代表(　　)。
   A. 教育机构　　B. 商业机构　　C. 政府部门　　D. 军事部门
6. 在 Web 服务网址中，http 代表(　　)。
   A. 主机　　　　B. 地址　　　　C. 协议　　　　D. TCP/IP
7. 超文本的含义是(　　)。

A. 文本中可含有图像　　　　　B. 文本中可含有声音
　　　C. 文本中有超级链接　　　　　D. 文本中有二进制字符
8. 用 Internet 访问某主机可以通过(　　)。
　　　A. 地理位置　　　B. IP 地址　　　C. 域名　　　D. 从属单位名
9. 在 Internet 电子邮件系统中(　　)。
　　　A. 发送邮件和接收邮件都使用 SMTP 协议
　　　B. 发送邮件使用 POP3 协议，接收邮件使用 SMTP 协议
　　　C. 接收邮件使用 POP3 协议，发送邮件使用 SMTP 协议
　　　D. 发送邮件和接收邮件都使用 POP3 协议
10. Ethernet 采用的介质访问控制方式为(　　)
　　　A. CSMA　　　B. CSMA/CD　　　C. CDMA　　　D. CSMA/CA

二、问答题

1. 简述移动互联的概念和体系结构。
2. 简述 OSI 分层模型中各层的主要功能？
3. 局域网与广域网相比，其主要特点是什么？
4. IEEE 802 体系结构的特点是什么？
5. 简述 MAC 和 IP 的作用。

三、综合题

1. 在 Windows 10 上配置网络 IP 地址。
2. 使用 Foxmail 配置一个客户端邮件系统。

第 5 章

网络空间安全

 学习目标

(1) 了解网络空间的安全威胁的主要来源。
(2) 理解身份认证与访问控制的作用，能够进行手机的身份认证设置。
(3) 理解病毒和木马的危害，能够使用工具软件进行检测与防护。
(4) 理解网络防火墙的功能，能够在操作系统中配置防火墙。
(5) 理解网络安全协议的作用，知晓 HTTPS 和 HTTP 的差异。

5.1 网络空间的安全威胁

网络空间的安全威胁主要来自两个方面：外部攻击和内部攻击。其中，外部攻击的目的是瘫痪网络系统的网络访问，如 DDoS(distributed denial of service，分布式阻断服务)攻击；内部攻击是破坏网络系统的正常运行，盗取网络系统数据，如病毒、木马。

5.1.1 恶意攻击的概念

网络恶意攻击通常是指利用系统存在的安全漏洞或弱点，通过非法手段获得某信息系统的机密信息的访问权，以及对系统的部分或全部控制权，并对系统安全构成破坏或威胁。目前常见的技术手段有：用户账号及口令密码破解；程序漏洞中可能造成的"堆栈溢出"；程序中设置的"后门"；通过各种手段设置的"木马"；网络访问的伪造与劫持；各种程序设计和开发中存在的安全漏洞(如解码漏洞)等。每一种攻击类型在具体实施时针对不同的网络服务又有多种技术手段，并且随时间的推移、版本的更新，还会不断产生新的手段，呈现出不断变化演进的特性。

通过分析会发现，除去通过破解账号及口令等少数手段外(可通过身份识别技术解决)，最终一个系统被"黑客"攻陷，其本质原因是系统或软件本身存在可为"黑客"利用的漏洞或缺陷，它们可能是设计上的、工程上的，也可能是配置管理疏漏等原因造成的。解决该问题通常有以下两条途径：一是提高软件安全设计及施工的开发力度，保障产品的安全，也就是目前有关可信计算所研究的内容之一；二是用技术手段来保障产品的安全(如身份识别、加密、入侵检测系统/入侵防御系统、防火墙等)。

人们更寄希望于后者,原因是造成程序安全性漏洞或缺陷的原因非常复杂,在能力、方法、经济、时间甚至情感等诸多方面都会对软件产品的安全质量带来影响。另一方面,由于软件产品安全效益的间接性、安全效果难以用一种通用的规范加以测量和约束,以及人们普遍存在的侥幸心理,使得软件产品的开发在安全性与其他方面产生冲突时,前者往往处于下风。虽然一直有软件工程规范来指导软件的开发,但似乎完全靠软件产品本身的安全设计与施工还很难解决其安全问题。这也是诸多产品,甚至大公司的号称安全加强版的产品也不断暴露安全缺陷的原因所在。于是人们更寄希望于通过专门的安全防范工具来解决信息系统的安全问题。

5.1.2 恶意攻击的分类

恶意攻击可分为内部攻击和外部攻击。

1. 内部攻击

系统漏洞是导致内部攻击的主要原因。系统漏洞是由系统缺陷引起的,它是指应用软件、操作系统或系统硬件在逻辑设计上无意造成的设计缺陷或错误。攻击者一般利用这些缺陷,植入木马、病毒来攻击或控制计算机,窃取信息,甚至破坏系统。系统漏洞是应用软件和操作系统的固有特性,不可避免,因此,防护系统漏洞攻击的最好办法就是及时升级系统,针对漏洞升级漏洞补丁。

2. 外部攻击

拒绝服务攻击(denial of services,DoS)是指利用网络协议的缺陷和系统资源的有限性实时攻击,导致网络带宽和服务器资源耗尽,致使服务器无法对外正常提供服务,破坏信息系统的可用性。常用的拒绝服务攻击技术主要有 TCP flood 攻击、Smurf 攻击和 DDoS 攻击技术等。

(1) TCP flood 攻击

标准的 TCP 协议的连接过程需要三次握手完成连接确认。起初由连接发起方发出 SYN 数据报到目标主机,请求建立 TCP 连接,等待目标主机确认。目标主机接收到请求的 SYN 数据报后,向请求方返回 SYN + ACK 响应数据报。连接发起方接收到目标主机返回的 SYN + ACK 数据报并确认目标主机愿意建立连接后,再向目标主机发送确认 ACK 数据报,目标主机收到 ACK 后,TCP 连接建立完成,进入 TCP 通信状态。一般来说,目标主机返回 SYN + ACK 数据报时需要在系统中保留一定缓存区,准备进一步的数据通信并记录本次连接信息,直到再次收到 ACK 信息或超时为止。攻击者利用协议本身的缺陷,通过向目标主机发送大量的 SYN 数据报,并忽略目标主机返回的 SYN + ACK 信息,不向目标主机发送最终的 ACK 确认数据报,致使目标主机的 TCP 缓冲区被大量虚假连接信息占满,无法对外提供正常的 TCP 服务,同时,目标主机的 CPU 也由于要不断处理大量过时的 TCP 虚假连接请求,而其资源也被耗尽。

(2) Smurf 攻击

ICMP 协议用于 IP 主机、路由器之间传递控制信息,包括报告错误、交换受限状态、主机不可达等状态信息。ICMP 协议允许将一个 ICMP 数据报发送到一个计算机或一个网络,根据反馈的报文信息判断目标计算机或网络是否连通。攻击者利用协议的功能,伪造大量的 ICMP 数据报,将数据报的目标私自设为一个网络地址,并将数据报中的原发地址设置为被攻击的目标计算机 IP 地址。这样，被攻击的目标计算机就会收到大量的 ICMP 响应数据报，目标网络中包含的计算机数量越大，被攻击的目标计算机接收到的 ICMP 响应数据报就越多，导致目标计算机资源被耗尽，不能正常对外提供服务。由于 ping 命令是简单网络测试命令，采用的是 ICMP 协议，因此，连续大量向某个计算机发送 ping 命令也可以对目标计算机造成危害。这种使用 ping 命令的 ICMP 攻击也称为"Ping of Death"攻击。对这种攻击的防范，一种方法是在路由器上对 ICMP 数据报进行带宽限制，将 ICMP 占用的带宽限制在一定范围内，这样即使有 ICMP 攻击，其所能占用的网络带宽也非常有限，对整个网络的影响也不会太大；另一种方法是在主机上设置 ICMP 数据报的处理规则，比如设定拒绝 ICMP 数据报。

(3) DDoS 攻击

攻击者为了进一步隐蔽自己的攻击行为并提升攻击效果，常常采用分布式的拒绝服务攻击方式。DDoS 攻击是在 DoS 攻击基础上演变出来的一种攻击方式。攻击者在进行 DDoS 攻击前已经通过其他入侵手段控制了互联网上的大量计算机，其中，攻击者在其部分计算机上安装攻击控制程序，这些计算机称为主控计算机。攻击者发起攻击时，首先向主控计算机发送攻击指令，主控计算机再向攻击者控制的大量的其他计算机(称为代理计算机或僵尸计算机)发送攻击指令，大量代理计算机向目标主机进行攻击。为了达到攻击效果，一般每次 DDoS 攻击者所使用的代理计算机数量都非常惊人，据估计能达到数十万或百万个。DDoS 攻击中，攻击者几乎都使用多级主控计算机及代理计算机进行攻击，所以非常隐蔽，一般很难超查找到攻击的源头。

此外，其他的拒绝服务攻击方式还有邮件炸弹攻击、刷 Script 攻击和 LAND attack 攻击等。

钓鱼攻击是近些年出现的一种新型的攻击方式。钓鱼攻击是一种在网络中，通过伪装成信誉良好的实体以获得如用户名、密码和信用卡明细等个人敏感信息的犯罪诈骗过程。这些伪装的实体假冒为知名社交网站、拍卖网站、网络银行、电子支付网站或网络管理者，以此来诱骗受害人点击登录或进行支付。网络钓鱼通常通过 E-mail 或者即时通信工具进行，它常常诱导用户到界面外观与正版网站几无二致的假冒网站上输入个人数据。就算使用强式加密的 SSL 服务器认证，要侦测网站是否仿冒仍很困难。由于网络钓鱼主要针对的是银行、电子商务网站及电子支付网站，因此常常会对用户造成非常大的经济损失。目前针对网络钓鱼的防范措施主要有浏览器安全地址提醒、增加密码注册表和过滤网络钓鱼邮件等方法。

5.1.3 恶意攻击的手段

计算机的诞生为人类开辟了一个崭新的信息时代，使得人类社会发生了巨大的变化。但是人们在享受计算机带来各种好处的同时，也在经受着各种恶意软件(如特洛伊木马、计算机病毒、网络蠕虫等)和外部攻击的困扰和侵害。

1. 恶意软件

恶意软件是指在未明确提示用户或未经用户许可的情况下，在用户计算机或其他终端上安装运行，侵犯用户合法权益的软件。

计算机遭到恶意软件入侵后，黑客会通过记录击键情况或监控计算机活动试图获取用户个人信息的访问权限。他们也可能会在用户不知情的情况下控制用户的计算机，以访问网站或执行其他操作。恶意软件主要包括特洛伊木马、计算机病毒和网络蠕虫三大类。

(1) 特洛伊木马

木马是一种后门程序，黑客可以利用其盗取用户的隐私信息，甚至远程控制对方的计算机。特洛伊木马程序通常通过电子邮件附件、软件捆绑和网页挂马等方式向用户传播。

(2) 计算机病毒

计算机病毒是一种人为制造的、能够进行自我复制的、具有对计算机资源的破坏作用的一组程序或指令的集合，病毒的核心特征就是可以自我复制并具有传染性。病毒尝试将其自身附加到宿主程序，以便在计算机之间进行传播。它可能会损害硬件、软件或数据。宿主程序执行时，病毒代码也随之运行，并会感染新的宿主。

(3) 网络蠕虫

蠕虫，本来是一个生物学名词，1982 年 Xerox PARC（施乐帕克研究中心）的 John F. EShoch（约翰·索殊）等人首次将它引入了计算机领域，并给出了两个基本的特征："可以从一台计算机移动到另一台计算机"和"可以自我复制"。

为了区别网络蠕虫和计算机病毒，有学者对两者给出了新的定义："病毒是一段代码，能把自身加到其他程序包括操作系统上，它不能独立运行，需要它的宿主程序激活运行它。"而"网络蠕虫是可以独立运行，并能把自身的一个包含所有功能的副本传播到另一台计算机上"。也就是说，网络蠕虫具有利用漏洞主动传播、行踪隐蔽、造成网络拥塞、降低系统性能、产生安全隐患、反复性和破坏性等特征，是无须计算机使用者干预即可运行的独立程序，它通过不停地获得网络中存在漏洞的计算机上的部分或全部控制权来进行传播。

2. 分布式拒绝服务攻击

DDoS 是目前互联网最重要的威胁之一，攻击的核心思想是消耗攻击目标的计算资源，阻止目标系统为合法用户提供服务。Web 服务器、DNS 服务器是最常见的攻击目标，可消耗的计算资源可以是 CPU、内存、带宽、数据库服务器等，国内外知名互联网企业，比如 Amazon、eBay、Yahoo、Sina、Baidu 等网站都曾受到过 DDoS 攻击。

DDoS 攻击不仅可以实现某一个具体目标，如 Web 服务器或 DNS 服务器的攻击，还可以实现对网络基础设施的攻击，如路由器等。利用巨大的攻击流量，可以使攻击目标所得的互联网区域网络基础设施过载，导致网络性能大幅度下降，影响网络所承载的服务。

5.1.4 防止恶意攻击的方法

网络安全的根本目的就是防止通过计算机网络传输的信息被非法使用，涉及认证、授权及检测等几个核心概念。

(1) 认证(authentication)：在做任何动作之前必须要有方法来识别动作执行者的真实身份。认证又称为鉴别、确认。身份认证主要是通过标识和鉴别用户的身份，防止攻击者假冒合法用户获取访问权限。

(2)授权(authorization):授权是指当用户身份被确认合法后,赋予该用户进行文件和数据等操作的权限,即访问控制权限。这种权限包括读、写、执行及从属权等。

(3)检测(detecting):检测包括对网络系统的检测和对用户行为的审查(auditing)。

具体方法在下一节进行介绍。

5.2 身份认证与访问控制

身份认证在网络安全中占据十分重要的位置。身份认证是安全系统中的第一道防线,用户在访问安全系统之前,首先经过身份认证系统识别身份,然后访问控制根据用户的身份和授权数据库决定用户是否能够访问某个资源。

5.2.1 身份认证的概念与方式

身份认证又称"验证""鉴权",是指通过一定的手段,完成对用户身份确认的过程。身份认证包括用户向系统出示自己的身份证明和系统查核用户的身份证明的过程,它们是判明和确定通信双方真实身份的两个重要环节。

认证又称为鉴别。认证主要包括身份认证和信息认证两个方面。前者用于鉴别用户身份,后者用于保证通信双方信息的完整性和抗否认性。身份认证分为单向认证和双向认证。如果通信的双方只需要一方被另一方鉴别身份,这样的认证过程就是一种单向认证。在双向认证过程中,通信双方需要互相认证对方的身份。

身份认证的方法有很多,基本上可分为基于密钥的、基于行为的和基于生物学特征的身份认证。图5-1所示为几种典型的身份认证方式。

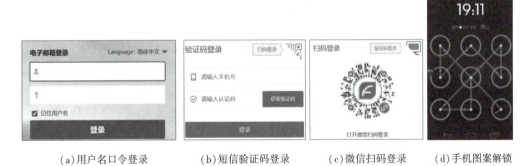

(a)用户名口令登录　　(b)短信验证码登录　　(c)微信扫码登录　　(d)手机图案解锁

图5-1　几种典型的用户身份认证方式

(1)用户名/密码

用户名/密码是一种简单、常用的身份认证方法,是一种静态的密钥方式。每个用户的密码是由用户自己设定的,只有用户自己才知道。只要能够正确输入密码,计算机便认为操作者就是合法用户。实际上,许多用户为了防止忘记密码,经常采用如生日、电话号码等容易被猜测的字符串作为密码,或者把密码抄在纸上放在一个自认为安全的地方,这样很容易造成密码泄露。

(2)短信验证

短信验证是一种动态密钥方式。用户通过申请,发送验证码到手机作为用户登录系统的一种凭证。手机成为认证的主要媒介,安全性比用户名、口令方式要高。

(3)微信扫码登录

通过手机微信进行扫码登录,现在成为一种典型的身份认证方式。其核心思想是利用用户的微信账号作为身份认证的依据,从而实现用户对其他系统的身份认证。

(4)图案锁

近年来,智能手机厂商也纷纷推出了各种手机解锁方案,比如苹果手机的左右滑动、安卓手机的图形解锁等。这些解锁方式无一例外地会在手机屏幕上留下指印,安全性也有待提升。图形解锁是通过预设好解锁图案之后,在解锁时输入正确的图形的一种解锁方式。图形解锁是利用九宫格中的点与点之间连成图形来解锁的,所以其图形的组合方式有三十八万种之多,从解锁组合方式多少上来看图形解锁是要比密码解锁安全,但大部分用户为了节约解锁的时间或者为了方便记忆,通常都会使用较简单的解锁图案,如"Z"状的图案,所以安全性也不够高。

(5)USB Key

基于 USB Key 的身份认证方式是一种方便、安全的身份认证技术。它采用软硬件相结合、一次一密的强双因子认证模式,很好地解决了安全性与易用性之间的矛盾。USB Key 是一种 USB 接口的硬件设备,它内置单片机或智能卡芯片,可以存储用户的密钥或数字证书,利用 USB Key 内置的密码算法实现对用户身份的认证。

(6)生物特征识别

传统的身份认证技术,一直游离于人类体外。以 USB Key 方式为例,首先需要随时携带 USB Key,其次是容易丢失或失窃,补办手续烦琐冗长。因此,利用生物特征进行的身份识别成为目前的一种趋势。

生物特征识别主要是利用人类特有的个体特征(包括生理特征和行为特征)来验证个体身份。每个人都有独特又稳定的生物特征,目前,比较常用的人类生物特征主要有指纹、人脸、掌纹、虹膜、DNA、声音和步态等。其中,指纹、人脸、掌纹、虹膜、DNA 属于生理特征,声音和步态属于行为特征。这两种特征都能较稳定地表征一个人的特点,但是后者容易被模仿,例如,近年来出现的越来越多的模仿秀节目,很多人的声音和步态都能形象地被人模仿出来,这就使得仅利用行为特征识别身份的可靠性大大降低。

利用生理特征进行身份识别时,虹膜和 DNA 识别的性能最稳定,而且不易被伪造,但是提取特征的过程不容易让人接受;指纹识别的性能比较稳定,但指纹特征较易伪造;掌纹识别与指纹类似;人脸识别虽然属于个体的自然特点,但也存在被模仿和隐私需求问题,如双胞胎的人脸识别问题。

5.2.2 访问控制的组成与方法

访问控制(access control)就是在身份认证的基础上,依据授权对提出的资源访问请求加以控制。访问控制是网络安全防范和保护的主要策略,它可以限制对关键资源的访问,防止非法用户的侵入或合法用户的不慎操作所造成的破坏。

1. 访问控制系统的构成

访问控制系统一般包括主体、客体和安全访问策略。

(1)主体：发出访问操作、存取要求的发起者，通常指用户或用户的某个进程。

(2)客体：被调用的程序或欲存取的数据，即必须进行控制的资源或目标，如网络中的进程等活跃元素、数据与信息、各种网络服务和功能、网络设备与设施。

(3)安全访问策略：它是一套规则，用以确定一个主体是否对客体拥有访问能力，它定义了主体与客体可能的相互作用途径。例如，授权访问有读、写、执行。

访问控制根据主体和客体之间的访问授权关系，对访问过程做出限制。从数学角度来看，访问控制本质上是一个矩阵，行表示资源，列表示用户，行和列的交叉点表示某个用户对某个资源的访问权限(读、写、执行、修改、删除等)。

2. 访问控制的分类

访问控制按照访问对象不同可以分为网络访问控制和系统访问控制。

(1)网络访问控制限制外部对网络服务的访问和系统内部用户对外部的访问，通常由防火墙实现。网络访问控制的属性有源 IP 地址、源端口、目的 IP 地址、目的端口等。

(2)系统访问控制为不同用户赋予不同的主机资源访问权限，操作系统提供一定的功能实现系统访问控制，如 UNIX 的文件系统。系统访问控制(以文件系统为例)的属性有用户、组、资源(文件)、权限等。

访问控制按照访问手段还可分为自主访问控制和强制访问控制两类。

(1)自主访问控制

自主访问控制(discretionary access control, DAC)是一种最普通的访问控制手段，它的含义是由客体自主地来确定各个主体对它的直接访问权限。自主访问控制基于对主体或主体所属的主体组的识别来限制对客体的访问，并允许主体显式地指定其他主体对该主体所拥有的信息资源是否可以访问以及可执行的访问类型，这种控制是自主的。

(2)强制访问控制

在强制访问控制(mandatory access control, MAC)中，用户与文件都有一个固定的安全属性，系统利用安全属性来决定一个用户是否可以访问某个文件。安全属性是强制性的，它是由安全管理员或操作系统根据限定的规则分配的，用户或用户的程序不能修改安全属性。在强制访问控制中，每一个数据对象被标以一定的密级，每一个用户也被授予某一个级别的许可证。对于任意一个对象，只有具有合法许可证的用户才可以存取。强制访问控制因此相对比较严格。它主要用于多层次安全级别的应用中，预先定义用户的可信任级别和信息的敏感程度安全级别，当用户提出访问请求时，系统对两者进行比较以确定访问是否合法。

3. 用户级别分类

根据用户对系统访问控制权限的不同，用户可以分为如下几个级别：

(1)系统管理员

系统管理员具有最高级别的访问权限，可以对系统任何资源进行访问并具有任何类型的访问操作能力。负责创建用户、创建组、管理文件系统等所有的系统日常操作，授权修改系统安全员的安全属性。

(2)系统安全员

系统安全员负责管理系统的安全机制,按照给定的安全策略,设置并修改用户和访问客体的安全属性;选择与安全相关的审计规则。安全员不能修改自己的安全属性。

(3)系统审计员

系统审计员负责管理与安全有关的审计任务。这类用户按照制定的安全审计策略负责整个系统范围的安全控制与资源使用情况的审计,包括记录审计日志和对违规事件的处理。

(4)普通用户

普通用户就是系统的一般用户。他们的访问操作会受一定的限制。系统管理员对这类用户分配不同的访问操作权利。

4. 访问控制的基本原则

为了保证网络系统安全,用户授权应该遵守访问控制的三个基本原则。

(1)最小特权原则

最小特权是指在完成某种操作时所赋予网络中每个主体(用户或进程)必不可少的特权。最小特权原则,则是指应限定网络中每个主体所必需的最小特权,确保可能的事故、错误、网络部件的篡改等原因造成的损失最小。

(2)授权分散原则

对于关键的任务必须在功能上进行授权分散划分,由多人来共同承担,保证没有任何个人具有完成任务的全部授权或信息。

(3)职责分离原则

职责分离是指将不同的责任分派给不同的人员以期达到互相牵制,消除一个人执行两项不相容的工作的风险。例如,收款员、出纳员、审计员应由不同的人担任。计算机环境下也要有职责分离,为避免安全上的漏洞,有些许可不能同时被同一用户获得。

5. BLP 访问控制模型

BLP(Bell-La Padula)模型是由 David Bell 和 Leonard La Padula 于 1973 年创立,是一种典型的强制访问模型。在该模型中,用户、信息及系统的其他元素都被认为是一种抽象实体。其中,读和写数据的主动实体被称为"主体",接收主体动作的实体被称为"客体"。BLP 模型的存取规则是每个实体都被赋予一个安全级,系统只允许信息从低级流向高级或在同一级内流动。

BLP 强制访问策略将每个用户及文件赋予一个访问级别,如最高秘密级(top secret)、秘密级(secret)及无级别级(unclassified),系统根据主体和客体的敏感标记来决定访问模式。访问模式包括:

①下读(read down):用户级别大于文件级别的读操作。

②上写(write up):用户级别小于文件级别的写操作。

③下写(write down):用户级别等于文件级别的写操作。

④上读(read up):用户级别小于文件级别的读操作。

依据 BLP 安全模型所制定的原则是利用不上读/不下写来保证数据的保密性,如图 5-2 所示。既不允许低信任级别的用户读高敏感度的信息,也不允许高敏感度的信息写入低敏感度区域,禁止信息从高级别流向低级别。强制访问控制通过这种梯度安全标签实现信息的单向流通。关于 BLP 模型更多的细节可参考有关文献。

图 5-2　BLP 安全模型

6. 基于角色的安全访问控制

基于角色的访问控制(role based access control,RBAC)的基本思想是将用户划分成与其在组织结构体系相一致的角色,通过将权限授予角色而不是直接授予主体,主体通过角色分派来得到客体操作权限。由于角色在系统中具有相对于主体的稳定性,并更便于直观地理解,从而大大减少了系统授权管理的复杂性,降低了安全管理员的工作复杂性和工作量。

图 5-3 所示为基于 RBAC 的用户集合、角色集合和资源集合之间的多对多的关系。理论上,一个用户可以通过多个角色访问不同资源。但是,在实际应用系统中,通常给一个用户授予一个角色,只允许访问一种资源,这样就可以更好地保证资源的安全性。

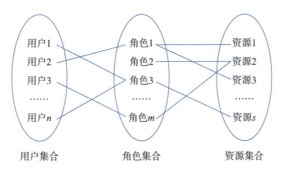

图 5-3　RBAC 中用户、角色和资源的关系图

在图中,用户 1 和用户 n 授予角色 3,可以使用资源 s;用户 2 授予角色 1,可以访问资源 1 和资源 3;用户 3 授予角色 m,可以访问资源 2。

5.3　入侵检测与防护

入侵检测的概念首先是由詹姆斯·安德森(James Anderson)于 1980 年提出来的。入侵是指在网络系统中进行非授权的访问或活动,包括非法登录系统和使用系统资源、破坏系统等。入侵检测可以被定义为识别出正在发生的入侵企图或已经发生的入侵活动的过程。

入侵检测包含两层意思：一是对外部入侵行为的检测；二是对内部破坏行为的检测。

5.3.1 病毒检测与防护

计算机病毒把自身附着在各种类型的文件上或寄生在存储媒介中，对计算机系统和网络进行各种破坏，同时有独特的复制能力和传染性，能够自我复制和传染。

(1) 计算机病毒的种类

引导性病毒：引导性病毒藏匿在磁盘片或硬盘的第一个扇区。因为 DOS 的架构设计，使得病毒可以在每次开机时，在操作系统还没被加载之前就被加载到内存中，这个特性使得病毒可以针对 DOS 的各类中断得到完全的控制，并且拥有更大的能力进行传染与破坏。

文件型病毒：文件型病毒通常寄生在可执行文件（如"*.COM""*.EXE"等）中。当这些文件被执行时，病毒程序就跟着被执行。文件型的病毒依传染方式的不同，又分成非常驻型和常驻型两种。非常驻型病毒将自己寄生在"*.COM""*.EXE"或"*.SYS"的文件中。当这些中毒的程序被执行时，就会尝试去传染给另一个或多个文件。常驻型病毒躲在内存中，寄生在各类中断里，由于这个原因，常驻型病毒往往对磁盘造成更大的伤害。一旦常驻型病毒进入了内存中，只要执行文件，它就对其进行感染。

复合型病毒：复合型病毒兼具引导性病毒及文件型病毒的特性。它们可以传染"*.COM""*.EXE"文件，也可以传染磁盘的引导区。由于这个特性，使得这种病毒具有相当程度的传染力。一旦发病，其破坏的程度将会非常严重。

宏病毒：宏病毒主要是利用软件本身所提供的宏能力来设计病毒，所以凡是具有写宏能力的软件都有宏病毒存在的可能，如 Word、Excel、PowerPoint 等。

计算机蠕虫：随着网络的普及，病毒开始利用网络进行传播。在非 DOS 操作系统中，"蠕虫"是典型的代表，它不占用除内存以外的任何资源，不修改磁盘文件，利用网络功能搜索网络地址，将自身向下一地址进行传播，有时也在网络服务器和启动文件中存在。

特洛伊木马：木马病毒的共有特性是通过网络或者系统漏洞进入用户的系统并隐藏，然后向外界泄露用户的信息，或对用户的计算机进行远程控制。随着网络的发展，特洛伊木马和计算机蠕虫之间的依附关系日益密切，有愈来愈多的病毒同时结合这两种病毒形态，达到更大的破坏能力。

(2) 病毒检测

病毒检测的方法有很多，典型的检测方法有以下几种：

直接检查法：感染病毒的计算机系统内部会发生某些变化，并在一定条件下表现出来，因而可以通过直接观察法来判断系统是否感染病毒。

特征代码法：采集已知病毒样本，抽取特征代码，对检测对象依次进行特征代码比对，依据比对结果进行解毒处理。特征代码法是检测已知病毒的最简单、开销最小的方法，但未知病毒检测开销大、效率低。

校验和法：计算正常文件内容的校验和，将该校验和写入文件中或写入别的文件中保存。在文件使用过程中，定期地或每次使用文件前，检查文件现在内容算出的校验和与原来保存的校验和是否一致，因而可以发现文件是否感染。这种方法遇到软件版本更新时会产生误报警。

行为监测法：利用病毒的特有行为特征性来监测病毒的方法，称为行为监测法。通过对病毒多年的观察、研究，有一些行为是病毒的共同行为，而且比较特殊。在正常程序中，这些行为比较罕见。当程序运行时，监视其行为，如果发现了病毒行为，立即报警。该方法的优点为可发现未知病毒或预报未知的多数病毒。

软件模拟法：多态性病毒每次感染都变化其病毒密码，对付这种病毒非常困难。为了检测多态性病毒，可应用新的检测方法——软件模拟法，即用软件方法来模拟和分析程序的运行。

（3）病毒防护

对病毒的防护从技术上可以采用杀毒软件和防火墙等。为了提高病毒检测和防护效率，我国企业提出了"云安全"概念。云安全融合了并行处理、云计算、未知病毒行为判断等新兴技术和概念，摒弃传统的病毒"黑名单"模式，通过网状的大量客户端对网络中软件行为的异常进行监测，获取大量正常软件的特征，构建"白名单"模型，及时发现互联网中木马、恶意程序的最新信息，推送到服务器端进行自动分析和处理，再把病毒和木马的解决方案分发到每一个客户端。

未来杀毒软件将无法有效地处理日益增多的恶意程序。来自互联网的主要威胁正在由计算机病毒转向恶意程序及木马，在这样的情况下，采用特征库判别法显然已经过时。云安全技术应用后，识别和查杀病毒不再仅仅依靠本地硬盘中的病毒库，而是依靠庞大的网络服务，实时进行采集、分析及处理。整个互联网就是一个巨大的"杀毒软件"，参与者越多，每个参与者就越安全，整个互联网就会更安全。

5.3.2　网络防火墙

网络防火墙是一种用来加强网络之间访问控制的特殊网络设备，常常被安装在受保护的内部网络连接到互联网的点上，它对传输的数据包和连接方式按照一定的安全策略对其进行检查，来决定网络之间的通信是否被允许。防火墙在计算机网络中的位置如图5-4所示。通常置于互联网和内部局域网之间。

防火墙能有效地控制内部网络与外部网络之间的访问及数据传输，保护内部网络信息不受外部非授权用户访问，并对不良信息进行过滤。但防火墙并不是万能的，也有很多防火墙无能为力的地方，主要表现在以下几方面：

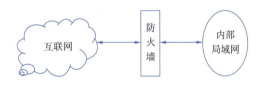

图5-4　防火墙的位置

（1）不能防范内部攻击。内部攻击是任何基于隔离的防范措施都无能为力的。

（2）不能防范不通过它的连接。防火墙能够有效地防止通过它进行传输信息，然而不能防止不通过它而传输的信息。

（3）不能防备全部的威胁。防火墙被用来防备已知的威胁，但没有一个防火墙能自动防御所有的新的威胁。

（4）不能防范病毒。防火墙不能防止感染了病毒的软件或文件的传输。

（5）不能防止数据驱动式攻击。如果用户抓来一个程序在本地运行，那个程序很可能就包含一段恶意的代码。随着 Java、JavaScript 和 Active X 控件的大量使用，这一问题变得更加突出和尖锐。

5.4 网络安全协议

网络协议的弱安全性已经成为当前互联网不可信任的主要原因之一。为了提高网络的安全效能，国际标准化组织制定了多个网络安全协议。具体包括安全外壳协议（secure shell,SSH）、安全电子交易协议（secure electronic transaction,SET）、安全套接层协议（secure socket layer,SSL）、安全 IP 协议（Internet protocol security,IPSec）、安全 HTTP 协议（HTTPS）等。由于篇幅原因，下面仅介绍 IPSec、SSL、HTTPS 三种协议，其他的网络安全协议，有兴趣的读者可以参考网络资源。

1. IPSec 协议

IP 包本身没有任何安全特性，攻击者很容易伪造 IP 包的地址、修改包内容、重播以前的包，以及在传输途中拦截并查看包的内容。因此，人们收到的 IP 数据报源地址可能不是来自真实的发送方、包含的原始数据可能遭到更改、原始数据在传输中途可能被其他人看过。

IPSec 是 IETF（因特网工程任务组）于 1998 年 11 月公布的 IP 安全标准，其目标是为 IPv4 和 IPv6 提供透明的安全服务。IPSec 在 IP 层上提供数据源的验证、无连接数据完整性、数据机密性、抗重播和有限业务流机密性等安全服务，可以保障主机之间、网络安全网关（如路由器或防火墙）之间或主机与安全网关之间的数据包的安全。

使用 IPSec 可以防范以下几种网络攻击：

（1）Sniffer：IPSec 对数据进行加密对抗 Sniffer，保持数据的机密性。

（2）数据篡改：IPSec 用密钥为每个 IP 包生成一个消息验证码（MAC），密钥为数据的发送方和接收方共享。对数据包的任何篡改，接收方都能够检测，保证了数据的完整性。

（3）身份欺骗：IPSec 的身份交换和认证机制不会暴露任何信息，依赖数据完整性服务实现了数据起源认证。

（4）重放攻击：IPsec 防止数据包被捕获并重新投放到网上，即目的地会检测并拒绝老的或重复的数据包。

（5）拒绝服务攻击：IPSec 依据 IP 地址范围、协议、甚至特定的协议端口号来决定哪些数据流需要受到保护，哪些数据流可以允许通过，哪些需要拦截。

IPsec 是通过对 IP 协议的分组进行加密和认证来保护 IP 协议的网络传输协议族，用于保证数据的机密性、来源可靠性、无连接的完整性并提供抗重播服务。

2. SSL 协议

SSL 安全通信协议是 Netscape 公司推出 Web 浏览器时提出的。SSL 协议目前已成为互联网上保密通信的工业标准。现行 Web 浏览器普遍将 HTTP 和 SSL 相结合，来实现安全通信。

SSL 采用公开密钥技术。其目标是保证两个应用间通信的保密性和可靠性，可在服务器和客户机两端同时实现支持。它能使客户/服务器应用之间的通信不被攻击者窃听，并且始终对服务器进行认证，还可选择对客户进行认证。

SSL 协议要求建立在可靠的传输层协议(如 TCP)之上。SSL 协议的优势在于它是与应用层协议独立无关的，高层的应用层协议(如 HTTP、FTP、Telnet)能透明地建立于 SSL 协议之上。SSL 协议在应用层协议通信之前就已经完成加密算法、通信密钥的协商及服务器认证工作。

SSL 协议提供的服务主要有：

(1)认证用户和服务器，确保数据发送到正确的客户机和服务器。

(2)加密数据以防止数据中途被窃取。

(3)维护数据的完整性，确保数据在传输过程中不被改变。

SSL 主要工作流程包括两个阶段：

(1)服务器认证阶段：客户端向服务器发送一个开始信息"Hello"，以便开始一个新的会话连接；服务器根据客户的信息确定是否需要生成新的主密钥，如需要则服务器在响应客户的"Hello"信息时将包含生成主密钥所需的信息；客户根据收到的服务器响应信息，产生一个主密钥，并用服务器的公开密钥加密后传给服务器；服务器恢复该主密钥，并返回给客户一个用主密钥认证的信息，以此让客户认证服务器。

(2)用户认证阶段：经认证的服务器发送一个提问给客户，客户则返回数字签名后的提问和其公开密钥，从而向服务器提供认证。

从 SSL 协议所提供的服务及其工作流程可以看出，SSL 协议运行的基础是商家对消费者信息保密的承诺，这就有利于商家而不利于消费者。在电子商务初级阶段，由于运作电子商务的企业大多是信誉较高的大公司，因此这问题还没有暴露出来。但随着电子商务的发展，各中小型公司也参与进来，这样在电子支付过程中的单一认证问题就越来越突出。虽然在 SSL3.0 中通过数字签名和数字证书可实现浏览器和 Web 服务器双方的身份验证，但是 SSL 协议仍存在一些问题，比如，只能提供交易中客户与服务器间的双方认证，在涉及多方的电子交易中，SSL 协议并不能协调各方间的安全传输和信任关系。在这种情况下，Visa 和 MasterCard 两大信用卡公组织制定了 SET 协议，为网上信用卡支付提供了全球性的标准。

3. HTTPS 协议

HTTPS 是以安全为目标的 HTTP 通道，是 HTTP 的安全版。HTTPS 应用了 Netscape 的安全套接字层(SSL)作为 HTTP 应用层的子层，HTTPS 使用端口 443，而不是像 HTTP 那样使用端口 80 来和 TCP/IP 进行通信。

如果利用 HTTPS 协议来访问西安交通大学主页，其步骤如下：

(1)用户：在浏览器的地址栏里输入西安交通大学官方网址。

(2)HTTP 层：将用户需求翻译成 HTTP 请求，如 GET /index.htm HTTP/1.1。

(3)SSL 层：借助下层协议的信道，安全地协商出一份加密密钥，并用此密钥来加密 HTTP 请求。

(4)TCP 层：与 Web Server 的 443 端口建立连接，传递 SSL 协议处理后的数据。接收端与此过程相反。

小 结

本章讲解了网络安全威胁的概念与分类，分析了恶意攻击的手段及阻止恶意攻击的方法，介绍了身份认证的基本概念和几种典型的认证方式，讨论了访问控制的概念、系统组成和分类方法，描述了入侵检测与防护的概念与关键技术，论述了 IPSec、SSL 和 HTTPS 三种典型的网络安全协议的功能和作用。

习 题

一、问答题

1. 简述恶意攻击的概念。
2. 简述恶意攻击的分类。
3. 简述恶意攻击的主要手段。
4. 简述阻止恶意攻击的主要方法。
5. 简述防火墙的作用。
6. 什么是计算机病毒？
7. 简述身份认证的主要手段。
8. 简述访问控制有哪些技术，各有什么特点。

二、综合题

1. 在 Windows 10 上配置网络防火墙。
2. 使用 HTTPS 和 HTTP 进行网络浏览实验，比较二者异同。

第 6 章 数字签名与区块链

学习目标

(1) 理解数字签名的作用和工作过程。
(2) 了解区块链的概念、技术特征和主要功能。
(3) 理解区块链的结构,了解区块链的分类。
(4) 理解区块链共识机制,能够分析不同共识机制的差异性。
(5) 理解智能合约的作用及其典型应用。

6.1 数字签名

2005 年 4 月 1 日起施行的《中华人民共和国电子签名法》规范了电子签名行为,确立了电子签名的法律效力。1999 年,美国参议院通过立法,规定数字签名(digital signatures)与手写签名在美国具有同等的法律效力。数字签名是由公钥密码发展而来,就是通过某种密码运算生成一系列符号及代码,由此组成电子密码进行签名,来代替书写签名或印章。

数字签名的目的是验证电子文件的原文在传输过程中有无变动,确保所传输电子文件的完整性、真实性和不可抵赖性。数字签名是目前电子商务、电子政务中应用较普遍、技术较成熟的、可操作性较强的一种电子签名方法。它采用了规范化的程序和科学化的方法,用于鉴定签名人的身份,以及对一项电子数据内容的认可。

6.1.1 数字签名的作用

数字签名机制作为保障网络信息安全的手段之一,可以解决伪造、抵赖、冒充和篡改问题。数字签名的目的之一就是在网络环境中代替传统的手工签字与印章,具体作用有以下几方面:

(1) 防冒充或伪造。私钥只有签名者自己知道,其他人不可能构造出正确的私钥。
(2) 可鉴别身份。由于传统的手工签名一般是双方直接见面的,身份自可一清二楚。但在网络环境中,接收方必须能够鉴别发送方所宣称的身份。
(3) 防篡改。对于传统的手工签字,如果要签署一份 50 页的合同文本,如果仅在合同末尾签名,对方可能会偷换其中的几页。而对于数字签名,签名与原有文件已经形成了一个混合的整体数据,不可能被篡改,从而保证了数据的完整性。

(4)防重放。在数字签名中,对签名报文添加流水号、时间戳,可以防止重放攻击。例如,A向B借钱并写了一张借条给B,当A还钱的时候,肯定要向B索回他写的借条并撕毁,不然,恐怕B会再次用借条要求A还钱。

(5)防抵赖。由于数字签名可以鉴别身份,不可冒充伪造,所以只要保管好签名的报文,就好似保存好了手工签署的合同文本,也就是保留了证据,签名者就无法抵赖。但如果接收者在收到对方的签名报文后却抵赖没有收到的话,这时候就要预防接收者的抵赖。在数字签名体制中,需要接收者返回一个自己签名,用来表示收到了报文,或者可以引入第三方机制,进行存证,使得双方均不可抵赖。

(6)机密性。有了机密性保证,中间人攻击也就失效了。手工签字的文件是不具备保密性的,文件一旦丢失,其中的信息就极可能泄露。数字签名可以加密需要签名的消息,当然,如果签名的报名不要求机密性,也可以不用加密。

6.1.2 数字签名的过程

数字签名的实现原理很简单,假设A要发送一个电子文件给B,A、B双方只需经过以下三个步骤即可完成数字签名:

(1)A用其私钥加密文件,这便是签名过程;
(2)A将加密的文件送到B;
(3)B用A的公钥解开A送来的文件。

数字签名技术是保证信息传输的保密性、数据交换的完整性、发送信息的不可否认性、交易者身份的确定性的一种有效的解决方案,是保障计算机信息安全性的重要技术之一。

在实际应用中,利用散列函数和公钥算法生成一个加密的信息摘要(即数字签名)附在消息后面,来确认信息的来源和数据信息的完整性,并保护数据,防止接收者或者他人进行伪造。当通信双方发生争议时,仲裁机构就能够根据信息上的数字签名来进行正确的裁定,从而实现防抵赖性的安全服务,其过程如图6-1所示。

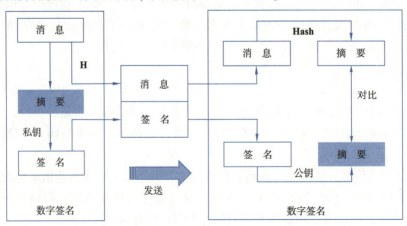

图6-1 数字签名过程

数字签名的具体过程描述如下：
(1)信息发送者采用散列函数对消息生成数字摘要。
(2)将生成的数字摘要用发送者的私钥进行加密，生成数字签名。
(3)将数字签名与原消息结合在一起发送给信息接收者。
(4)信息的接收者接收到信息后，将消息与数字签名分离开来。
(5)用发送者的公钥解密签名得到数字摘要，同时对原消息经过相同的 Hash 算法生成新的数字摘要。
(6)最后比较两个数字摘要，如果相等则证明消息没有被篡改。

数字签名主要解决否认、伪造、篡改和冒充等问题。单向 Hash 函数的不可逆的特性保证了消息的完整性，如果信息在传输过程中遭到篡改或破坏，接收方根据接收到的报文还原出来的消息摘要则不同于用公钥解密得出的摘要。由于公钥与私钥通常与某个具体的人是相对应的，因而可以根据密钥来查出对方的身份，提供了认证服务，同时也保证了发送者的不可抵赖性。因为保证了消息的完整性和不可否认性，所以凡是需要对用户的身份进行判断的情况都可以使用数字签名来解决。

6.2 区块链的概念与特征

2008 年，中本聪发表了一篇名为《比特币：一种点对点电子现金系统》的论文，数字货币及其衍生应用由此开始迅猛发展。

区块链技术从出现到现在，已经超过十年了。从一开始的数字货币，发展到现在的未来互联网底层基石，经历了以下三个阶段：

(1)区块链 1.0 时代：也被称为区块链货币时代。以比特币为代表，主要是为了解决货币和支付手段的去中心化管理。

(2)区块链 2.0 时代：也被称为区块链合约时代。以智能合约为代表，更宏观地为整个互联网应用市场去中心化，而不仅仅是货币的流通。在这个阶段，区块链技术可以实现数字资产的转换并创造数字资产的价值。所有的金融交易、数字资产都可以经过改造后在区块链上使用，包括股票、私募股权、众筹、债券、对冲基金、期货、期权等金融产品，或者数字版权、证明、身份记录、专利等数字记录。

(3)区块链 3.0 时代：也被称为区块链治理时代。这个阶段区块链技术将和实体经济、实体产业相结合，将链式记账、智能合约和实体领域结合起来，实现去中心化的自治，发挥区块链的价值。

由此可见，区块链技术的价值并不仅仅是在数字货币上，它构建了一个去中心化的自治社区。金融领域将成为区块链技术的重要应用领域，区块链技术也将成为互联网金融的关键底层基础技术。区块链技术一开始也不完美，在十年多的发展过程中不断地迭代，已经为其商业化落地做好了初步准备。

6.2.1 区块链的技术特征

区块链作为制造信任的机器，其本质上是一个分布式数据库。但相比于传统的分布式技术，区块链具有以下技术特征：

1. 区块+链式数据结构

采用区块+链式结构，可以有效保证数据的严谨性，并有效跟踪并防止数据修改。区块链利用"区块+链"式数据结构来验证和储存数据：每个区块都记录了一段时间内发生的所有交易信息和状态结果，并将上一个区块的哈希值与本区块进行关联，从而形成块链式的数据结构，实现当前账本的一次共识。

2. 分布式账本

区块链账本的记录和维护是由网络中所有节点共同完成的。每个节点都可以公平地参与记账，并保有一份完整的账本。全网节点通过共识机制来保持账本的一致性，杜绝了个别不诚实节点记假账的可能性。每个节点既是交易的参与者，也是交易合法性的监督者。因为网络中的每个节点都保有一份完整的账本，所以理论上来讲，只要还有一个节点在工作，账本就不会丢失，确证了账本数据的安全性。

3. 密码学

区块链系统利用密码学相关技术来保证数据传输和访问的安全。虽然存储在区块链上的交易信息是公开的，但是区块链通过非对称加密和授权技术，使得账户拥有者的信息难以被非授权的第三方获得，保证了个人隐私和数据的安全性。在区块链系统中，集成了密码学中的对称加密、非对称加密和哈希散列算法的优点，并使用数字签名技术来保证交易的安全。

4. 分布式共识

在去中心化的非可信环境下，共识机制是保证数据一致性和安全性的重要技术手段。区块链作为一个分布式账本，由多方共同维护。在区块链网络中，节点之间的协作由去中心化的共识机制维护。所谓分布式共识机制，就是使区块链系统中各个节点的账本达成一致的策略和方法。区块链系统利用分布式共识算法来生成和更新数据，从而取代传统应用中用于保证信任和交易安全的第三方中介机构，降低了由于各方不信任而产生的第三方信用、时间成本和资源耗用。目前为止，区块链技术已经有了多种共识机制，可以适用于不同应用场景。

5. 智能合约

合约是一种双方都需要遵守的合同约定。比如人们在银行设置的储蓄卡代扣水电气费用业务，就是一种合约。当一定条件达成时，燃气公司将每月的燃气支付账单传送到银行时，银行就会按照约定将相应的费用从账户里转账至燃气公司。如果账户余额不足，就会通过短信等手段进行提醒。长期欠费，就会实行断气。不同的条件触发了不同的处理结果。

智能合约是一套以数字形式定义的承诺(promises)，包括合约参与方可以在上面执行这些承诺的协议。在网络化系统中，智能合约就是被部署在区块链上的可以根据一些条件和规则自动执行的代码程序，预先将双方的执行条款和违约责任写入了软硬件之中，通过数字的方式控制合约的执行。

智能合约一直没有得到广泛的使用，是因为它需要底层协议的支持，缺乏天生能支持可编程合约的数字系统和技术。区块链的出现，不仅可以支持可编程合约，而且具有去中心化、不可篡改、过程透明可追踪等优点，天然地适合于智能合约。

智能合约具有执行及时和有效等特点，不用担心系统在满足条件时不执行合约。同时，由于全网备份拥有完整记录，还可实现事后审计和追溯。

6.2.2 区块链的功能

区块链技术的去中心化、不可篡改、全程留痕、可以追溯、集体维护、公开透明等技术特征，为物联网及其产业发展提供了以下功能支撑：

1. 为系统数据提供可靠架构

在区块链的结构中没有中心化的结构，每个参与节点只作为区块链当中的一部分，并且每个参与节点拥有同等的权利，物联网中的黑客如果试图篡改或者破坏部分节点信息，对整个区块链来说并没有影响，而且参与节点越多，该区块链越安全。

2. 为资产交换提供智能载体

区块链具有可编程的特性，并依附于一系列辅助办法，能够保证资产安全，交易真实可信。例如，工作量证明机制，对区块链上的数据进行更改，必须拥有超过全网超51%的算力；智能合约机制，将合同用程序进行代替，一旦达成了约定条件，网络将会自动执行合约；互联网透明机制，网络中的账号全网公开，而用户名则进行隐匿，并且交易信息不可逆；互联网共识机制，通过所有参与节点的共识来保证交易的正确性。

3. 为互联网交易建立信任关系

区块链可以在不需要人与人之间信任的前提下，交易方通过纯计算的方式相互之间建立信任，各方间建立信任的成本极低，使得原本较弱的信任关系通过算法建立强信任的链接。

4. 减少人工对账过程

从概念的角度来讲，对区块链上的多个副本进行保存似乎相较于单一的集中式数据库效率更低。但在很多现实的应用中，存在多方对同一交易信息进行保存的状况。大多数情况下，同一笔交易信息的相关数据可能不一致，所以各参与方可能需要耗费很多时间进行核实。而应用区块链技术之后可以减少人工对账过程，达到节约成本的目的。

5. 交易防篡改

正常的信息系统都存在一个中央处理器。从理论上来讲，只要说服中央处理器的工作人员对存储的数据稍加处理，就能达到使数据被篡改和被删除的目的。但对于区块链技术来说，其采用的是无中心化系统，不存在这样一个中央处理器，要想对数据进行篡改或删除绝非易事。区块链技术防篡改的具体做法是将生产商、供应商、分销商、零售商及最终用户都纳入到区块链这个系统应用当中，商品在市场正式销售之前，生产商先将该商品记录到区块链网络中。随后，在市场交易过程当中，每运行一步都将该交易记录到系统当中。当用户发现商品存在某些问题，此时中间环节的某个交易商想要逃避责任，删除自己的不法记录，也只能删除在自己计算机上记录的信息，而无法改变其他参与成员存储的交易信息。

6. 可信追踪和溯源

供应链包含从商品生产、配送，直到最终到达用户手中的所有过程环节，可以覆盖数以百计的阶段，跨越众多地理区域，所以难以追踪到商品的最初来源。另外，供应链上的商品数据交易信息分布在各个参与方手中，生产、物流及销售等环节信息都是分裂的。生产商无法得到商品出仓之后的流向及客户反馈。消费者也没有途径得知商品的来源及过程。因此可以将商品注入唯一不可复制的标识，并将商品存储到区块链网络当中，使得每个商品都有一个数字身份，网络中的参与者共同维护商品本身的数字身份信息，最终实现验证效果。

7. 动态访问控制

基于区块链的共识机制和智能合约，能够建立无中心化的动态信任管理架构和访问控制策略，提高开放网络系统的可信管理问题。目前，大量研究工作主要集中在基于区块链的访问控制系统和区块链访问控制系统与其他领域的结合上。Ouaddah 等人在 FairAccess 中提出了一种基于区块链技术的物联网访问控制新框架，该框架将区块链作为 RBAC 访问控制策略的存储数据库，并由区块链完成策略表达式的求值，以此提供更强大和更透明的访问控制工具。

6.3 区块链的结构与分类

区块链是一种按照时间顺序，将数据区块以顺序相连的方式组合成的一种链式数据结构，并以密码学方式保证的不可篡改和不可伪造的分布式账本。区块链由一个个密码学关联的区块按照时间戳顺序排列组成，它是一种由若干区块有序链接起来形成的链式数据结构。其中，区块是指一段时间内系统中全部信息交流数据的集合，相关数据信息和记录都包含在其中，区块是形成区块链的基本单元。每个区块均带有时间戳作为独特的标记，以此保证区块链的可追溯性。

6.3.1 区块链结构

区块链的总体结构如图 6-2 所示。图中给出了三个相互连接的区块。每个区块由区块头和区块体两部分组成，其中，第 N 个区块的区块头信息链接到前一区块（第 $N-1$ 区块）从而形成链式结构，区块体中记录了网络中的交易信息。

在比特币系统中，当同一个时刻有两个节点竞争到记账权时，将会出现链的分叉现象。为了解决这个问题，比特币系统约定所有节点在当前工作量最大的那条链上继续成块，从而保证最长链上总是有更大的算力以更大的概率获得记账权，最终长链将大大超过支链，支链则被舍弃。

图 6-2　区块链示意图

图 6-3 所示为区块链中的区块结构，它包括区块头和区块体两部分。在区块链中，区块头内部的信息对整个区块链起决定作用，而区块体中记录的是该区块的交易数量及交易数据信息。区块体的交易数据采用 Merkle 树进行记录。

从图中可以看出，区块头包含了上一个区块地址（父区块地址），它指向上一个区块，从而形成后一区块指向前一区块的链式结构，这样的结构提升了篡改难度，因为如果要篡改历史区块数据则需要将后续所有区块信息一并修改，但这难度很大，甚至几乎不可能。

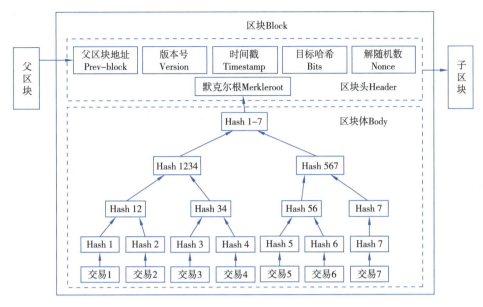

图 6-3 区块结构图

区块头的大小为 80 个字节，其中包含区块的版本号（version）、时间戳（timestamp）、解随机数（nonce）、目标哈希值（bits）、前一个区块的哈希值（prehash）及默克尔树的根哈希值（roothash）等六个部分，区块头里各信息字段说明见表 6-1。

表 6-1 区块头字段表

字　　段	大　　小	描　　述
版本号（version）	4 字节	用于追踪更新最新版本
父区块哈希值（prevblockhash）	32 字节	上一个区块的哈希地址
默克尔树根（merkleroot）	32 字节	该区块中交易的默克尔树根的哈希值
时间戳（timestamp）	4 字节	该区块的创建时间
目标哈希（difficultytarget）	4 字节	工作量证明难度目标

区块的主要功能是保存交易数据，不同的系统中，区块的结构也不同。在比特币区块链中，以数据区块来存储交易数据，一个完整的区块体包含魔法数、区块大小、区块头、交易数量、交易等信息，见表 6-2。为了防止资源浪费和 DoS 攻击，区块的大小被限制在 1 MB 以内。

表 6-2 区块字段表

字　　段	大　　小	描　　述
魔法数（magic number）	4 字节	固定值 0xD984BEF9
区块大小（blocksize）	1~9 字节	到区块结束的字节长度
区块头（blockheader）	80 字节	组成区块头的 6 个数据项
交易数量（transaction counter）	1~9 字节	Varint 编码（正整数），交易数量
交易（transaction）	不确定	交易列表，具体的交易信息

区块链是一个去中心化的分布式账本数据库，由一串使用密码学相关联所产生的数据块组成。每个数据块记录了一段时间内发生的交易和状态结果，是对当前账本状态达成的一次共识。

新区块的生成由矿工挖矿产生：矿工在区块链网络上打包交易数据，然后计算找到满足条件的区块哈希值，最后将新区块通过 Pre hash 链接到上一个区块上。矿工挖矿成功后，一定量的数字代币就会被自动地发送到该矿工的钱包地址作为挖矿奖励，而数字代币转账的操作需要钱包的私钥签名才能执行。为了调节新区块生成速率，系统会根据全网节点算力自动调整挖矿难度。

区块生成后需由全网节点验证，达成共识后，才能够记录到区块链上。因此，区块的创建、共识、记录上链等过程也是研究区块链关键技术，以及基于区块链开发的重要研究路径。

6.3.2 区块链的分类

按照节点参与方式的不同，区块链体系可以分为以下四大类：公有链、私有链、联盟链和聚合链。

1. 公有链

公有链（public blockchain）又称公有区块链。公有区块链是全公开的，所有个人或组织都可以作为网络中的一个节点，而不需要任何人给予权限或授权，还可以参与到网络中的共识过程争夺记账权。公有链是完全意义上的去中心化区块链，它借助密码学中的加密算法保证链上交易的安全。在公有区块链中，通常使用证明类共识机制，将经济奖励与加密数字验证相结合，达到去中心化和全网共识的目的。公有区块链的主要特点有以下几点：

- 拓展性好。节点可以自由进出网络，不会对网络产生本质的影响，可以抵抗51%的节点攻击，安全性得到保证。
- 完全去中心化。节点之间的地位是相等的，每个节点都有权利在链上进行操作，利益可以得到保护。
- 开放性强。数据完全透明公开，每个节点都能看到所有账户的交易活动，但其匿名性可以很好地保护节点的隐私安全。

2. 私有链

私有链（private blockchain）即私有区块链，是指整个区块链上的所有权限完全掌握在单一的个人或组织手里。私有区块链其实不能算是真正的区块链，它从本质上违背了区块链的去中心化思想，可以看作是借助区块链概念的传统分布式系统。因此，私有区块链在共识算法的选择上也偏向传统的分布式一致性算法。私有区块链的主要特点有以下几点：

- 交易延时短、速度快。由于交易验证由少量节点而非全部节点来完成，共识机制更加高效，交易确认延时更短，交易速度更快。
- 隐私安全强。由于网络中的节点权限受到限制，没有授权很难读取链上的数据，所以具有更好的隐私保护性，而且也更安全。
- 交易成本低。由于网络中节点的数量和状态可控，所以交易交由算力高且诚信度高的几个节点来完成验证，使得交易成本大幅降低。

3. 联盟链

联盟链（consortium blockchain）即联盟区块链，不是完全去中心化的区块链，而是一种多中心化或者说部分中心化的区块链。在区块链系统运行时，它的共识过程可能会受某些指定节点的控制。在联盟区块链中，只有授权的组织才可以加入到区块链网络中，账本上的数据只有联盟成员节点才可以对其进行访问，并且对于区块链的各项权限操作也需要由联盟成员节点共同决定。

相比公有链，联盟链更适应于商业上不同机构间的协作场景，需要考虑信任问题和更高的安全与性能要求，一般选用拜占庭容错算法来进行全网共识。

相比私有链，联盟链由多个中心控制，即在内部指定多名记账人共同决定每个块的生成。联盟区块链主要适用在多成员角色的应用场景。联盟链的应用有 Corda、Hyperledger、摩根大通的 Quorum 等。广义上，联盟链也是私有链，只是私有程度不同，联盟链由多个记账人共同维护系统的稳定和发展。

6.4 区块链共识机制与智能合约

6.4.1 区块链的共识机制

首先需要了解什么是共识机制，在生活中人们也有遇到过共识问题，比如说朋友聚餐，要通过什么方式决定谁来买单呢？

大家可以约定最后一个到达的人买单，那么由最后一个到达的人付款就是这群朋友的共识。这个共识解决了谁买单的问题，而区块链的共识是要解决谁有权利记账，权力多大的问题。

共识机制是区块链技术的基础和核心。共识机制决定参与节点以何种方式对某些特定的数据达成一致。共识机制可以分为经典分布式共识机制和区块链共识机制。共识机制是区块链系统中实现不同节点的账本一致性的数学算法，主要解决没有中心权威节点（即信任中心）可依赖情况下的分布式节点的可靠交易问题。

共识机制就是在信息传递有时间和空间障碍或者信息有干扰或者延迟的 P2P 网络中，网络参与者为了对某个单一信息达成共识而遵循的机制，主要解决区块链系统的数据如何记录和如何保存的问题。而为了实现这个共识机制，P2P 网络中支撑这个机制所采用的算法，即被称为共识算法。

本节主要对区块链中常见的共识机制 PoW（proof of work，工作量证明）、PoS（proof of stake，权益证明）和 PBFT（practical byzantine fault tolerance，实用拜占庭容错算法）等进行介绍，然后分析各共识机制的特性及适用的场景。

人们平时经常听到的工作量证明 PoW、PoS、DPoS（delegated proof of stake，权益授权证明）都是属于区块链共识机制，他们分别用不同的方式来解决区块链的记账问题。

PoW 是工作量证明机制，意思就是谁为区块链贡献了更多的计算，干了更多的活，就更有机会获得记账权。目前，比特币、以太坊、莱特币等主流加密数字货币都是使用 PoW 共识机制。

PoS 是权益证明机制。在 PoS 机制里，一个人所拥有的币越多，拥有的时间越长，那么他获得记账权的概率就越大。目前，较为成熟的数字货币 Peercoin（点点币）和 NXT（未来币)就使用了 PoS 机制。

DPoS 是股份授权证明机制，用通俗的话来说就是大家投票选出代表，让代表来记账。每个持币者都可以参与投票，票数最高的前几名被选为代表。目前采用 DPoS 共识算法的代表是 EOS(enterprise operation system，商用分布式设计区块链操作系统)和比特股。

上述公有链所采用的共识算法虽然容错能力高、抗攻击能力强，但都存在资源消耗过高、效率较低、可用性不足的问题，因此不适合用于对实时性要求比较高的物联网环境。以超级账本为代表的联盟链仅限于联盟成员拥有对区块链的读写权限，整个区块链网络由联盟成员共同维护，参与节点相对于公有链要少，因此，联盟链一般不采用 PoW 共识算法。

实用拜占庭容错(PBFT)算法的提出解决了原始拜占庭容错算法效率不高的问题，是目前共识节点较少的联盟链所采用的一种共识算法。

PBFT 具有 $n/(3n+1)$ (n 为参与共识的节点数)的容错能力，与 PoW、PoS 等算法相比虽然容错能力较弱，但算法复杂度降低很多，可以在实际系统中得到广泛应用。

PBFT 算法采用了 RSA 签名、消息验证码和数字证书等相关密码学方法，能够确保信息在传递过程中无法篡改，提高了数据传输的安全性和保密性。

PBFT 算法的主要优点包括：①算法的可靠性有严格的数学证明；②系统运行可以脱离币而存在，PBFT 算法的共识节点由业务参与方或者监管方组成，安全性与稳定性由业务相关方保证；③共识的时延具有可控性，可以基本达到商用过程的实时性要求；④共识效率高，可满足高频交易量的需求。

PBFT 的主要缺点有：①当有 1/3 或以上节点停止工作后，系统将无法提供服务；②当有 1/3 或以上节点联合作业，可以使系统出现分叉，但是会留下密码学证据。

6.4.2 区块链的智能合约

本章前几节主要对区块链整体架构、数据结构、共识机制进行了介绍，初步建立了对区块链的整体认识。下面引出智能合约(smart contract)的概念，主要介绍了比特币和以太坊中智能合约的特性及合约模型。

1. 智能合约的起源

智能合约的诞生是在 1993 年左右，远远早于区块链技术。它是由计算机科学家、加密大师尼克·萨博于 1993 年提出，1994 年发表了《智能合约》的论文。

在区块链上，智能合约本质上是部署在其上的可执行代码，即一段可执行的计算机程序。智能合约可不依赖中心机构自动化地代表各签署方执行合约。因其具有强制执行性、防篡改性和可验证性等特点，可以应用到很多场景中。过去几年中，智能合约迟迟没有应用到实际业务系统中，一是因为智能合约如何控制实物资产来保证合约的有效执行；二是因为智能合约缺少安全可信的执行环境。

智能合约以代码的形式进行锁定和传递契约和规则，大幅扩展了区块链功能，使其有了更广阔的应用场景。

目前，智能合约已经经历了 1.0 时代(如比特币的脚本)和 2.0 时代(如以太坊中的智能合约)。

以太坊是个创新性的区块链平台，它的创新之处就是在区块链中封装代码和数据，允许任何人在平台中建立和使用通过区块链技术运行的去中心化应用。它既采用了区块链的原理,又增加了在区块链上创建智能合约的功能,试图实现一个总体上完全无需信任基础的智能合约平台。

2. 智能合约的定义

按照萨博的定义,智能合约就是执行合约条款的可计算交易协议,并具有如下性质:可见性、强制执行性、可验证性和隐私性。

1997 年,萨博将智能合约定义为一套以数字形式定义的承诺(promises),包括合约参与方可以在上面执行这些承诺的协议。承诺包括用于执行业务逻辑的合约条款和基于规则的操作,这些承诺定义了合约的本质和目的。数字形式意味着合约由代码组成,其输出可以预测并可以自动执行。协议是参与方必须遵守的一系列规则。

2008 年比特币出现之后,智能合约成为区块链的核心构成要素,它是由事件驱动的、具有状态的、运行在可复制的共享区块链数据账本上的计算机程序,能够实现主动或被动的数据处理功能,具有接受、存储和发送价值,以及控制和管理各类链上智能资产等功能。

2016 年 10 月工信部发布的《中国区块链技术和应用发展白皮书》将智能合约视为一段部署在区块链上可自动运行的程序,涵盖范围包括编程语言、编译器、虚拟机、时间、状态机、容错机制等。

在金融区块链中,智能合约可以被认为是一种系统,一旦预先定义的规则得到满足,它就向所有或部分相关方发布数字资产。更广义地讲,智能合约是用编程语言编码的一组规则,一旦满足这些规则的事件发生,就会触发智能合约中事先预设好的一系列操作,而不需要可信第三方参与。这一性质使得智能合约有着广泛的应用。目前已有不同的区块链平台可以用来开发智能合约。与此同时,一些信息通信技术公司和国家政府已经开始关注区块链和智能合约,大部分国家政府对推动区块链技术的发展也持积极态度。

智能合约的定义可以分为两类:智能合约代码(smart contract code)和智能法律合约(smart legal contract)。

(1)智能合约代码是指在区块链中存储、验证和执行的代码。由于这些代码运行在区块链上,因此也具有区块链的一些特性,如不可篡改性和去中心化。该程序本身也可以控制区块链资产,即可以存储和传输数字货币。

(2)智能法律合约更像是智能合约代码的一种特例,是使用区块链技术补充或替代现有法律合同的一种方式,也可以说是智能合约代码和传统的法律语言的结合。

3. 智能合约的工作原理

基于区块链的智能合约包括事件的保存和状态处理,它们都在区块链上完成。事件主要包含需要发送的数据,而时间则是对这些数据的描述信息。当事务或事件信息传入智能合约后,合约资源集合中的资源状态会被更新,进而触发智能合约进行状态机判断。如果事件动作满足预置触发条件,则由状态机根据参与者的预设信息,选择合约动作自动、正确地执行。

智能合约运行后自动产生智能合约账户,智能合约账户包括账户余额、存储等内容,存储在区块链中。区块链中各个节点在虚拟机或者 Docker 容器中执行合约代码(也可称作调用智能合约),就执行结果达成共识,并相应地更新区块链上智能合约的状态。智能合约可以基于其收到的交易进而读/写用户私人存储,将"费用"存入其账户余额;也可以发送/接收消息或来自用户/其他智能合约的数字资产,甚至创建新的智能合约。

在这个区块链上,程序员可以通过编写代码,创建新的数字资产;也可以通过编写智能合约的代码,来创造非数字资产的转移交行功能。这意味着区块链交易远不止买卖货币,将会有更广泛的应用指令嵌入到区块链中。所以,在以太坊平台上创立新的应用场景就变得十分简便了。

智能合约自动执行约定的规则,强制执行或履行约定的方案,因而解决了耍赖问题、不履行问题和信任问题。智能合约的条件和触发事件是可变的,可在合约内预先设定,因而有较好的灵活性。

6.5 区块链的典型应用

区块链的应用非常广泛,主要为金融、医疗、保险、公共服务、物流系统等领域的数据提供安全架构、传输提供智能载体、交易建立信任关系,实现可信溯源和追责支撑。具体应用说明如下:

(1) 金融领域

区块链技术在金融领域具有巨大的应用潜力。首先,区块链可以提供信任机制,使得各类金融资产如股权、债券、票据、仓单、基金份额等都可以被整合到区块链技术体系中,成为链上的数字资产,进行存储、转移和交易。其次,区块链技术的去中心化特性可以降低交易成本,使金融交易更加便捷、直观和安全。随着区块链技术的不断完善,以及与其他金融技术的结合,它将逐步适应大规模金融场景的应用,为金融市场、金融机构和金融业态带来深远的影响。

(2) 医疗行业

区块链在医疗行业中具有广泛的应用前景。首先,通过区块链技术,医院、患者和医疗利益链上的各方可以在区块链网络中共享数据,确保数据的安全性和完整性,从而为更精确的诊断和更有效的治疗提供支持。其次,区块链作为一种多方维护、全量备份、信息安全的分布式记账本,可以保护医疗数据的隐私,解决信息不流通的问题,降低成本,助力智慧医疗的发展。最后,利用区块链存储个人健康数据,如电子病历、基因数据等,也是极具前景的应用领域。

(3) 保险行业

区块链技术在保险行业的应用具有巨大的潜力。最初,保险以互助形式存在,但寻找有共同需求的人成为其一大挑战。商业保险虽然提供了生活保障,但保费较高。区块链的出现为保险行业带来了新的可能性,因为它能在没有信任基础的主体之间构建大规模协作。以太坊的智能合约技术使得合约执行更为自动化和透明,减少了人为干预和欺诈的可能性。此外,智能合约还能实现自动理赔,提高索赔效率。

(4) 公共服务

区块链在公共服务领域具有显著的应用潜力。传统的公共服务由于依赖有限的数据维度,往往导致信息不全面且存在滞后性。而区块链的不可篡改特性确保了其上数字化证明的高可信度。特别是在产权、公证和公益等方面，区块链可以建立全新的认证机制，从而提升公共服务的管理水平。例如，公益流程中的捐赠项目、资金流向等信息都可以存储在区块链上，确保透明度和公众监督。

(5) 物流系统

区块链与物联网的结合在安全性、独立运行和物流保障方面具有显著优势。传统物联网设备容易遭受攻击，数据易损失且维护成本高。而区块链的全网节点验证、不对称加密技术和数据分布式存储可以大幅降低黑客攻击的风险。区块链在物流领域具有广泛应用，可以降低物流成本，追溯物品的生产和运送过程，提高供应链管理效率。这种结合提高了物品流通的便利性和智能化。

小 结

本章介绍了数字签名的概念、作用和工作过程，讲述了区块链的基本概念，包括区块链的起源与发展、区块链的技术特征、区块链的定义与结构、区块链的工作原理等；其次，介绍了区块链共识机制，讲解了区块链智能合约的起源与发展、定义和工作原理；最后，介绍了区块链的典型应用。

习 题

1. 简述数字签名的概念和作用。
2. 简述数字签名的工作原理。
3. 分析和调研区块链产生与发展历程。
4. 简要说明区块链的技术特征。
5. 调研公有链和联盟链的区别和联系。
6. 在区块链的结构中，区块头的作用是什么？包括哪些内容？
7. 使用默克尔(Merkle)树将交易链接在一块的目的是什么？当交易数量出现奇数时，如何防止作弊发生？
8. 区块链共识机制分为哪几类？各适合什么场景使用？
9. 什么是合约？什么是智能合约？两者有何不同？

第 7 章

虚拟现实与增强现实

> **学习目标**
>
> (1) 了解虚拟现实的概念和发展历程。
> (2) 了解虚拟现实系统的组成及主要应用。
> (3) 了解增强现实的概念、发展过程及关键技术。
> (4) 能够区分虚拟现实与增强现实的区别和联系。
> (5) 了解元宇宙与数字人的概念和技术。

◆ 7.1 虚拟现实技术 ◆

7.1.1 虚拟现实的概念

近年来，虚拟现实(VR)不仅是科技工作者和产业界研究、开发和应用的热点，而且也是各类媒体竞相报道的热点。事实上，虚拟现实并不是一项新技术，更不是一门新兴学科。在回答什么是虚拟现实技术之前，先来简要回顾一下该项技术的由来。

第一个具有虚拟现实思想的装置是由莫顿·海利希(Moton Heiling)在1962年研制成功的称为Sensorama的具有多种感官刺激的立体电影设备。事实上，这是一种只供一个人观看的立体电影设备，具有立体声功能，能产生不同气味。座椅根据剧情而摇摆和振动，观看者还能感受到风的吹动。当时放映的是一部浏览纽约的风光片。由于Sensorama提供视觉、听觉、嗅觉、风动感(触觉)和振动感等多种刺激，观看者可以体验到骑摩托车漫游纽约市区时高楼大厦、鸟语花香，以及和风拂面的真实感觉。这是一项将计算机技术与娱乐业相结合的全新技术。但观众只能看，不能改变所看到的和所感受到的环境，即无交互操作功能。

1965年，伊万·萨瑟兰(Ivan Sutherland)在发表的 *The Ultimate Display* 论文中提出了一种全新的图形显示技术。该技术提出能否不透过屏幕，而是使观察者直接沉浸在计算机生成的虚拟世界之中，犹如人们生活在真实世界中一样：观察者自然地转动头部和身体(即改变视点)，看到的场景(即计算机生成的虚拟世界)就会实时地发生改变；观察者还能够以自然的方式直接与虚拟世界中的对象进行交互操作，触摸、感觉它们，并能听到来自虚拟世界的三维空间声音。

事实上，萨瑟兰博士给出了今天称为虚拟现实概念的经典描述，主要包括以下几个要点：

(1) 计算机生成看起来像真的、听起来像真的、触摸起来像真的虚拟世界（又称模型世界），也就是说计算机生成的模型世界将向介入者——人，提供视觉、听觉、触觉等多种感官刺激。

(2) 计算机生成的虚拟世界应给人一种身临其境的沉浸感。

(3) 人能以自然方式与虚拟世界中的对象进行交互操作，即不使用键盘鼠标等常规输入设备，而强调使用手势（数据手套）、体势（数据衣服）和自然语言等自然方式的交互操作。

人们称这样一个系统为虚拟现实系统，或虚拟环境系统。构建这样一个系统的硬软件技术就是虚拟现实技术。

随着技术的进步，进一步充实了虚拟现实的内涵。关于计算机生成的虚拟世界应提供的感官刺激的种类，除了视觉、听觉、触觉（或力觉）以外，理论上还应包括嗅觉和味觉。事实上，时至今日真正能投入实际应用的技术还是局限于视觉、听觉和触觉三种感官刺激。

萨瑟兰博士提出的能给人以身临其境感的显示器，称为头盔式显示器（head-mounted display, HMD）。顾名思义，这是一种安置在观察者头部，是显示屏直接将观察者的双眼罩住的显示器，使观察者只能看到屏幕上计算机生成的图像，而看不到所处的实际环境，从而给人一种身临其境的感觉。

目前，除 HMD 能提供沉浸感之外，一种新的称为 CAVE（cave automatic virtual environment）的投影系统也能产生很好的沉浸感。

CAVE 投影系统是由三个面以上（含三面）硬质背投影墙组成的高度沉浸的虚拟演示环境，用户可以在被投影墙包围的系统近距离接触虚拟三维物体，或者随意漫游"真实"的虚拟环境。CAVE 系统一般应用于高标准的虚拟现实系统。自从纽约大学 1994 年建立第一套 CAVE 系统以来，CAVE 已经在全球高校、国家科技中心、各研究机构进行了广泛的应用。

为了实现人与虚拟世界能以自然方式进行交互操作，人们发明了一系列适用于虚拟现实技术的专用交互设备，如数据手套、空间定位器，以及触觉和力反馈装置等。

实际上，沉浸感并非仅仅采用头盔式显示器就能获得。虚拟现实系统介入者（人）只能看到计算机生成的场景，而看不到其所处环境的显示技术是重要的环节，但更重要的是要使介入者看到的、听到的和触摸到的虚拟对象都是可信的，即与介入者长期生活所积累的体验和理解相一致。这是一个非常高的要求，即要求计算机生成的各种刺激模型都是真实的，它们的行为也是真实的。虽然从 20 世纪 60 年代至今，计算机图形学技术、三维空间技术、力反馈与触觉反馈装置等软硬件技术，以及计算机的运算能力都有了长足的进步，但是，离所要求的"Reality"还有相当大的距离。对"Reality"要求的挑战还有信号延时造成的交互操作的非实时性，以及三维空间定位困难有悖于人的经验。

既然今天的虚拟现实技术离真正的"Reality"仍有较大的距离，那么应该如何对待这一问题呢？

一种看法是：不必追求生成高度真实感的图像，也不必追求交互的实时性，总之不必追求所谓的"Reality",也可以实现虚拟现实系统。

另一种看法是:直接对虚拟现实的"沉浸感"要求提出质疑,认为只需要求计算机生成的虚拟世界看起来像真的,听起来像真的,触摸起来像真的就可以了。同时,在交互性方面只强调其实时性,而不强调"自然方式"的交互操作。

显然,对于沉浸感的系统,当然可以使用包括常规输入设备在内的更广泛的交互操作手段。另一方面,如果一个虚拟现实系统可以不强调沉浸感、不强调"自然方式"的人机交互操作,那么对计算机生成的虚拟世界的真实性的要求也随之降低。

由此可见,现有文献对虚拟现实的定义主要包含了三个要点:①计算机生成一个具有多种感官刺激的虚拟世界;②给人一种沉浸感;③人能以自然方式与虚拟世界进行交互操作。

为此,虚拟现实可以简单地定义为:虚拟现实是计算机生成的,给人多种感官刺激的虚拟世界(环境),是一种高级的人机交互系统。

在这个定义中,主要强调了两点:

(1)计算机生成的虚拟世界(环境)必须是一个能给人提供视觉、听觉、触觉、嗅觉,以及味觉等多种感官刺激的世界。这里强调的是虚拟现实不能只由一种感官刺激构成。根据今天的技术水平,虚拟现实通常由视觉、听觉和触觉三种刺激构成。人们在定义中不强调沉浸感,说明虚拟现实可以有沉浸式和非沉浸式两种。

(2)虚拟现实系统实质上是一种高级的人机交互系统,因为这里的交互操作是对多通道信息进行的。并且对沉浸式系统要求采用自然方式的交互操作;对于非沉浸式系统也可使用常规交互设备进行交互操作。这里强调介入者(人)在所创建的虚拟世界(环境)中的体验是通过人机之间的相互操作获得的,因此人机交互是虚拟现实的核心。

根据上述定义,虚拟现实由两部分组成:一部分为创建的虚拟世界(环境);另一部分为介入者(人)。

虚拟现实的核心是强调两者之间的交互操作,即反映出人在虚拟世界(环境)的体验。这样,就可以得到虚拟现实的概念模型(见图7-1)。

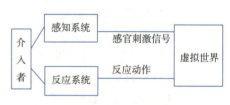

图7-1 虚拟现实的概念模型

虚拟现实强调的人与虚拟环境之间的交互操作,或两者之间的相互作用,反映在虚拟环境提供的各种感官刺激信号,以及人对虚拟环境作出的各种反应动作。虚拟环境提供的各种感官刺激信号就是人的感知系统感知的各种信息。人对虚拟环境作出的各种反应动作将被虚拟环境检测到。若从虚拟环境对人的作用来看,虚拟现实的概念模型可以看作为"显示/检测"模型。这是从创建虚拟环境角度,也就是从技术角度来看虚拟现实系统的模型。这里的显示是指虚拟环境系统向用户提供各种感官刺激信号(包括光、声、力、嗅、味等多种刺激);检测是指虚拟环境系统监视用户的各种动作,即检测并辨识用户的视点变化,以及肢体和身躯的动作。若从人对虚拟环境的作用来看,也就是从用户角度来看,上述概念模型可以被看作为"输入/输出"模型。这里的输入是指用户感知系统接收虚拟环境提供的各种感官刺激信号;输出是指用户对虚拟环境系统作出的反应动作。

7.1.2 虚拟现实的发展

20世纪60年代末莫顿·海利希(Morton Heiling)设计出了世界上首套虚拟现实设备,这个设备具有很多的传感器,能够让用户听到一些虚拟的音频,带给用户不同的感觉。杰伦·拉尼尔(Jaron Lanier)在20世纪80年代提出了"虚拟现实"这个专业的词汇,与之相应的虚拟现实设备的概念也随之出现。

1968年伊万·萨瑟兰(Ivan Sutherland)研制成功头盔式显示器(HMD)。该头盔式显示器由两个阴极射线管组成,可显示计算机生成的立体图像。这一头盔式显示器具有跟踪头部位置的功能,根据观察者的视线方向来调整计算机生成的图形。它还是一个透视式头盔显示器,计算机生成的立体图像投射到面对双眼的镀银半透明镜片上,即叠加到观察者透过半透明镜片看到的真实世界上。

但真正将虚拟现实技术进行商业化、消费化的转变还是在2014年Facebook收购了Oculus公司之后,才将此技术真正地推入大众视野。在2016年,该技术在我国的发展达到了前所未有的高度,这一年也被称为VR元年,而随之,我国设计师也对虚拟现实艺术的创作达到了高峰。

作为一种实景再现技术,虚拟现实艺术具有明确的衡量标准。

(1)沉浸感。这其中就体现出了仿真学的技术优点,将虚拟的图像空间具象化、真实化,是受众感受沉浸感的主要来源,沉浸感能够使受众真正地与虚拟世界"融合"。

(2)构想性。受众在虚拟空间中获得全新的构想模式,从而开拓出创造性思维,进而获得视觉层面与心理层面两方面的体验快感。

(3)交互性。受众可以与虚拟空间中的景、物进行互动和交流,这种形式能够进一步加强真实感体验。

通过此三点要素的协调运作,结合感官六识(即眼识、耳识、鼻识、舌识、身识和意识)就能够建立起一个成熟的虚拟现实艺术系统。

伴随着现代科学技术的高速发展,虚拟现实设备的更新速度也越来越快。现在比较受用户欢迎的品牌有索尼(Sony)、维沃(Vivo)、三星(SAMSUNG)等。

7.1.3 虚拟现实的分类

目前,虚拟现实技术根据其技术特点可以分为以下几类:

(1)人机交互技术

人机交互技术是实现用户与虚拟场景进行交互的关键技术,人机交互技术的发展带动着虚拟现实技术的发展。一般人们常见的人机交互方式是通过鼠标、键盘、显示器等设备进行的,但是这种方法的人机交互的体验感不强,不能使用户有着身临其境的感觉。伴随着科技的进步,越来越多的人机交互设备被设计制作出来,VR技术的出现,有效地提高了用户对于虚拟环境的沉浸感,但目前VR设备的价格比较昂贵,限制了该技术的普及。

(2)传感器技术

在虚拟现实技术中传感器技术的研究也是很重要的,在进行人机交互时需要对用户的指令进行收集。将传感器安装在用户使用的设备上,利用传感器对用户的动作、语言、瞳孔等信息进行采集,并且将虚拟环境交互的反应回馈给用户。如果缺少了传感器,就会降低用户的体验感。

虚拟现实技术最主要的特点是使用户能够有最真实的体验,以最自然的形式完成人机交互。依靠实现人机交互方式的不同,可以分为以下几类:

(1) 桌面式虚拟现实系统

通过显示器实现用户与三维虚拟场景进行人机交互。将显示器作为虚拟场景的入口,用户通过键盘、鼠标等输入端对虚拟场景进行操作。这种交互方式适用于对交互程度要求不高的工作场所,给用户的代入感并不强烈,不能完全沉浸在虚拟场景中,同时也比较容易受到用户所处环境的干扰。这种方法的优点是对所需的硬件要求较低,对于多数用户来说比较能够接受,用户只是通过视觉对建立的虚拟场景进行观察。目前国内用到的最多的虚拟现实系统就是桌面虚拟现实系统,只需要一台普通的计算机就能够实现。用户通过使用键盘、鼠标对虚拟场景进行操作,就能够很好地体验到具象化的真实场景。一套这样的系统操作起来简单,所需的费用比较低,便于大面积的推广和普及。作为一套比较经济和实用的虚拟现实系统,它的缺点就是能够实现的功能有限。

(2) 沉浸式虚拟现实系统

这种系统是通过头带式显示器和数据交互手套等能够实现数据交互功能的硬件设备来进行人机交互的,头盔将用户的视觉、听觉限制在一定的区域,使得用户能够更好地将自身融入到虚拟场景当中,并且通过这些硬件设备完成对虚拟场景的操作,使得用户能够体验身临其境的感觉。这种系统的缺点就是所需的硬件设备价格比较贵,不利于大范围地推广使用。

(3) 叠加式虚拟现实系统

这种系统就是将一些设计好的虚拟画面叠加到用户所看到的景象之上,能够更好地展示用户希望获得的数据信息,使得用户的现场感得到不断的强化,因此这种虚拟现实系统也可以叫做补充现实系统或者虚拟信息增强系统。

虚拟现实技术就是通过计算机技术,利用图像处理系统在计算机内按照现实场景中的环境和事物进行三维模拟,用户通过自然的方式与建立的三维景象进行交互,使得用户产生身临其境的代入感。虚拟现实技术主要是为了利用计算机技术进行三维模拟,将现实的场景与人类现实中无法实现的场景结合起来,方便处理一些复杂的问题和信息。但是虚拟现实技术的发展也存在一些技术困难:第一是实现虚拟现实技术的硬件设备价格高昂;第二是建立三维模型的难度较高,模型越复杂流程越烦琐;第三是建模所需要的数据信息较多,对于设备的信息存储容量要求较大。

7.1.4 虚拟现实系统的组成

虚拟现实系统的功能由两部分组成:一是创建虚拟世界,二是人与虚拟世界之间的人机交互操作。虚拟现实系统又可分为沉浸式实现和非沉浸式实现;人机交互操作又可分为基于自然方式的人机交互操作和基于常规交互设备的人机交互操作。

通常,沉浸式虚拟现实系统采用自然方式的人机交互操作,而非沉浸式虚拟现实系统通常允许采用常规人机交互设备进行人机交互操作。概括地说,虚拟现实系统由以下四大部分组成:虚拟世界生成设备、生成多通道刺激信号的感知设备、虚拟世界中的坐标及朝向的跟踪设备和基于自然方式的人机交互设备。这里所指的设备包含相应的硬件和软件。

1. 虚拟世界生成设备

虚拟世界生成设备无疑可以是一台或多台高性能计算机，通常又分为基于高性能个人计算机、基于高性能图形工作站和基于分布式异构计算机的虚拟现实系统三大类。后两类用于沉浸式虚拟现实系统，而基于 PC 机的虚拟现实系统通常为非沉浸式系统。

虚拟现实所用的计算机是带有图形加速器和多条图形输出流水线的高性能图形计算机。虚拟世界生成设备的主要功能包括：

(1) 视觉通道信号生成与显示：三维高真实感图形建模与实时绘制。

(2) 听觉通道信号生成与显示：三维真实感声音生成与播放。所谓三维真实感声音是具有动态方位感、距离感和三维空间效应的声音。

(3) 触觉（或力觉）通信信号与显示：皮肤感知的触摸、温度、压力、纹理信号及肌肉、关节、腱等感知信号的建模与反馈。

(4) 支持实时人机交互操作的功能：三维空间定位、碰撞检测、语音识别，以及人机实时对话功能。

2. 感知设备

感知设备是指将虚拟世界各类感知模型转变为人能接受的多通道刺激信号的设备。感知包括视、听、触（力）、嗅、味觉等多种通道。然而，成熟和相对成熟的感知信息产生和检测的技术仅有视觉、听觉和触（力）觉等几种通道。

(1) 视觉设备：包括立体宽视场图形显示器，可分为沉浸式和非沉浸式两大类。

(2) 听觉感知设备：三维真实感声音的播放设备。常用的有耳机式、双扬声器组和多扬声器组三种。通常由专用声卡将单通道声源信号处理成具有堵耳效应的真实感声音。

(3) 触觉（力觉）感知设备：包括触觉（力觉）反馈装置。触觉和力觉实际是两种不同的感知。触觉包括的感知内容更丰富一些，例如，应包含一般的接触感（类似于"摸到了一个面"的感觉），进一步应包含感知材料的质感（布料、海绵、橡胶、木材、金属、石料等）、纹理感（平滑、粗糙程度等），以及温度感等。

实际目前能实现的仅仅是模拟一般的接触感。力觉感知设备要求能反馈力的大小和方向，与触觉反馈装置相比，力反馈装置相对较成熟一些。

3. 跟踪设备

跟踪设备是跟踪并检测位置和方位的装置，用于虚拟现实系统中基于自然方式的人机交互操作，例如，基于手势、体势、眼视线方向变化。目前，先进的跟踪定位系统可用于动态记录人体运动，如舞蹈、体育竞技运动动作等，在计算机动画、计算机游戏设计和运动员动作分析等方面有着广泛的应用。最常用的跟踪设备有基于机械臂原理、磁传感器原理、超声传感器原理和光传感器原理四种。除机械臂式定位跟踪设备以外，其他三种跟踪设备都由一个（或多个）信号发射器，以及数个接收器组成，发射器安装在虚拟现实系统中某个固定位置，接收器安装在被跟踪的部位。如安装在头部，通常用来跟踪视线方向；如安装在手部，通常用来跟踪交互设备数据手套的位置及其朝向；如果将多个接收器安装在贴身衣服的各个关节部位上，则实时记录人体各个活动关节的位置，经过软件处理可实时跟踪最示人的动作。

4. 人机交互设备

应用手势、体势、眼神，以及自然语言的人机交互设备，常见的有数据手套、数据衣服（带传感器的衣服），以及语音综合和识别装置。

7.1.5　虚拟现实的应用

虚拟现实是一种让用户在虚拟世界能够体验到接近真实感受的计算机仿真技术，其生成的视、听、触、嗅、味觉等一体化的虚拟环境可以为用户提供高沉浸感体验。与传统的计算机技术相比，VR 技术提供了更加自然的人机交互方式，更加强调人在人机交互中所占据的主导地位。近年来，随着具有沉浸性、交互性、多感知性等优点的 VR 技术高速发展，VR 已经越来越多地被应用于医学教育、病患分析及临床治疗中，依托于 VR 技术支持的认知训练及神经康复的优势也愈加凸显。

与传统简单单调的外部训练环境相比，VR 训练场景不仅可以为用户提供多种感觉器官的实时刺激反馈及可视化的训练数据，还可以打破传统训练场所的限制，使得用户可以在医院、学校、家庭等多个场所完成训练。神经反馈建立在脑科学研究和应用的基础之上，是生物反馈训练的一种形式，已经成为脑－机接口技术相关研究中的一个重要方向。

神经反馈使用脑电图信号作为反馈控制信号，将用户的大脑作为学习和训练的主体。神经反馈训练有助于用户的大脑学会按照适宜的方式实现自己的目标，最终目标是重新配置大脑的结构和功能，以实现记忆、注意力、处理速度或执行功能等认知能力的改善。这些认知能力的改善不仅可以用于孤独症、抑郁症和焦虑症等心理疾病的治疗，也可以用于康复训练、诱导神经的可塑性变化，以及促进受损神经通路的恢复。相比于传统的脑功能强化方法，如行为疗法、药物和物理刺激，神经反馈训练针对性更强，提升效果也更显著。但目前，神经反馈系统的外部训练环境设计较为简单，大多使用计算机显示屏提供视觉反馈，并且训练过程单调烦琐，用户参与的积极性不高，导致有相当比例的用户无法正确地调节其大脑活动。

7.2　增强现实

7.2.1　增强现实的概念

与传统虚拟现实技术所要达到的完全沉浸的效果不同，增强现实（AR）技术致力于将计算机生成的物体叠加到现实景物上。它通过多种设备，如与计算机相连接的光学透视式头盔显示器或配有各种成像原件的眼镜等，让虚拟物体能够叠加到真实场景上，以便使它们一起出现在使用者的视场中的同时，使用者可以通过各种方式来与虚拟物体进行交互，例如，在装配或维修工作中，基于增强现实技术的应用系统会在操作人员视野的相应位置显示出有用的提示信息，又如在使用增强现实技术的培训系统中，甚至可以将虚拟物体和实际配件装配在一起，增强现实技术在工业设计、机械制造、建筑、教育和娱乐等领域都有着广泛的应用前景。

随着科技的发展，增强现实越来越贴近人们的生活，不仅成为近年来国外众多知名大学和研究机构的研究热点之一，在医疗、教育、军事、工业、广告、游戏和旅游等领域也有着广泛的应用。

增强现实通过将计算机生成的虚拟信息叠加到真实环境中，来丰富人们与现实世界和数字世界的互动，以达到超越现实的感官体验。

在1968年，Ivan Sutherland发明了头盔显示器，接着又使用光学透视式头盔显示器创建了第一个增强现实系统，同时也是第一个虚拟现实系统。由于当时计算机处理性能的限制，只能实时显示非常简单的线框模型。

1992年，波音公司的Tom Caudell和David Mizell在帮助工人组装飞机电缆时，创造了增强现实一词。同年，两个早期的增强现实原型系统由美国空军的L. B Rosenberg和哥伦比亚大学的Steven Feiner等人提出，它们分别是Virtual Fixtures虚拟帮助系统和KARMA机械师修理帮助系统。

1997年，Ronald Azuma撰写了第一份关于增强现实的报告，提出了后来被广泛接受的AR定义。该定义包含三个特征：虚实结合、实时交互和三维注册。

2000年，Bruce Thomas开发了第一款室外AR游戏——ARQuake，它将AR带到了室外的真实场景。此后，随着智能手机等移动设备的不断更新，越来越多的AR应用程序被开发出来。

2012年，谷歌眼镜的亮相掀起了新一轮的AR热潮。随后，越来越多的企业和科研机构积极投身于AR技术的研发。随着AR技术的快速发展，AR产品已被广泛应用于游戏、军事、教育、医疗和零售等领域。

近年来，随着计算机图形图像及便携头戴式显示器等关键技术的发展，增强现实技术的实用性显著增强，出现了一系列代表性产品，包括谷歌眼镜、微软HoloLens、国产蚁视眼镜等。因此，增强现实技术成为了当前计算机图形图像处理领域的研究热点。

7.2.2 增强现实的关键技术

增强现实技术是在计算机图形学、计算机图像处理、机器学习等基础上发展起来的。它将原本在真实世界中的实体信息，通过一些计算机技术叠加到真实世界中，来被人类感官所感知，从而达到超越现实的感官体验。为了使用户能够真实地与虚拟物体交互，增强现实系统必须要提供高帧率、高分辨率的虚拟场景，跟踪定位设备和交互感应设备。因此，跟踪注册技术和系统显示技术是增强现实技术的基础。

1. 跟踪注册技术

跟踪注册技术根据跟踪的对象可以简单地分为两类：

(1)把摄像机作为跟踪对象。如基于硬件传感器的跟踪技术和基于计算机视觉的跟踪技术。基于硬件传感器的跟踪技术通过手机等便携设备获取设备的位置、移动信息，从而达到跟踪注册的目的；基于计算机视觉的跟踪技术使用摄像机获取真实场景的图像，利用机器视觉的相关算法将虚拟物体与真实场景融合在同一个视频图像中。

(2)把人作为跟踪对象。即以人自己本身的信息或者人周边的信息作为被跟踪对象。例如，基于深度摄像机的跟踪注册技术可以识别并跟踪人体骨骼、人体周边物体的信息，从而对人体周边的环境做简单的建模并加载虚拟场景。

常用的跟踪注册技术有以下几种：

(1) 基于硬件传感器的跟踪注册技术

基于硬件传感器的跟踪注册技术通过传感器的信号发送器和感知器来获取到相关位置数据，进而计算出摄像机或智能设备相对于真实世界的姿态。基于硬件的三维注册技术有很多种，下面主要介绍其中的三种，即 GPS 全球定位系统、惯性导航系统和磁感应传感器跟踪注册技术。

①GPS 全球定位系统：它用于大规模的户外增强显示系统中来确定用户的地理位置，将获得的定位数据通过移动通信模块上传至网络上的某台服务器，从而可以在智能设备上查询位置。由于 GPS 的定位精度一般为 1 米到 15 米左右，精度还不够高，所以在实际中，人们只将它的定位数据作为一个粗略的初始位置，再使用其他跟踪注册算法来实现更加精确的三维跟踪。

②陀螺仪：它用于测定用户智能设备转动的角度及运动的三维角速度。像陀螺仪这类的惯性跟踪设备一般只能简单测量智能设备的运动模式，所以经常和加速传感器配合使用。加速传感器通过惯性原理来测定使用者的运动加速度，它和惯性跟踪设备一同使用构成惯性导航定位系统，并通过这个惯性导航定位系统来测定智能设备的方位和速度，这种方法定位精度高，同时抗干扰能力强。户外增强显示系统一般使用 GPS 定位，负责粗略地定位地理位置，惯性导航系统负责估计智能设备的姿态，但是它也有一定的缺点，在使用一段时间后各种传感器之间的数据交互会产生累积误差。

③磁感应传感器：它是增强现实领域运用较为广泛的一种位置姿态测量装置。它能够通过线圈电流的大小来计算交互设备与人造磁场中心点的距离及方向，此外它还可以通过地球的磁场来判断设备的运动方位。但是有一个明显的缺点是容易受到其他磁场的影响，并且跟踪的范围有一定的局限性。所以如果磁场强度较弱，它跟踪的精确度就会大大降低。

(2) 基于计算机视觉的跟踪技术

根据是否采用人工标记物将基于计算机视觉的跟踪技术分为带标记跟踪和不带标记跟踪，这里主要对带标记跟踪进行分析，带标记跟踪技术又可以根据标记物的特点分为强标记跟踪和弱标记跟踪两类。

①基于强标记的跟踪技术：基于强标记的跟踪注册技术需要在真实场景中事先放置一个标识物作为识别标记。使用标识物的目的是能够快速地在复杂的真实场景中检测出标识物的存在，然后在标识物所在的空间上注册虚拟场景。一般的检测中使用的标识物非常简单，标识物可能是一个只有黑白两色的矩形方块，或者是一种具有特殊几何形状的人工标志物。标识物上的图案包含着不同的虚拟物体，不同的标识物所含的信息也不相同，提取标识物的方法也不相同，所以应合理和选取人工标识物来提高识别结果的准确性。

②基于弱标记的跟踪技术：弱标识的标识物都是具有自然特征的图片。由于标识物的模板被部分重叠依旧可以工作，所以它的模板没有严格的限制，可以采用任意的形状和纹理。虽然弱标记跟踪技术标识物模板的选取较为方便，但其模板图片却十分复杂。弱标记跟踪的基本流程是将视频中拍摄到的自然图片和预先存储的标准自然图片做特征点匹配，通过这些特征点集的匹配关系求出一个两张图片之间几何变换矩阵，再通过这个矩阵得到自然图片在真实场景中的位置关系并显示三维模型。

(3) 基于深度摄像机的跟踪技术

由于环境光照的情况、标记被遮挡,以及目标短暂性的消失这些因素会导致渲染系统不能真实地渲染三维物体,所以针对这些因素的影响,有些增强现实开发公司就在增强现实应用中加入其他辅助器材来实现更精确的跟踪结果。如微软出品的 HoloLens 智能眼镜就加入了四个深度摄像头。

深度摄像头采用 SLAM(simultaneous localization and mapping,同步定位与建图)技术,先将周围的环境扫描之后生成点云,再将点云生成三角面片,最后进行 SLAM,即通过传感器获取环境的有限信息,比如视觉信息、深度信息,还有自身的加速度、角速度等来确定自己的相对或者绝对位置,并且完成对于地图的构建。这个技术被用于机器人、无人汽车、无人飞行器的定位与寻路系统。

(4) 基于离线分析渲染的增强现实技术

该技术通过分析图像特征估计相机参数和场景光照,并将虚拟物体渲染在真实图像中。由于分析算法计算量大,对于普通大小图像的分析时间以分钟为单位,目前只能在实时性要求不高的离线系统中应用。这类技术已经应用于 PhotoShop 等软件中作为对二维图片的三维图像的叠加处理技术。

7.2.3 增强现实的显示技术

视觉是人类与外界环境之间最为重要且直接的信息传递通道,因此,显示技术是增强现实技术中的关键技术之一。显示技术的作用是将计算机生成的虚拟信息与用户所处的真实环境融合在一起。增强显示系统中的显示技术有头戴式显示器、手持式移动显示器、投影显示等。

1. 头戴式显示器

头戴式显示器是一种可以让用户感受到沉浸感的显示设备。它主要分为两种,基于摄像机原理的视频透视式头戴式显示器和基于光学原理的光学透视式头戴式显示器。视频透视式头戴式显示器通过头盔上一个或数个相机来获取实时影像。该影像通过图像处理模块和虚拟渲染模块产生的三维物体相互融合,最终在头戴式显示器上显示出来。

微软推出的 HoloLens 增强现实眼镜和 Meta 公司推出的 Meta 2 增强现实眼镜都是视频透视式头戴式显示器,如图 7-2 所示。HoloLens 和 Meta 2 都具有强沉浸感、智能的人机交互方式的特点。但不同的是:HoloLens 可以让用户只需要戴上眼镜而不需要连接任何设备就可运行增强现实应用;Meta 2 需要用户戴上增强现实眼镜后,连接计算机作为辅助计算,才能使用增强现实应用做交互。

图 7-2 HoloLens 和 Meta 2 显示器

2. 手持式移动显示器

手持式移动显示器是一种允许用户手持的显示设备。它虽然消除了用户佩戴头戴式显示器的不舒适感，但也相应地减弱了视觉的沉浸感。随着各种性能较强的移动智能终端的出现，为移动增强现实的发展提供了很好的开发平台。智能手机普遍都具有内置的摄像头、内置的 GPS 和内置的惯性传感器、磁传感器等，同时具有较高分辨率的显示屏，体积小易于携带，是增强现实技术开发中非常理想的设备。

3. 计算机屏幕显示器

计算机屏幕显示器拥有较高的分辨率，可以满足当前很多桌面机用户的视觉需求。这种显示设备适合那种室内需要渲染精细三维物体的增强现实的环境，并且适合于将虚拟物体渲染到范围较大的环境中。同时平面显示设备造价低、性价比高，多用于低端或者多用户的增强现实系统中，虽然屏幕的沉浸感非常弱，但对于多用户、大场景的增强现实系统参与感却很强。

4. 投影显示

与平面显示设备把图像生成在固定的设备表面不同的是，投影设备能够将图像投影到大范围的环境中；与头戴式的显示设备相比，投影设备更适合室内 AR 应用环境，其生成图像的焦点不会随着使用者视角的改变而变化。

AR 采用手势识别、眼球追踪等人机交互方式，能够给用户带来颠覆式的场景体验，被认为是继个人计算机和智能手机后的下一代计算平台。然而，AR 同时显示真实世界和虚拟世界的特点，以及传递高保真图像的需求，给其光学设计在视场角（field of view, FOV）、眼动范围（eye-box）大小和图像对比度等方面带来了巨大挑战。

目前，要设计出性能好、体积小和功耗低的 AR 头戴式显示设备还非常困难。

随着显示技术、光学技术和数字处理芯片的发展，未来的 AR 头戴式显示器必然会更加小巧和舒适，也更能满足大众消费者的需求。

7.2.4 虚拟现实与增强现实的区别和联系

虚拟现实（VR）技术通常包括头部追踪、手部追踪、运动追踪等功能，以提供更真实的体验。增强现实（AR）是一种将虚拟信息叠加到真实世界的技术，为用户提供了在现实环境中与虚拟对象交互的能力。通过 AR 设备（如智能手机、AR 眼镜等），用户可以看到现实世界的实时视图，并在视图中叠加虚拟图像、文字、音频等信息。AR 技术通过位置追踪、物体识别等功能，将虚拟和现实世界融合在一起，为用户提供更丰富、实用的交互体验。总体而言，虚拟现实创造出一种全新的虚拟世界，使用户沉浸其中；而增强现实将虚拟元素与真实世界结合，为用户提供与实际环境互动的功能。这两种技术都在娱乐、教育、医疗、工业等领域中得到广泛应用，并且被视为未来计算和人机交互的重要方向。

虚拟现实（VR）和增强现实（AR）是两种相关但又不同的技术，它们在提供用户与虚拟世界或现实世界的交互体验方面有一些区别和联系。

主要区别有以下几个方面：

（1）环境呈现。虚拟现实技术是通过创造完全虚拟的环境，使用户沉浸于一个虚拟的世界中；而增强现实技术则是将虚拟的元素与现实的环境相结合，通过叠加虚拟内容在现实的视野中。

(2)环境感知。虚拟现实对现实世界的感知相对较低,用户在VR环境中看不到现实世界的图像和信息,会完全沉浸于虚拟环境中。而增强现实则需要对现实世界进行感知,将虚拟内容与现实环境进行融合。

(3)交互方式。在虚拟现实中,用户通常使用控制器或手部追踪等设备与虚拟世界进行互动;而在增强现实中,用户可以直接通过手势、触摸屏等方式与现实环境中的虚拟内容进行交互。

主要联系有以下两个方面:

(1)技术融合。随着技术的发展,虚拟现实和增强现实之间的界限逐渐模糊,技术日趋日益融合。现在已经存在一些混合现实(mixed reality,MR)技术,将虚拟和现实世界进行更加紧密的融合。

(2)应用融合。虚拟现实和增强现实在许多相似的应用领域中发挥作用,如游戏、教育、培训、医疗、建筑设计等。两种技术都提供了更加沉浸、互动和实用的体验,为用户带来许多创新的应用场景。

虚拟现实和增强现实的发展为人们带来了更多交互和体验的可能性。虽然它们在技术实现和体验方式上有些差异,但在改变人们与数字世界和现实世界交互方式的过程中,两者都扮演着重要的角色。

7.3 元宇宙与数字人

元宇宙(metaverse),钱学森将其命名为灵境,是指人类运用数字技术构建的,由现实世界映射或超越现实世界,可与现实世界交互的虚拟世界,具备新型社会体系的数字生活空间。"元宇宙"本身并不是新技术,而是集成了一大批现有技术,包括5G、云计算、人工智能、虚拟现实、区块链、数字货币、物联网、人机交互等。

7.3.1 元宇宙的概念

对于"元宇宙"一词,不同的学者有不同的定义。下面是国内相关领域学者给出的两个定义。

定义一:元宇宙是利用科技手段进行链接与创造的,是与现实世界映射与交互的虚拟世界,具备新型社会体系的数字生活空间。

定义二:元宇宙是整合多种新技术而产生的新型虚拟、现实相融合的互联网应用和社会形态,它基于扩展现实技术提供沉浸式体验,以及数字孪生技术生成现实世界的镜像,通过区块链技术搭建经济体系,将虚拟世界与现实世界在经济系统、社交系统、身份系统上密切融合,并且允许每个用户进行内容生产和编辑。

总之,元宇宙仍是一个不断发展、演变的概念,不同参与者以自己的方式不断丰富着它的含义。也有学者通过对元宇宙构思和概念的"考古",可以从"时空性、真实性、独立性、连接性"四个方面去交叉定义元宇宙:从时空性来看,元宇宙是一个空间维度上虚拟而时间维度上真实的数字世界;从真实性来看,元宇宙中既有现实世界的数字化复制物,也有虚拟世界的创造物;从独立性来看,元宇宙是一个与外部真实世界既紧密相连,又高度独立的平行空间;从连接性来看,元宇宙是一个把网络、硬件终端和用户囊括进来的一个永续的、广覆盖的虚拟现实系统。

准确地说,元宇宙不是一个新概念与新技术,它更是在扩展现实(extended reality, XR)、区块链、云计算和数字孪生等技术下的概念具化。

元宇宙作为下一代互联网集大成者,充分融合 AR/VR 等新一代交互技术,以及 5G、区块链、边缘计算、人工智能等新一代信息化技术,为用户提供了一个充满无限可能性的虚拟平行宇宙,也为产业界提供了良好的发展机遇。

"元宇宙"一词诞生于 1992 年的科幻小说《雪崩》。小说中提到"Metaverse(元宇宙)"和"Avatar(化身)"两个概念。人们在"Metaverse"里可以拥有自己的虚拟替身,这个虚拟的世界就叫做"元宇宙"。小说描绘了一个庞大的虚拟现实世界,在这里,人们用数字化身来控制,并相互竞争以提高自己的地位。到如今看来,小说描述的还是超前的未来世界。

关于"元宇宙",比较认可的思想源头是美国数学家和计算机专家弗诺·文奇教授,在其 1981 年出版的小说《真名实姓》中,创造性地构思了一个通过脑机接口进入并获得感官体验的虚拟世界。

20 世纪 70 年代到 95 年代出现了大量的开放性多人游戏,游戏本身的开放世界形成了元宇宙的早期基础。2003 年,游戏《Second Life》发布,它在理念上给大家部分解放了现实世界所面临的窘境,大家在现实世界中不能快速调整自己的身份,而在虚拟世界当中,大家可以通过拥有自己的分身来实现。

2022 年 9 月 13 日,全国科学技术名词审定委员会举行元宇宙及核心术语概念研讨会,与会专家学者经过深入研讨,对"元宇宙"等三个核心概念的名称、释义形成共识——"元宇宙"的英文对照名为"metaverse",释义为"人类运用数字技术构建的,由现实世界映射或超越现实世界,可与现实世界交互的虚拟世界"。

7.3.2 数字人

1. 数字人的概念

数字人是指将人体的组织形态结构、物理功能、生理功能实现数字化,相当于人体的"活地图"。所谓虚拟数字人,就是由计算机图形学、图形渲染、动作捕捉、深度学习、语音合成等计算机手段创造及使用,并具有多重人类特征(外貌特征、人类表演能力、人类交互能力等)的综合产物。

根据百度网"科普中国·科学百科"的解释,狭义的数字人是利用信息科学对人体进行虚拟仿真,是一种信息科学与生命科学融合的产物。最终目的是建立多学科、多层次的数字模型。达到对人体从微观到宏观的精确模拟。广义的数字人,是指数字技术在人体解剖、物理、生理及智能的各个层次、各个阶段的渗透。

虚拟数字人概念最早起源于 1990 年的日本动漫,是通过绘画、动画、CG(computer graphics,计算机图形学)技术等在虚拟或现实场景中实现非真人的形象。2018 年之前。受限于技术瓶颈、内容单向输出等因素,大部分虚拟数字人并未出现特别大的破圈状态,虚拟和真实世界的屏障一直难以逾越。近年来,伴随 CG、人工智能、动态捕捉等科学技术的不断进步,数字人的互动性和社交属性不断增强,虚拟和真实的边界逐渐消弭,故其也开始受到行业各方的关注。

"数字人"的概念在美国首次提出则是在2011年，随后开始在全球流行并一跃成为炙手可热的词语之一。2018年在新华社新媒体上出现了由AI合成的虚拟主播，国家电网山东济南营业厅也出现了数字人——"国网机器人"。2019年百度与浦发银行联手打造的国内首个虚拟数字员工"小浦"正式上岗。

据查，中国在2001年开始立项"数字人"项目。中国科学院联合众多国内顶尖医学院校共同进行了技术攻关，数字人公司在2008年加入研发团队，承担中国"数字人"的三维重建，于2015年开发出中国"数字人解剖系统"，该产品在全国多家医学院校和医师培训中心得到应用。

数字人是具有人类的外观、行为甚至思想等特征，以数字形式存在的虚拟形象。数字人既包括基于某个知名人物生成的孪生型数字人，也可以是完全凭空设计的原生型数字人。例如，CCTV在2022年北京冬奥会期间上线了原生型的手语虚拟主播，"央视频"平台在两会报道中推出了基于真人评论员的孪生型数字人，抖音、腾讯、阿里等其他互联网平台也纷纷推出各自的数字人形象。

在数字技术快速发展的支撑下，虚拟数字人已经可以模拟真人的会话、表情和动作，在各种不同的场景进行交互应用，数字人逐步具有感知力、学习力、有温度、可进化等智能化特征。

2. 数字人的特征

数字人的诞生及发展和人工智能(artificial intelligence, AI)密不可分。数字人系统一般情况下由人物形象、语音生成、动画生成、音视频合成显示、交互等五个模块构成，其中交互模块为扩展项。数字人的拟人化及生产制作的自动化程度，反映数字人系统的整体进化和发展水平，代表着数字技术综合运用能力和成熟度体现。根据"拟人化"和"自动化"两个维度，可以将数字人分成L1~L5五个等级。其中，L4和L5等级的数字人统称为AI数字人。

从产品技术趋势看，未来数字人都将是由AI驱动内容生成的，多模态AI技术是核心，交互会越来越智能，形象越来越逼真。

从行业应用趋势看，未来几年将是人类员工与数字人并存的方式，AI数字人将辅助人类进行工作。

从产业落地趋势看，AI数字人将以平台工具的形式输出，赋能各行各业，如演艺型数字人、播音数字人。

3. 数字人的特征

数字人的下一步，将逐步聚焦到'数字人的大脑'的升级，大脑的智能性提升能够帮助虚拟人拓展到更多的开放领域，为社会带来更多价值。当前数字人的发展表现为多种类型百花齐放，各个赛道在技术上快速迭代升级，但数字人的"大脑"仍存在很大升级空间，如情绪理解、智能问答、自然交互等。从最小的范畴说起，虚拟数字人具备三方面的特征：

(1)拥有类人的外观。具有特定的相貌、性别和性格。

(2)拥有类人的行为。能够用语言、面部表情和肢体动作进行"自我"表达。

(3)拥有类人的思考方式。能够识别外部环境，并与人交流互动。

综合来看，就是具备四方面的能力，即形象能力、感知能力、表达能力和娱乐互动能力。

4. 数字人的应用

2021 年以来，虚拟"数字人"市场快速升温，多家科技企业发布了"数字人"相关产品。近日，百度发布了可在 App 内互动的超写实"数字人"；阿里巴巴开发的超写实"数字人"AYAYI 正式"入职"阿里，成为天猫超级品牌日的数字主理人；OPPO 发布了基于虚拟人多模态交互的手机智能助手，可实现与用户在多个场景生态下实时交互；哔哩哔哩专门为虚拟主播开设分区。不知不觉，虚拟"数字人"已经开始走进人们的生活。

数字人应用目前可大致分为三种类型：真人分身、模拟员工和虚拟偶像，图 7-3 所示为若干数字人的例子。

图 7-3　数字人的例子

◆ 小　　结 ◆

本章介绍了虚拟现实的概念、发展历程、分类和系统组成，以及其主要应用；介绍了增强现实的概念、关键技术及其显示技术；分析了虚拟现实与增强现实的区别和联系；最后介绍了元宇宙和数字人的概念及其应用。

◆ 习　　题 ◆

1. 什么是虚拟现实技术？
2. 简述虚拟现实的发展历程。
3. 简述虚拟现实系统的组成。
4. 分析虚拟现实的主要应用场景。
5. 什么是增强现实？
6. 简述增强现实的关键技术。
7. 简述增强现实中的主要显示技术。
8. 分析虚拟现实与增强现实的区别和联系。
9. 什么是元宇宙？
10. 什么是数字人？分析数字人的应用前景。

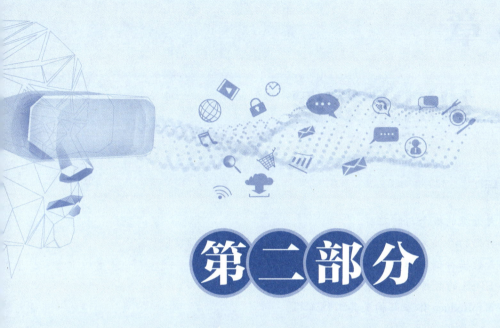

第二部分

体验大数据技术

第 8 章 初识大数据

学习目标

(1) 理解大数据的概念与特征。
(2) 理解数据的存储方法,能够使用关系数据库进行数据存储实验。
(3) 了解云数据存储的 Hadoop 体系架构及其生态系统。
(4) 理解 HDFS 的数据组织与操作原理。
(5) 了解 MapReduce 体系架构及其工作流程。

8.1 大数据的概念与特征

大数据(big data)目前还没有一个被业界广泛认同的明确定义。对"大数据"的概念认识可谓"仁者见仁,智者见智"。

根据麦肯锡全球研究所的定义,大数据是一种规模大到在获取、存储、管理、分析方面大大超出了传统数据库软件工具能力范围的数据集合,具有海量的数据规模、快速的数据流转、多样的数据类型和价值密度低四大特征。

根据 Gartner 给出的定义,大数据是需要新处理模式,才能具有更强的决策力、洞察发现力和流程优化能力,来适应海量、高增长率和多样化的信息资产。

根据 IBM 公司的观点,大数据是指所涉及的资料量规模巨大到无法透过目前主流软件工具,在合理时间内达到撷取、管理、处理,并整理成为帮助企业经营决策更积极目的的资讯;并认为大数据正在呈现出 5V 特征,即 Volume(海量性)、Velocity(高速性)、Variety(多样性)、Veracity(真实性)、Value(低价值密度),如图 8-1 所示。

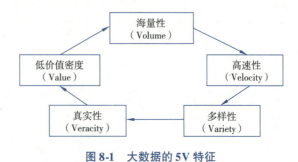

图 8-1 大数据的 5V 特征

(1) 海量性

随着视频感知设备的快速发展,图片和视频的分辨率不断提升,数据量呈现指数增长。特别在一些用来应急处理的实时监控系统中，数据是以视频流(video stream)的形式实时、高速、源源不断地产生的，数据具有明显的海量性特征。

例如，当图片分辨率从 800×600 上升到 $3\,840 \times 2\,160$ 时，一张 24 位色彩的图片的存储空间从 $(800 \times 600 \times 24)/(1\,024 \times 8) = 1\,406$ KB 上升到 24 300 KB。而同样情况下 10 分钟的视频(假设每秒 25 帧时)的存储空间从 $(800 \times 600 \times 24 \times 25 \times 10 \times 60)/(1\,024 \times 8) = 2\,109\,375$ KB $= 2\,059$ MB 上升到 355 957 MB $= 347$ GB。

(2) 高速性

由于数据的海量性，必然要求骨干网能够汇聚更多的数据，从各种类型的数据中快速获取高价值的信息。例如，在智能交通的应用中，既要保障车辆的畅通行驶，又要通过保持车距来保证车辆的安全，这就需要在局部空间的车辆之间实时通信和及时决策，需要数据的高速传输和处理。在这样的应用中，数据的传输、存储都要求有更高的实时性。

(3) 多样性

在不同领域、不同行业，需要面对不同类型、不同格式的应用数据，这些数据包括文本、状态、音频、视频、图片、地理位置等。另外，在物联网系统中，由于存在不同来源的传感器、电子标签、读写器、摄像头等，它们的数据结构也不可能遵循统一模式，而是会具有明显的异构多样特征。

(4) 真实性

由于物联网感知的是真实物理世界的各种信息，这些信息如果没有受到人工干扰和系统故障影响，所获取的信息就是真实和可信的。特别是基于视频监控的数据，通常用来作为法律判断的依据，更是对真实世界的现实反映。

(5) 低价值密度

在视频监控实际应用中，存在采样频率过高，以及不同的感知设备对同一个物体同时感知等情况，这类情况导致了大量的冗余数据，所以相对来说数据的价值密度较低，但是只要合理利用并准确分析，将会带来很高的价值回报。尽管感知数据种类繁多、内容海量，但这些数据在时间、空间上存在潜在关联和语义联系，通过挖掘关联性就会产生丰富的语义信息。

8.2　大数据的存储方法

由于物联网感知的数据种类较多，有文本、图片、语音、视频等，而不同的类型数据如果采用相同的存储方法，将会导致数据存储效率和检索性能快速下降。因此，需要采用差异化的数据存储技术，即关系数据库技术和云存储技术等。例如，对于文本类数据，采用关系数据库存储效率更高；对于图片特别是视频信息，可能使用云存储架构更加高效。

8.2.1　关系数据库存储

1. 结构化数据和非结构化数据

数据是反映客观事物存在方式和运动状态的记录，是信息的载体。数据表现信息的形式是多种多样的，不仅有数字、文字符号，还可以有图形、图像、音频和视频文件等。

根据数据的不同特征，可以把数据分为结构化数据和非结构化数据。

结构化数据也称作行数据，是由二维表结构来逻辑表达和实现的数据，严格地遵循数据格式与长度规范，主要通过关系型数据库进行存储和管理。

非结构化数据是数据结构不规则或不完整，没有预定义的数据模型，不方便用数据库的二维逻辑表来表现的数据。如各类报表、图片、音频和视频信息等。

非结构化数据的格式多样，标准也多样，而且在技术上，非结构化信息比结构化信息更难标准化和理解。所以存储、检索、发布及利用需要更加智能化的 IT 技术，比如海量存储、智能检索、知识挖掘等。

2. 数据库

数据库是以一定的组织方式将相关的数据组织在一起，长期存放在计算机内，可为多个用户共享，与应用程序彼此独立，统一管理的数据集合。

数据库的组织严格依赖数学模型，在数据模型的支撑下，进行数据存储和操作。数据模型的主要功能是描述数据间的逻辑结构，确定数据间的关系，即数据库的"框架"。有了数据间的关系框架，再把表示客观事物具体特征的数据按逻辑结构输入到"框架"中，就形成了有组织结构的"数据"的"容器"。

数据库的性质是由数据模型决定的，数据的组织结构如果支持关系模型的特性，则该数据库为关系数据库。

关系数据库分为两类：一类是桌面数据库，如 Access、FoxPro 和 dBase 等；另一类是客户/服务器数据库，如 SQL Server、Oracle 和 Sybase 等。一般而言，桌面数据库用于小型的、单机的应用程序，它不需要网络和服务器，实现起来比较方便，但它只提供数据的存取功能。客户/服务器数据库主要适用于大型的、多用户的数据库管理系统，应用程序包括两部分：一部分驻留在客户机上，用于向用户显示信息及实现与用户的交互；另一部分驻留在服务器中，主要用来实现对数据库的操作和对数据的计算处理。

3. 行式数据库和列式数据库

数据库类似于人们日常生产中使用的表格，以行、列的二维表的形式呈现数据，但存储时却是以一维字符串的方式存储。根据存储方式的不同，可以分为行数据库和列数据库两种。

行式数据库是以行相关存储架构进行数据存储的数据库。行式数据库把一行中的数据值串在一起存储起来，然后再存储下一行的数据，以此类推。对于表 8-1 中的数据，采用行数据库时，其存储方式为：1, Smith, F, 3 400; 2, Jones, M, 3 500; 3, Johnson, F, 3 600。

行数据库通常用在联机事务的批量数据处理中，主要行式数据库包括 MySQL、Sybase 和 Oracle 等。

表 8-1 包括 4 个字段的表格

用 户 号	用 户 名	性　　别	工　　资
1	Smith	F	3 400
2	Jones	M	3 500
3	Johnson	F	3 600

列式数据库是以列相关存储架构进行数据存储的数据库。列式存储以流的方式在列中存储所有的数据，即把一列中的数据值串在一起存储起来，然后再存储下一列的数据，以此类推。针对表8-1中的数据，采用列式数据库时，其存储方式为：1，2，3；Smith，Jones，Johnson；F，M，F；3 400，3 500，3 600。

列式数据库的特点是查询快、数据压缩比高。主要适合于批量数据处理和即时查询。典型的列式数据库包括 Sybase IQ、C-Store、Vertica、Hbase 等。

4. 数据库系统

数据库系统是指支持数据库运行的计算机支持系统，即数据处理计算机系统。数据库是数据库系统的核心和管理对象，每个具体的数据库及其数据的存储、维护，以及为应用系统提供数据支持，都是在数据库系统环境下运行完成的。

数据库系统是实现有组织、动态地存储大量相关的结构化数据、方便各类用户访问数据库的计算机软/硬件资源的集合，是由支持数据库的硬件环境、软件环境(操作系统、数据库管理系统、应用开发工具软件、应用程序等)、数据库、开发使用和管理数据库应用系统的人员组成。

5. 数据库管理系统

数据库管理系统(database management system, DBMS)是位于用户与操作系统之间，具有数据定义、管理和操纵功能的软件集合。

数据库是数据库系统的核心部分，是数据库系统的管理对象。数据库管理系统提供对数据库资源进行统一管理和控制的功能，使数据与应用程序隔离，数据具有独立性；使数据结构及数据存储具有一定的规范性，减少了数据的冗余，并有利于数据共享；提供安全性和保密性措施，使数据不被破坏，不被窃用；提供并发控制，在多用户共享数据时保证数据库的一致性；提供恢复机制，当出现故障时，数据恢复到一致性状态。

数据库管理系统主要功能包括：数据定义、数据操纵、数据库的运行管理和创建维护数据库。为实现数据库上述管理功能，DBMS 提供了数据定义、数据操纵和数据控制三个子语言，以确保数据的数据定义、管理和操纵正确有效。

目前，受广大用户欢迎的数据库管理系统很多，如 Access、SQL Server、MySQL、Oracle、GuassDB、KingbaseES 和 PolarDB 等。

6. 数据库的关系运算

数据库的关系运算有三类：一类是传统的集合运算(并、差、交等)，另一类是专门的关系运算(选择、投影、连接等)，再一类是查询运算，通常是几个运算的组合，要经过若干步骤才能完成。下面简单介绍三种专门的关系运算。

(1)选择运算

从关系模式中找出满足给定条件的那些元组称为选择。其中的条件是以逻辑表达式给出的，值为真的元组将被选取。这种运算是从水平方向抽取元组。

在关系数据库中，关系是一张表，表中的每行(即数据库中的每条记录)就是一个元组(tuple)，每列就是一个属性。在二维表里，元组也称为行。

在很多数据库系统中，短语 FOR 和 WHILE 的作用相当于进行条件选择运算。

如：LIST　FOR　出版单位 = '中国铁道出版社'　AND　单价 < = 50

(2)投影运算

从关系模式中挑选若干属性组成新的关系称为投影。这是从列的角度进行的运算,相当于对关系进行垂直分解。

在很多数据库系统中,短语 FIELDS 相当于投影运算。

如:LIST　FIELDS　单位,姓名

(3)连接运算

连接运算是从两个关系模式的广义笛卡儿积中选取属性间满足一定条件的元组形成一个新关系。在关系代数中,连接运算是由一个笛卡儿积运算和一个选取运算构成的。首先用笛卡尔积完成对两个数据集合的乘运算,然后对生成的结果集合进行选取运算,这样能够确保只把分别来自两个数据集合并且具有重叠部分的行合并在一起。连接的意义在于在水平方向上合并两个数据集合(通常是表),并产生一个新的结果集合。其方法是将一个数据源中的行与另一个数据源中和它匹配的行组合成一个新元组。

7. 数据库的操作

虽然关系型数据库有很多,但是大多数都遵循结构化查询语言 SQL(structured query language)标准。在标准 SQL 语言中,常见的操作有查询、新增、更新、删除、去重、排序等。

(1)查询语句

```
SELECT param FROM table WHERE condition
```

该语句可以理解为从 table 中查询出满足 condition 条件的字段 param。

(2)新增语句

```
INSERT INTO table (param1, param2, param3) VALUES (value1, value2, value3)
```

该语句可以理解为向 table 中的 param1,param2,param3 字段中分别插入 value1,value2,value3。

(3)更新语句

```
UPDATE table SET param = new_ value WHERE condition
```

该语句可以理解为将满足 condition 条件的字段 param 更新为 new_value 值。

(4)删除语句

```
DELETE FROM table WHERE condition
```

该语句可以理解为将满足 condition 条件的数据全部删除。

(5)去重查询

```
SELECT DISTINCT param FROM table WHERE condition
```

该语句可以理解为从表 table 中查询出满足条件 condition 的字段 param,但是 param 中重复的值只能出现一次。

(6)排序查询

```
SELECT param FROM table WHERE condition ORDER BY param1
```

该语句可以理解为从表 table 中查询出满足 condition 条件的 param，并且要按照 param1 升序的顺序进行排序。

总体来说，数据库的 INSERT、DELETE、UPDATE、SELECT 对应了人们常用的增删改查四种操作。

8. 分布式数据库

分布式数据库技术就是数据库技术与分布式技术的一种结合。具体指的是把那些在地理意义上分散的、逻辑上又是属于同一个系统的各个数据库节点的数据结合起来的一种数据库技术。这种系统并不注重集中控制，而是注重每个数据库节点的独立性和自治性。

数据独立性在分布式数据库管理系统中十分重要，其作用是让数据进行转移时使程序正确性不受影响，就像数据并没有在编写程序时被分布一样，这也称为分布式数据管理系统的透明性。和集中式数据库系统不同，分布式数据库里的数据一般会通过拷贝引入冗余，目标是为了保证分布节点故障时数据检索的正确率。将集中存储转换为分布存储有很多方法，包括分类分块存储和字段拆分存储等方式。图 8-2 所示是一种字段拆分存储方式。

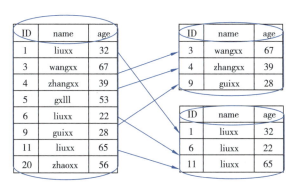

图 8-2　从集中存储到分布式存储

8.2.2　云数据存储

云数据存储(也称云存储)是在云计算概念上延伸和发展出来的一个新的概念，其发展推动了 NoSQL(not only SQL，非关系型数据库)的发展。传统的关系数据库具有较好的性能、高稳定性、久经历史考验，而且使用简单，功能强大，同时也积累了大量的成功案例，为互联网的发展作出了卓越的贡献。但是到了最近几年，Web 应用快速发展，数据库访问量大幅上升，存取越发频繁，几乎大部分使用 SQL 架构的网站在数据库上都开始出现了性能问题，需要复杂的技术来对 SQL 扩展。新一代数据库产品应该具备分布式的、非关系型的、可以线性扩展及开源等四个特点。因此，云存储被称为是一种新的数据存储方式。

云存储技术并非特指某项技术，而是一大类技术的统称，具有以下特征的数据库都可以被看作是云存储技术：首先是具备几乎无限的扩展能力，可以支撑几百 TB 直至 PB 级的数据；然后是采用了并行计算模式，从而获得海量运算能力；其次是高可用性，也就是说，在任何时候都能够保证系统正常使用，即便有机器发生故障。

云存储不是一种产品，而是一种服务，它的概念始于 Amazon 提供的简单存储服务（S3），同时还伴随着亚马逊弹性计算云（EC2），在 Amazon 的 S3 的服务背后，它还管理着多个商业硬件设备，并捆绑着相应的软件，用于创建一个存储池。

目前常见的符合这样特征的系统有 Google 的 GFS（Google file system）及 BigTable，Apache 基金会的 Hadoop（包括 HDFS 和 HBase），此外还有 Mongo DB、Redis 等。

8.3 Hadoop 体系架构

Hadoop 是具有可靠性和扩展性的一个开源分布式系统的基础框架，被部署到一个集群上，使多台机器可彼此通信并能协同工作。Hadoop 它为用户提供了一个透明的生态系统，用户在不了解分布式底层细节的情况下，可开发分布式应用程序，充分利用集群的威力进行数据的高速运算和存储。

Hadoop 的核心是分布式文件系统 HDFS 和 MapReduce。HDFS 支持大数据存储，MapReduce 支持大数据计算。

Hadoop 最核心的功能是在分布式软件框架下处理 TB 级以上巨大的数据业务，具有可靠、高效、可伸缩等特点。具体包括：

（1）高可靠性：主要体现在 Hadoop 能自动地维护多个工作数据副本，并且在任务失败后能自动地重新部署计算任务，因为 Hadoop 采用的是分布式架构，多副本备份到一个集群的多态机器上，因此，只要有一台服务器能够工作，理论上 HDFS 仍然可以正常运转。

（2）高效性：主要体现在 Hadoop 以并行的方式处理大规模数据，能够在节点之间动态地迁移数据，并保证各节点的动态平衡，数据处理速度非常快。

（3）成本低：主要体现在 Hadoop 集群可以由廉价的服务器组成，只要一般等级的服务器就可搭建出高性能、高容量的集群，由此可以方便地组成数以千计的节点集簇。

（4）高可扩展性：Hadoop 利用计算机集簇分配存储数据并计算，通过添加节点或者集群，存储容量和计算虚拟可以得到快速提升，使得性价比得以最大化。

（5）高容错性：因 Hadoop 采用分布式存储数据方式，数据通常有多个副本，加上采用备份、镜像等方式，保证了节点出故障时能够进行数据恢复，确保数据的安全准确。

（6）支持多种编程语言：Hadoop 提供了 Java 及 C/C++ 等编程方式。

8.3.1 Hadoop 生态系统

Hadoop 是在分布式服务器集群上存储海量数据并运行分布式分析应用的一个开源软件框架，具有可靠、高效、可伸缩的特点，先后经历了 Hadoop1 时期和 Hadoop2 时期。

图 8-3 和图 8-4 所示为 Hadoop1 和 Hadoop2 的生态系统。从图中可以看出，Hadoop2 相较于 Hadoop1 来说，HDFS 与 MapReduce 的架构都有较大的变化，且速度上和可用性上都有了很大的提高，Hadoop2 中有两个重要的变更：HDFS 的名称节点（namenodes）可以以集群的方式部署，增强了名称节点的水平扩展能力和可用性；MapReduce 被拆分成两个独立的组件，即 YARN（yet another resource negotiator）和 MapReduce。

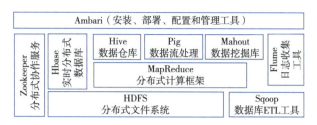

图 8-3　Hadoop 生态系统 1.0

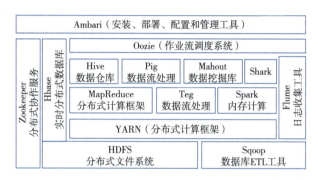

图 8-4　Hadoop 生态系统 2.0

下面首先介绍 Hadoop1 主要组件，然后对 Hadoop2 新增的组件进行说明。

MapReduce 是一种分布式计算框架。它的特点是扩展性、容错性好，易于编程，适合离线数据处理，不擅长流式处理、内存计算、交互式计算等领域。

Hive 定义了一种类似 SQL 的查询语言——HQL(Hibernate query language，Hibernate 查询语言)，但与 SQL 相比差别很大。Hive 是为方便用户使用 MapReduce 而在外面包了一层 SQL。由于 Hive 采用了 SQL，它的问题域比 MapReduce 更窄，因为很多问题 SQL 表达不出来，比如一些数据挖掘算法、推荐算法、图像识别算法等，这些仍只能通过编写 MapReduce 完成。

Pig 是使用脚本语言的 MapReduce，为了突破 Hive SQL 表达能力的限制，采用了一种更具表达能力的脚本语言 Pig。由于 Pig 语言强大的表达能力，Twitter 甚至基于 Pig 实现了一个大规模机器学习平台。Pig 是由 Yahoo 开源，构建在 Hadoop 之上的数据仓库。

Mahout 是数据挖掘库，是基于 Hadoop 的机器学习和数据挖掘的分布式计算框架，实现了三大类算法，即推荐(recommendation)、聚类(clustering)、分类(classification)。

Hbase 是一种分布式数据库，是 Google Bigtable 的克隆版。

Zookeeper 提供分布式协作服务，是 Chubby 的克隆版。它负责解决分布式环境下数据管理问题，包括统一命名、状态同步、集群管理、配置同步等。

Sqoop 是一款开源的工具，主要用于在 Hadoop(Hive)与传统的数据库(如 MySQL、PostgreSQL 等)间进行数据的传递，可以将一个关系型数据库(如 MySQL、Oracle、Postgres 等)中的数据导进到 Hadoop 的 HDFS 中，也可以将 HDFS 的数据导入到关系型数据库中。

Flume 是一个高可用的、高可靠的分布式海量日志采集、聚合和传输的系统。

Apache Ambari 是一种基于 Web 的工具，支持 Apache Hadoop 集群的供应、管理和监控。Ambari 已支持大多数 Hadoop 组件，包括 HDFS、MapReduce、Hive、Pig、Hbase、Zookeeper、Sqoop 和 Hcatalog 等，是 Hadoop 的顶级管理工具之一。

以下是 Hadoop2 新增的功能组件：

YARN 是 Hadoop 2 新增加的资源管理系统，负责集群资源的统一管理和调度。YARN 支持多种分布式计算框架在一个集群中运行。

Tez 是一个 DAG（directed acyclic graph，有向无环图）计算框架，该框架可以像 MapReduce 一样用来设计 DAG 应用程序。但需要注意的是，Tez 只能运行在 YARN 上。Tez 的一个重要应用是优化 Hive 和 Pig 这种典型的 DAG 应用场景，它通过减少数据读写 I/O，优化 DAG 流程，使得 Hive 速度大幅提高。

Spark 是基于内存的 MapReduce 实现的。为了提高 MapReduce 的计算效率，伯克利大学开发了 Spark，并在 Spark 基础上包裹了一层 SQL，产生了一个新的类似 Hive 的系统 Shark。

Oozie 是作业流调度系统。目前计算框架和作业类型繁多，包括 MapReduce Java、Streaming、HQL 和 Pig 等。Oozie 负责对这些框架和作业进行统一管理和调度，包括分析不同作业之间存在的依赖关系（DAG）、定时执行的作业、对作业执行状态进行监控与报警（如发邮件、短信等）。

8.3.2 HDFS 的体系结构

HDFS 是一种高度容错的分布式文件系统模型，由 Java 语言开发实现。HDFS 可以部署在任何支持 Java 运行环境的普通机器或虚拟机上，而且能够提供高吞吐量的数据访问。HDFS 采用主从式（master/slave）架构，由一个名称节点（namenode）和一些数据节点（datanode）组成。其中，名称节点作为中心服务器控制所有文件操作，是所有 HDFS 元数据的管理者，负责管理文件系统的命名空间（namespace）和客户端访问文件。数据节点则提供存储块，负责本节点的存储管理。HDFS 公开文件系统的命名空间，以文件形式存储数据。

HDFS 将存储文件分为一个或多个数据单元块，然后复制这些数据块到一组数据节点上。名称节点执行文件系统的命名空间操作，负责管理数据块到具体数据节点的映射。数据节点负责处理文件系统客户端的读写请求，并在名称节点的统一调度下创建、删除和复制数据块，如图 8-5 所示。

HDFS 支持层次型文件组织结构。用户可以创建目录，并在该目录下保存文件。名称节点负责维护文件系统的命名空间，任何对 HDFS 命名空间或属性的修改都将被名称节点记录。HDFS 通过应用程序设置存储文件的副本数量，称为文件副本系数，由名称节点管理。HDFS 命名空间的层次结构与现有大多数文件系统类似，即用户可以创建、删除、移动或重命名文件。区别在于，HDFS 不支持用户磁盘配额和访问权限控制，也不支持硬连接和软连接。

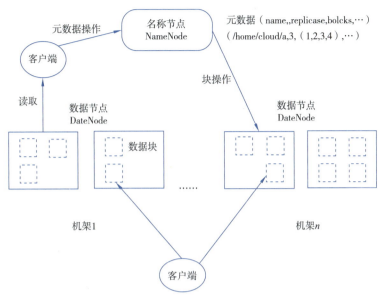

图 8-5　HDFS 的体系结构

8.3.3　HDFS 的数据组织与操作

跟磁盘的文件系统采用分块的思想类似，HDFS 中文件被分割成单元块大小为 64 MB 的区块，而磁盘文件系统的单元块大小为 512 B。需要注意的是，如果 HDFS 中的文件小于单元块大小，该文件并不会占满该单元块的存储空间。HDFS 采用大单元块的设计目的是尽量减小寻找数据块的开销。如果单元块足够大，数据块的传输时间会明显大于寻找数据块的时间。因此，HDFS 中文件传输时间基本由组成它的每个组成单元块的磁盘传输速率决定。例如，假设寻块时间为 10 ms，数据传输速率为 100 Mbit/s，那么当单元块为 100 MB 时，寻块时间是传输时间的 1%。

下面通过对文件读取和写入操作的分析介绍基于 HDFS 的文件系统的文件操作流程。

（1）Hadoop 文件读取

HDFS 客户端向名称节点发送读取文件请求，名称节点返回存储文件的数据节点信息，然后客户端开始读取文件信息。具体操作步骤如图 8-6 所示。

①打开文件：HDFS 客户端调用 FileSyste 对象的 open() 方法，打开要读取的文件。

②获得数据块位置：分布式文件系统（distributed file system，DFS）通过远程过程调用（remote procedure call，RPC）来访问名称节点（namenode），以获取文件的位置。对于每一个块，名称节点返回该副本的数据节点的地址。这些数据节点根据它们与客户端的距离来排序（主要根据集群的网络拓扑）。如果客户端本身就是一个数据节点，那么会从保存相应数据块副本的本地数据节点读取数据。

③读数据请求：分布式文件系统返回一个 FSDataInputStream 对象（该对象是支持文件定位的数据流）给客户端，以便读取数据。FSDataInputStream 转而封装 DFSInputStream 对象，它管理数据节点和名称节点的 I/O。接着客户端对这个数据流调用 read() 方法进行读取。

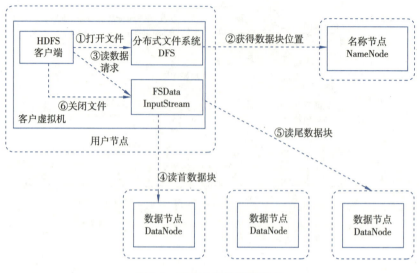

图 8-6 HDFS 文件读取流程

④读首数据块：存储着文件的数据块的数据节点地址的 DFSInputStream 会连接距离最近的文件中第一个块所在的数据节点，并反复调用 read( ) 方法将数据从数据节点传输到客户端。

⑤读尾数据块：读到块的末尾时，DFSInputStream 关闭与前一个数据节点的连接，然后寻找下一个块的最佳数据节点。

⑥关闭文件：客户端的读写顺序是按打开的数据节点的顺序读的，一旦读取完成，就对 FSDataIputStream 调用 close( ) 方法进行读取关闭。

在读取数据时，数据节点一旦发生故障，DFSInputStream 会尝试从这个块邻近的数据节点读取数据，同时也会记住哪个故障的数据节点，并把它通知给名称节点。客户端还可以验证来自数据节点的单元块数据的校验和，如果发现单元块损坏就通知名称节点，然后从其他数据节点中读取该单元块副本。

在名称节点的管理下，HDFS 允许客户端直接连接最佳数据节点读取数据，数据传输相对均匀地分布在所有数据节点上，名称节点只负责处理单元块位置信息请求，使得 HDFS 可以扩展大量并发的客户端请求。这种处理方案不会因为客户端请求的增加出现访问瓶颈。

（2）Hadoop 文件写入

HDFS 客户端向名称节点发送写入文件请求，名称节点根据文件大小和文件块配置情况，向客户端返回所管理的数据节点信息。客户端将文件分割成多个单元块，根据数据节点的地址信息，按顺序写入到每一个数据节点中。文件写入的具体操作步骤如图 8-7 所示。

①创建文件：客户端通过调用分布式文件系统 DFS 的 create( ) 方法创建文件。

②新建文件：分布式文件系统（DFS）对名称节点创建远程调用（RPC），在文件系统的命名空间新建一个文件，此时该文件还没有相应的数据块。

③写数据块请求：名称节点执行各种检查以确保这个文件不存在，并有在客户端新建文件的权限。如果各种检查都通过，就创建这个文件；否则抛出 I/O 异常。这时，分布式

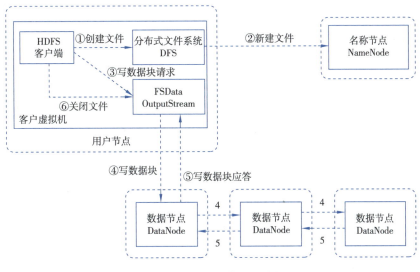

图 8-7　HDFS 文件写入流程

文件系统(DFS)向客户端返回一个 FSDataOutputStream 对象,由此客户端开始写入数据;FSDataOutputStream 会封装一个 DFSoutPutstream 对象,负责名称节点和数据节点之间的通信。

④写数据块:DFSOutPutstream 将数据分成一个个的数据包(packet),并写入内部队列,即数据队列(data queue);DataStreamer 处理数据队列,并选择一组数据节点,据此要求名称节点重新分配新的数据块。这一组数据节点构成管道,假设副本数是3,说明管道有3个节点。DataStreamer 将数据包以流的方式传输到第一个数据节点,该数据节点存储数据包并发送给第二个数据节点,依次类推,直到最后一个数据节点。

⑤写数据块应答:DFSOutPutstream 维护一个数据包确认队列(ack queue),每一个数据节点收到数据包后都会返回一个确认回执,然后放到这个 ack queue,等所有的数据节点确认信息后,该数据包才会从队列(ack queue)中删除。

⑥关闭文件:完成数据写入后,对数据流调用 close()方法关闭写入过程。

在写入过程中,如果数据节点发生故障,将执行以下操作:

①关闭管道,把队列的数据报都添加到队列的最前端,以确保故障节点下游的数据节点不会漏掉任何一个数据包。

②为存储在另一个正常的数据节点的当前数据块指定一个新的标识,并把标识发送给名称节点,以便在数据节点恢复正常后可以删除存储的部分数据块。

③从管道中删除故障数据节点,基于正常的数据节点构建一条新管道。余下的数据块写入管道中正常的数据节点。名称节点注意到块副本数量不足时,会在另一个节点上创建一个新的副本。后续的数据块正常接受处理。

只要写入了副本数(默认值1),写操作就会成功,并且这个块可以在集群中异步复制,直到达到其目的的副本数(默认值3)。

8.4　MapReduce 体系架构

8.4.1　MapReduce 的概念

MapReduce 是一种面向大数据处理的并行编程模型，用于大规模数据集（大于 1 TB）的并行运算。主要反映了"Map（映射）"和"Reduce（归约）"两个概念，分别完成映射操作和归约操作。映射操作按照需求操作独立元素组里面的每个元素，这个操作是独立的，然后新建一个元素组保存刚生成的中间结果。因为元素组之间是独立的，所以映射操作基本上是高度并行的。归约操作对一个元素组的元素进行合适的归并。虽然归约操作不如映射操作并行度那么高，但是求得一个简单答案、进行大规模的运行仍然可能相对独立，所以归约操作同样具有并行的可能。

MapReduce 是一种非机器依赖的并行编程模型，可基于高层的数据操作编写并行程序，MapReduce 框架运行时，系统自动处理调度和负载均衡问题。MapReduce 把并行任务定义为两个步骤：首先 Map 阶段把输入数据元素划分为区块，映射生成中间结果 <key,value> 对；然后在 Reduce 阶段按照相同键值归约生成最终结果。

映射-归约模型的核心是 Map 和 Reduce 两个函数，由用户自定义，它们的功能是按一定的映射规则将输入的 <key,value> 对转换成一组 <key,value> 对输出。

Map 操作是一类将输入记录集转换为中间格式记录集的独立任务，将输入键值对 <key,value> 映射为一组中间格式的键值对。该中间格式记录集不需要与输入记录集的类型一致。一个给定的输入键值 <key,value> 对可以映射成 0 个或多个输出键值 <key,value> 对。Reduce 操作将 key 相同的一组中间数值集归约为一个更小的数值集。通常，Reduce 操作包括 shuffle 和排序操作。

MapReduce 计算模型认为大部分操作和映射操作相关，映射对输入记录的每个逻辑"record"进行运算，产生一组中间值 <key,value> 对，然后对具有相同 key 的中间值 <key,value> 执行归约操作来合并数据。

8.4.2　MapReduce 的工作流程

MapReduce 具有唯一的主节点（masternode），实现对从节点群（slavenodes）的管理。存储在分布式文件系统上的输入文件被分割为可复制的块来解决容错问题。Hadoop 把每个 MapReduce 作业划分为一组任务集合。对每个输入块，首先由映射任务处理，并输出一个键值对列表。映射函数由用户定义。当所有的映射任务完成时，归约任务对按键组织的映射输出列表进行归约操作。

Hadoop 在每个从节点上同时运行一些映射任务和归约任务，映射和归约任务之间的计算和 I/O 操作重叠进行。一旦从属节点的任务区有空位，它就通知主节点，然后调度器就分配任务给它。用户程序调用 Map、Reduce 函数时，Hadoop 模型 Map、Reduce 的数据流的具体操作细节如图 8-8 所示。

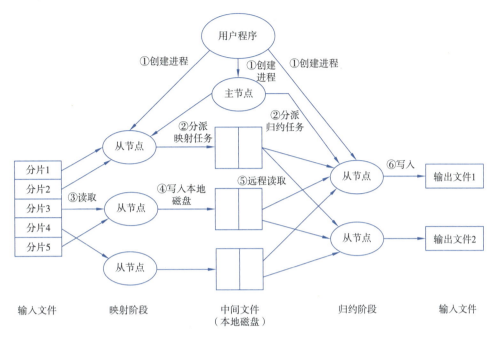

图 8-8　MapReduce 的工作过程

(1) 创建进程：用户程序利用 fork 进程派生主节点和从节点，调用 MapReduce 引擎将输入文件分成 M 块（如 5 块），每块大概 16～64 MB（可自定义参数）。

(2) 分派映射任务：主节点分派映射任务和归约任务。假设有 M 个映射任务和 R 个归约任务，选择空闲的从节点分配这些任务。

(3) 读取分片：分配了映射任务的从节点从收入文件读取并处理相关的分片，解析出中间结果 <key, value>，传递给用户自定义的映射函数；映射函数生成的中间结果 <key, value> 暂时缓冲到内存中。

(4) 写入本地磁盘：缓冲在内存中的中间结果 <key, value> 周期性地写入本地磁盘。这些数据通过分区函数（partition）划分为 R 个区块。从节点将中间结果 <key, value> 在本地磁盘的位置信息发送到主节点，然后统一由主节点传送给后续执行"归约"操作的从节点。

(5) 远程读取：当执行归约任务的从节点收到主节点所通知的中间结果 <key, value> 的位置信息时，该从节点通过远程调用读取存储在映射任务节点的本地磁盘上的中间数据。从节点对读取的所有的中间数据按照中间结果中的 key 进行排序，使得 key 相同的 value 集中在一起。如果中间结果集合过大，可能需要使用外排序。

(6) 写入输出文件：执行"归约"任务的从节点根据中间结果中的 key 来遍历所有排序后的中间结果 <key, value>，并且把 key 和相关的中间结果集合传递给用户自定义的归约函数，由归约函数将本区块输出到一个最终输出文件，该文件存储到 HDFS 中。

当所有的映射和归约任务完成时，主节点通知用户程序，返回用户程序的调用点，MapReduce 操作执行完毕。

小 结

本章介绍了大数据的几种典型定义及其 5V 特征,讲述了大数据存储的主要方法,包括数据库存储和云数据存储方法;给出了关系数据库、数据库管理系统的概念和数据库的关系运算及操作方法;介绍了大数据的云存储模式及其 Hadoop 体系架构与生态系统;重点讨论了 HDFS 的数据组织与操作方法,描述了大数据的 MapReduce 处理方法。

习 题

1. 什么是大数据?
2. 简要说明大数据的 5V 特征。
3. 简述关系数据库的概念。
4. 简述数据库管理系统的概念。
5. 什么是行式存储,什么是列式存储。
6. 什么是云存储?举例说明两种典型的云存储方式。
7. 简述 Hadoop 体系结构及其各组件的作用。
8. 简述 MapReduce 的工作原理。

第 9 章 大数据分析与可视化

通过物联网传感器、网络爬虫等获取的数据种类繁多、结构复杂、冗余性大,通常需要进行预处理、分析加工,甚至可视化。本节介绍几种典型的大数据预处理技术及分析技术。

学习目标

(1) 理解大数据预处理的方式与方法。
(2) 理解大数据分析的作用,能够进行大数据关联分析。
(3) 理解聚类分析的作用,能够进行聚类分析实验。
(4) 能够利用大数据分析可视化平台开展大数据可视化实践。

9.1 大数据预处理

不管是通过什么方式获取数据,在进行存储和分析之前,一般都需要进行预处理,取其精华,去其糟粕,目标是为减少存储空间、提高存储与服务效率。

9.1.1 大数据的预处理方式

大数据的预处理方式有很多,主要包括数据清洗、数据集成、数据转换和数据归约等。

1. 数据清洗

数据清洗是删去数据中重复的记录,消除数据中的噪声数据,纠正不完整和不一致数据的过程。在这里,噪声数据是指数据中存在着错误或异常(偏离期望值)的数据;不完整(incomplete)数据是指数据中缺乏某些属性值;不一致数据则是指数据内涵出现不一致的情况(如作为关键字的同一部门编码出现不同值)。

数据清洗处理过程通常包括:填补遗漏的数据值、平滑有噪声数据、识别或除去异常值,以及解决不一致问题。数据的不完整、有噪声和不一致对现实世界的大规模数据库来讲是非常普遍的情况。

不完整数据的产生大致有以下几个原因:①有些属性的内容有时没有,如参与销售事务数据中的顾客信息;②有些数据当时被认为是不必要的;③由于误解或检测设备失灵导致相关数据没有被记录下来;④与其他记录内容不一致而被删除;⑤历史记录或对数据的修改被忽略了。

噪声数据的产生有以下几个原因：①数据采集设备有问题；②数据录入过程发生了人为或计算机错误；③数据传输过程中发生错误；④由于命名规则（name convention）或数据代码不同而引起的数据不一致。

2. 数据集成

数据集成是指将来自多个数据源的数据合并到一起构成一个完整的数据集。由于描述同一个概念的属性在不同数据库中取了不同的名字，在进行数据集成时就常常会引起数据的不一致或冗余。例如，在一个数据库中一个顾客的身份编码为custom id，而在另一个数据库则为cust id；如在一个数据库中一个人取名为Bill，而在另一个数据库中则取名为B。命名的不一致常常会导致同一属性值的内容不同。相同属性的名称不一致，会给数据集成带来困难。因此，数据集成前，先要对同一属性的名称进行归一化处理，然后再将同一属性名称的各类数据进行合并处理。

3. 数据转换

数据转换是指将一种格式的数据转换为另一种格式的数据。数据转换主要是对数据进行规格化（normalization）操作。在正式进行数据挖掘之前，尤其是使用基于对象距离的挖掘算法时，如神经网络、最近邻分类等，必须进行数据的规格化。也就是将其缩至特定的范围之内（如[0,10]）。例如，对于一个顾客信息数据库中的年龄属性或工资属性，由于工资属性的取值比年龄属性的取值要大许多，如果不进行规格化处理，基于工资属性的距离计算值显然将远超过基于年龄属性的距离计算值，这就意味着工资属性的作用在整个数据对象的距离计算中被错误地放大了。

4. 数据归约

数据归约是指在尽可能保持数据原貌的前提下，最大限度地精简数据量（完成该任务的必要前提是理解挖掘任务和熟悉数据本身内容）。数据归约也称为数据消减，它主要有两个途径：属性选择和数据采样，分别针对原始数据集中的属性和记录，目的就是缩小所挖掘数据的规模，但却不会影响（或基本不影响）最终的挖掘结果。

现有的数据归约包括：①数据聚合，如构造数据立方（cube）；②消减维数，如通过相关分析消除多余属性；③数据压缩，如采用编码方法（如最小编码长度或小波）来减少数据处理量；④数据块消减，如利用聚类或参数模型替代原有数据。

需要强调的是，以上所提及的各种数据预处理方法并不是相互独立的，而是相互关联的。如消除数据冗余既可以看成是一种形式的数据清洗，也可以认为是一种数据归约。

由于现实世界的数据常常是含有噪声、不完全和不一致的，数据预处理能够帮助改善数据的质量，进而帮助提高数据挖掘进程的有效性和准确性。

9.1.2 数据规格化实例

数据规格化（或归一化）是数据预处理中最重要的环节。下面以网络节点行为数据的归一化处理为例，说明多维数据的归一化处理方法。

在网络节点行为可信监控系统中，为了保证网络节点安全可靠运行，需要动态地实时获取网络节点可用属性、可靠属性和安全属性。其中，网络节点可用属性包括CPU利用率、内存利用率、带宽利用率；可靠属性包括执行过程错误率；安全属性包括扫描重要端口次数、访问敏感文件次数、尝试越权次数、恶意操作数、创建文件数等。具体指标及其含义见表 9-1。

表 9-1 行为指标数据特性分析

指标编号	指标代号	行为指标	指标含义	指标规格化目标
0	P1	CPU 利用率	正向递减百分比	
1	P2	内存利用率	正向递减百分比	
2	P3	带宽利用率	正向递减百分比	
3	R1	执行过程错误率	正向递减百分比	全部指标均在 [0，1]之间 正向递增无量纲值
4	S1	扫描重要端口次数	正向递减量纲值	
5	S2	访问敏感文件次数	正向递减量纲值	
6	S3	尝试越权次数	正向递减量纲值	
7	S4	恶意操作数	正向递减量纲值	
8	S5	创建文件数	正向递减量纲值	

上述属性指标取值范围差异较大，有按照百分比计算的、有按照次数计算的。例如，CPU 利用率、内存利用率和带宽利用率都是在 0% ~ 100% 范围内的具体值，尝试越权次数和扫描重要端口次数都是在某一范围内的具体值，而且这些值都是沿正向递减的，即取值越小越好。显然，由于网络节点行为监测数据的表示范围和方式不同，为了便于融合计算，需要把数据表示进行归一化，即把它们全部表示为在[0，1]区间沿正向递增的无量纲值，这样不仅便于数值融合计算，而且也与网络节点行为可信范围和方向一致。

已知在某个时间 T 共有 n 组需要处理的行为数据，这 n 组数据中的每一组数据称为一个样本。这样，共有待处理的 n 个样本 $X = \{X_1, X_2, \cdots, X_n\}$，每个样本 i 的属性集合表示为 $X_i = \{x_{i1}, x_{i2}, \cdots, x_{im}\}$，则 X 可用一个 $n \times m$ 阶矩阵表示如下：

$$X = \begin{bmatrix} x_{11} & x_{12} & \cdots & x_{1m} \\ x_{21} & x_{22} & \cdots & x_{2m} \\ & & \ddots & \\ x_{n1} & x_{n2} & \cdots & x_{nm} \end{bmatrix}$$

要对上面矩阵中的数据进行归一化处理，可以有多种方法。现假设归一化后的矩阵为 $B = (b_{ij})_{m \times n}$，则对矩阵 X 中每一列可以采用如下公式实现数据的正向递增归一化处理，并得到矩阵 B。

$$b_{ij} = \begin{cases} x_{ij} & (a) \\ 1 - x_{ij} & (b) \\ (x_{ij} - r_{\min}^j)/(r_{\max}^j - r_{\min}^j) & (c) \\ (r_{\max}^j - x_{ij})/(r_{\max}^j - r_{\min}^j) & (d) \end{cases}$$

其中，$r_{\max}^j = \max_{i=1}^n \{x_{ij}\}$，$r_{\min}^j = \min_{i=1}^n \{x_{ij}\}$

在上面的实现正向递增归一化处理公式中，公式(a)表示 x_{ij} 是正向递增百分比时的计算公式；公式(b)表示 x_{ij} 是正向递减百分比时的计算公式；公式(c)和(d)均表示 x_{ij} 是正向递增量纲值时采用的计算公式，两个公式稍有差异。

通过归一化处理，所有的行为证据都可以转换为[0，1]范围内的正向递增值。这样每个行为属性的值越大，该行为证据对网络节点的可信性的贡献也越大。

假设表 9-2 是某时刻获取的网络节点行为指标属性的原始数据，则经过上面的正向递增归一化方法处理后，可以转换成为表 9-3 所示的行为指标属性归一化数据。其中，P1、P2、P3 和 R1 采用公式(b)计算；S1、S2、S3、S4、S5 采用公式(d)计算。

表 9-2　网络节点行为指标属性的原始数据

样　　本	P1	P2	P3	R1	S1	S2	S3	S4	S5
样本 1	0.1	0.1	0	0.18	2	0	0	0	0
样本 2	0.2	0.1	0	0.1	0	1	0	0	0
样本 3	0.1	0.2	0.1	0.14	0	1	1	0	0
样本 4	0.1	0.2	0.1	0.14	0	1	1	1	0
样本 5	0	0	0	0.2	1	0	0	0	0
样本 6	0.2	0.1	0	0.12	0	1	1	1	2
样本 7	0.7	0.3	0	0	0	0	0	0	0

表 9-3　行为指标属性归一化数据

样　　本	P1	P2	P3	R1	S1	S2	S3	S4	S5
样本 1	0.9	0.9	1	0.82	0	1	1	1	1
样本 2	0.8	0.9	1	0.90	1	0	1	1	1
样本 3	0.9	0.8	0.9	0.86	1	0	0	1	1
样本 4	0.9	0.8	0.9	0.86	1	0	0	0	1
样本 5	1	1	1	0.80	0.5	1	1	1	1
样本 6	0.8	0.9	1	0.88	1	0	0	0	0
样本 7	0.3	0.7	1	1	1	1	1	1	1

9.2　大数据分析

数据分析也称数据挖掘，是指从大量的数据中挖掘出令人感兴趣的信息。令人感兴趣的信息是指：有效的、新颖的、潜在有用的和最终可以理解的信息。

在实际应用中，数据分析过程与数据预处理过程是融合为一体来实现的。具体分析手段包括：关联分析、分类分析、聚类分析等。

9.2.1　关联分析算法

首先通过一个"尿布与啤酒"的故事来了解关联分析。在一家超市里，有一个有趣的现象：尿布和啤酒赫然摆在一起出售。但是这个奇怪的举措却使尿布和啤酒的销量双双增加了。这是发生在美国沃尔玛连锁店超市的真实案例。

沃尔玛数据仓库里集中了其各门店的详细原始交易数据，在这些原始交易数据的基础上，沃尔玛利用数据挖掘方法对这些数据进行分析。一个意外的发现是：跟尿布一起购买最多的商品竟是啤酒！

经过大量实际调查和研究，揭示了一个隐藏在"尿布与啤酒"背后的美国人的一种行为模式：在美国，一些年轻的父亲下班后经常要到超市去购买婴儿尿布，而他们中有30%~40%的人同时也为自己买一些啤酒。产生这一现象的原因是：美国的太太们常叮嘱她们的丈夫下班后为小孩买尿布，而丈夫们在买尿布后又随手带回了他们喜欢的啤酒。

虽然尿布与啤酒风马牛不相及，但正是借助数据挖掘技术对大量交易数据进行分析，使得沃尔玛发现了隐藏在数据背后的这一有价值的规律。

1. 关联规则建立

1993年，Agrawal等首先提出了挖掘顾客交易数据库中相关项集间的关联规则问题。按照不同情况，关联规则可以分为以下几类：

(1) 基于规则中处理的变量类别，关联规则可以分为布尔型和数值型

布尔型关联规则处理的值都是离散的、种类化的，它显示了这些变量之间的关系；而数值型关联规则可以和多维关联或多层关联规则结合起来，对数值型字段进行处理，将其动态分割或者直接对原始数据进行处理。当然，数值型关联规则中也可以包含种类变量。

例如："年龄=18岁"→"职业=学生"，是布尔型关联规则；"年龄=65"→"平均收入"<10 000元，涉及的收入是数值类型，所以是一个数值型关联规则。（这里"→"表示"可推测"）。

(2) 基于规则中数据的抽象层次，可以分为单层关联规则和多层关联规则

在单层的关联规则中，所有的变量都没有考虑现实的数据是具有多个不同层次的；而在多层的关联规则中，对数据的多层性已经进行了充分的考虑。例如，"IBM台式机→Sony打印机"，是一个细节数据上的单层关联规则；"台式机"→"Sony打印机"，是一个较高层次和细节层次上的多层关联规则。

(3) 基于规则中涉及的数据的维数，关联规则可以分为单维的和多维的

在单维的关联规则中，只涉及数据的一个维，如用户购买的物品；而在多维的关联规则中，要处理的数据将会涉及多个维。换句话说，单维关联规则是处理单个属性中的一些关系；多维关联规则是处理各个属性之间的某些关系。例如："啤酒"→"尿布"，这条规则只涉及用户购买的物品，是单维关联规则；"性别=女"→"职业=秘书"，这条规则涉及两个字段的信息，是多维的关联规则。

2. 关联规则的挖掘过程

关联规则挖掘过程主要包含两个阶段：从资料集合中找出所有的高频项目组、从高频项目组中产生关联规则。

关联规则挖掘的第一阶段必须从原始资料集合中找出所有高频项目组。高频项目组是指某一项目组出现的频率相对于所有记录而言，必须达到某一水平。一个项目组出现的频率称为支持度。以一个包含A与B两个项目的2-itemset为例，可以求得包含{A,B}项目组的支持度，若支持度大于等于所设定的最小支持度门槛值时，则{A,B}称为高频项目组。

一个满足最小支持度的 k-itemset，则称为高频 k-项目组，一般表示为 Large k 或 Frequent k。算法从 Large k 的项目组中再产生 Large $k+1$，直到无法再找到更长的高频项目组为止。

关联规则挖掘的第二阶段是要产生关联规则（association rules）。从高频项目组产生关联规则就是利用前一步骤得到的高频 k-项目组来产生规则。在最小信赖度的条件门槛下，若一规则所求得的信赖度满足最小信赖度，称此规则为关联规则。例如，由高频 k-项目组 {A,B} 所产生的规则 AB，可求得其信赖度，若信赖度大于等于最小信赖度，则称 AB 为关联规则。

就沃尔玛案例而言，使用关联规则挖掘技术对交易资料库中的记录进行资料挖掘，首先必须要设定最小支持度与最小信赖度两个门槛值。在此假设最小支持度 min_support = 5% 且最小信赖度 min_confidence = 70%。因此，符合该超市需求的关联规则必须同时满足以上两个条件。若在挖掘过程中发现尿布、啤酒两件商品满足关联规则所要求的两个条件，即经过计算发现其 Support（尿布，啤酒）≥5% 且 Confidence（尿布，啤酒）≥70%。其中，Support（尿布，啤酒）≥5% 所代表的意义为：在所有的交易记录资料中，至少有 5% 的交易呈现尿布与啤酒这两项商品被同时购买的交易行为；Confidence（尿布，啤酒）≥70% 所代表的意义为：在所有包含尿布的交易记录资料中，至少有 70% 的交易会同时购买啤酒。

由此可见，今后若有某消费者出现购买尿布的行为，超市可推荐该消费者同时购买啤酒。这个商品推荐的行为就是根据{尿布，啤酒}关联规则来确定的，因为该超市就过去的交易记录而言，支持了"大部分购买尿布的交易，会同时购买啤酒"的消费行为。

3. 基于关联规则的数据分析算法

基于关联规则挖掘的数据分析方法有很多种，下面介绍几种典型的关联规则数据挖掘算法。

（1）Apriori 算法

Apriori 算法是一种挖掘布尔关联规则频繁项集的算法，其核心是基于两阶段频集思想的递推算法。该关联规则在分类上属于单维、单层、布尔关联规则。在这里，所有支持度大于最小支持度的项集称为频繁项集，简称频集。

该算法的基本思想是：首先，找出所有的频繁项集，这些频繁项集出现的频繁程度至少和预定义的最小支持度一样；其次，由频繁项集产生强关联规则，这些规则必须满足最小支持度和最小可信度；然后，使用第一步找到的频繁项集产生期望的规则，产生只包含集合的项的所有规则，其中每一条规则的右部只有一项。一旦这些规则被生成，那么只有那些大于用户给定的最小可信度的规则才被留下来。为了生成所有频繁项集，使用了递推的方法。但是，可能产生大量的候选集，以及可能需要重复扫描数据库是 Apriori 算法的两大缺点。

（2）基于划分的算法

基于划分的算法先把数据库从逻辑上分成几个互不相交的块，每次单独考虑一个分块并对它生成所有的频繁项集，然后把产生的频繁项集合并，用来生成所有可能的频繁项集，最后计算这些项集的支持度。这里分块的大小选择要使得每个分块可以被放入主存，每个阶段只需被扫描一次。而算法的正确性是由每一个可能的频繁项集至少在某一个分块中来保证的。该算法是可以高度并行的，可以把每一分块分别分配给某一个处理器生成频集。产生频集的每一个循环结束后,处理器之间进行通信来产生全局的候选 k-项集。通常这里的通信过程是算法执行时间的主要瓶颈;另一方面,每个独立的处理器生成频集的时间也是一个瓶颈。

(3) FP-树频繁项集算法

针对 Apriori 算法的固有缺陷,J. Han 等提出了不产生候选挖掘频繁项集的方法——FP-树(frequent pattern tree,FP-tree)频繁项集算法。它采用分而治之的策略,在经过第一遍扫描之后,把数据库中的频繁项集压缩进一棵频繁模式树(FP-tree)中,同时依然保留其中的关联信息,随后再将 FP-tree 分化成一些条件库,每个库和一个长度为 1 的频繁项集相关,然后再对这些条件库分别进行挖掘。当原始数据量很大的时候,也可以结合划分的方法,使得一个 FP-tree 可以放入主存中。实验表明,FP-树频繁项集算法对不同长度的规则都有很好的适应性,同时在效率上较 Apriori 算法有巨大的提高。

9.2.2 数据分类与聚类算法

1. 数据分类

分类是一种已知分类数量基础上的数据分析方法。它使用类标签已知的样本建立一个分类函数或分类模型(也常常称作分类器)。应用分类模型,能把数据库中的类标签未知的数据进行归类。若要构造分类模型,则需要有一个训练样本数据集作为输入,该训练样本数据集由一组数据库记录或元组构成,还需要一组用以标识记录类别的标记,并先为每个记录赋予一个标记(按标记对记录分类)。一个具体的样本记录形式可以表示为(V_1, V_2, …, V_i, C),其中,V_i 表示样本的属性值,C 表示类别。对同类记录的特征进行描述有显式描述和隐式描述两种。显式描述如一组规则定义;隐式描述如一个数学模型或公式。

分类分析有两个步骤,即构建模型和模型应用。

(1)构建模型就是对预先确定的类别给出相应的描述。该模型是通过分析数据库中各数据对象而获得的。先假设一个样本集合中的每一个样本属于预先定义的某一个类别,这可由一个类标号属性来确定。这些样本的集合称为训练集,用于构建模型。由于提供了每个训练样本的类标号,故称为有指导的学习。最终的模型即是分类器,可以用决策树、分类规则或数学公式等来表示。

(2)模型应用就是运用分类器对未知的数据对象进行分类。先用测试数据对模型分类准确率进行估计,例如,使用保持方法进行估计。保持方法是一种简单估计分类规则准确率的方法。在保持方法中,把给定数据随机地划分成两个独立的集合——训练集和测试集。通常,三分之二的数据分配到训练集,其余三分之一分配到测试集。使用训练集导出分类器,然后用测试集评测准确率。如果学习所获模型的准确率经测试被认为是可以接受的,那么就可以使用这一模型对未知类别的数据进行分类,从而产生分类结果并输出。

2. 数据聚类

聚类是一种根据数据对象的相似度等指标进行数据分析的方法。俗话说:"物以类聚,人以群分"。所谓类,通俗地说就是指相似元素的集合。聚类分析又称集群分析,它是研究(样品或指标)分类问题的一种统计分析方法。聚类是将物理或抽象对象的集合分成由类似的对象组成的多个类的过程。由聚类所生成的簇是一组数据对象的集合,这些对象与同一个簇中的对象彼此相似,与其他簇中的对象相异。

传统的聚类分析方法主要有如下几种：

(1) 划分方法

给定一个有 N 个元组或者记录的数据集，划分法将构造 K 个分组，每一个分组就代表一个聚类，$K<N$。而且这 K 个分组满足下列条件：①每一个分组至少包含一个数据记录；②每一个数据记录属于且仅属于一个分组(注意：这个要求在某些模糊聚类算法中可以放宽)；③对于给定的 K，算法首先给出一个初始的分组方法，然后通过反复迭代的方法改变分组，使得每一次改进之后的分组方案都较前一次好。而所谓好的标准就是：同一分组中的记录越近越好，而不同分组中的记录越远越好。使用这个基本思想的算法有：K-means 算法、K-medoids 算法、CLARANS 算法。

(2) 层次方法

这种方法对给定的数据集进行层次式的分解，直到某种条件满足为止。具体又可分为"自底向上"和"自顶向下"两种方案。例如，在"自底向上"方案中，初始时每一个数据记录都组成一个单独的组，在接下来的迭代中，它把那些相互邻近的组合并成一个组，直到所有的记录组成一个分组或者某个条件满足为止。使用这个基本思想的算法有：BIRCH 算法、CURE 算法、Chameleon 算法等。

(3) 基于密度的方法

基于密度的方法与其他方法的一个根本区别是：它不是基于各种各样的距离，而是基于密度的。这样就能克服基于距离的算法只能发现"类圆形"聚类的缺点。这个方法的指导思想就是，只要一个区域中的点的密度大过某个阈值，就把它加到与之相近的聚类中去。使用这个基本思想的算法有：DBSCAN 算法、OPTICS 算法、DENCLUE 算法等。

(4) 基于网格的方法

这种方法首先将数据空间划分成为有限个单元(cell)的网格结构，所有的处理都是以单个的单元为对象的。这样处理的一个突出的优点就是处理速度很快，通常这是与目标数据库中记录的个数无关的，只与把数据空间分为多少个单元有关。代表算法有：STING 算法、CLIQUE 算法、Wave-Cluster 算法。

(5) 基于模型的方法

基于模型的方法给每一个聚类假定一个模型，然后去寻找能够很好地满足这个模型的数据集。这样一个模型可能是数据点在空间中的密度分布函数或者其他。它的一个潜在的假定就是：目标数据集是由一系列的概率分布所决定的。通常有两种尝试方向：统计的方案和神经网络的方案。

其他的聚类方法还有：传递闭包法、最大树聚类法、布尔矩阵法、直接聚类法等。

9.2.3 典型分类与聚类方法

1. K-means 分类方法

K-means 算法又称 K 均值聚类算法(k-means clustering algorithm)，它是一种通过迭代求解的聚类分析算法，也是应用广泛的基于划分的方法。

假设参与聚类的对象有 N 个，需要将其分为 K 个分组($K \leqslant N$)则 K-means 算法的聚类思想如下：

(1) 随机选取 K 个对象作为初始聚类中心,并计算每个聚类中心的值;

(2) 计算每个对象与这 K 个聚类中心之间的距离,并把这些对象划分给距离它最近的聚类中心的数据集合中,这个数据集合就代表一个聚类;

(3) 每给一个聚类中心新增一个对象,就重新计算每个聚类中心的值;

(4) 重复(2)(3),直到满足某个给定的终止条件。

这里的终止条件通常包括:①没有对象可以重新划分给不同的聚类中心;②没有聚类中心值发生变化;③聚类误差满足给定要求。

K-means 算法使用 Python 语言代码描述见程序 9-1。

程序 9-1 K-means 算法的 Python 程序

```python
import numpy as np
import pandas as pd
import random
import sys
import time
class KMeansClusterer:
    def __init__(self, ndarray, k):
        self.ndarray = ndarray                          # n 维数组
        self.k = k                                      # 聚类数
        self.groups = self.__pick_start_point(ndarray, k)

    def cluster(self):                                  # 聚类函数
        result = []
        for i in range(self.k):                         # 每个聚类初始化为空'[]'
            result.append([])
        for obj in self.ndarray:                        # 在 n 维数据找距离中心最小元素
            distance_min = sys.maxsize
            index = -1
            for i in range(len(self.groups)):           # 聚类数
                distance = self.__distance(obj, self.groups[i])  # 计算距离
                if distance < distance_min:             # 找出最小距离及其其点的编号
                    distance_min = distance
                    index = i
            result[index] = result[index] + [obj.tolist()]  # 更新聚类结果
        new_center = []
        for obj in result:
            new_center.append(self.__center(obj).tolist())  # 计算新聚类中心
        if (self.groups == new_center).all():           # 聚类中心点未改变,结束递归
            return result
        print("新的聚类中心=", new_center)
        self.groups = np.array(new_center)
        return self.cluster()                           # 递归调用

    def __center(self, list):
        return np.array(list).mean(axis=0)              # 对各列求均值返回 1*n 矩阵
    def __distance(self, p1, p2):                       # 计算两点间距离的欧氏距离
```

```
            tmp = 0
            for i in range(len(p1)):
                tmp + = pow(p1[i] -p2[i], 2)        # 求平方和
            return pow(tmp, 0.5)
    # 随机选取 k 个对象，作为初始聚类分组
    def __pick_start_point(self, ndarray, k):
            if k <0 or k > ndarray.shape[0]:
                raise Exception("组数设置有误")
            lst1 = np.arange(0, ndarray.shape[0], step =1).tolist() # 将阵列转为列表
            indexes = random.sample(lst1, k)                     # 随机选取 k 个对象
            groups = []
            for i in indexes:
                groups.append(ndarray[i].tolist())
            return np.array(groups)
# 主程序
if __name__ == '__main__':
        sample = [[2, 3, 5, 6, 2, 1], [4, 6, 6, 7, 9, 2],
                  [3, 4, 5, 1, 1, 4], [0, 5, 5, 8, 5, 5], [7, 6, 5, 4, 3, 2]]
        a = np.array(sample)                          # 列表转换为数组
        art = KMeansClusterer(a, 3)                   # 将 5 个对象分为 3 组
        res = art.cluster()
        print("分类结果如下:")
        for i in range(len(res)):
            print("第", i,"组:", res[i])
```

该程序的运行结果如下：

新的聚类中心 = [[2.5, 3.5, 5.0, 3.5, 1.5, 2.5], [7.0, 6.0, 5.0, 4.0, 3.0, 2.0], [2.0, 5.5, 5.5, 7.5, 7.0, 3.5]]

分类结果如下：

第 0 组：[[2, 3, 5, 6, 2, 1], [3, 4, 5, 1, 1, 4]]

第 1 组：[[7, 6, 5, 4, 3, 2]]

第 2 组：[[4, 6, 6, 7, 9, 2], [0, 5, 5, 8, 5, 5]]

在上面的 k 均值聚类算法中，聚类中心的值采用了该聚类中心的一个或多个对象的均值的方法来求得，而聚类中心与每个对象的距离则采用欧氏距离来计算。事实上，有很多种方法可以用来计算两个对象（或集合）间的距离，包括海明距离、欧氏距离和闵可夫斯基距离等。其中，海明距离、欧氏距离主要用来计算两个离散集合间的距离，而闵可夫斯基距离主要用来计算两个连续对象（即连续函数）间的距离。

下面简单介绍这些距离的计算公式。

(1) 海明距离

设集合 $A = \{x_1, x_2, \cdots, x_n\}$，$B = \{y_1, y_2, \cdots, y_n\}$，则 $d(A, B) = \sum_{k=1}^{n} |(x_k) - (y_k)|$ 称为海明距离，记为 $d_H(A, B)$。

(2) 欧氏距离

设集合 $A = \{x_1, x_2, \cdots, x_n\}$，$B = \{y_1, y_2, \cdots, y_n\}$，则 $d(A, B) = \sqrt{\sum_{k=1}^{n} (x_k - y_k)^2}$ 称为

欧氏距离，记为$d_E(A, B)$。

例如，设集合 A = (0.6, 0.8, 1.0, 0.8, 0.6, 0.4)，B = (0.4, 0.6, 0.8, 1.0, 0.9, 0.8)，计算 A 与 B 间的海明距离和欧氏距离。

解：海明距离计算如下：

$d_H(A, B) = (0.2 + 0.2 + 0.2 + 0.2 + 0.3 + 0.4) = 1.5$

欧氏距离计算如下：

$d_E(A, B) = \sqrt{(0.2^2 + 0.2^2 + 0.2^2 + 0.2^2 + 0.3^2 + 0.4^2)} = 0.64$

2. 最大树聚类算法

最大树聚类法是模糊聚类方法的一种，首先需要归一化，然后通过标准步骤建立相似系数构成的相似矩阵。该方法的具体步骤如下：

(1) 数据归一化并建立相似矩阵。设被分类的 n 样本集为 $(x_1, x_2, x_3, \cdots, x_n)$；每个样本 i 有 m 个指标 $(x_{i1}, x_{i2}, \cdots, x_{im})$。对每个样本的各项指标(注：可以先归一化)选取适当的公式(如海明距离、欧氏距离)计算 n 个样本中全部样本对之间的相似系数(注：也可以这时归一化)，建立包含 n 行 n 列的相似关系矩阵 $\boldsymbol{R}$。

(2) 利用关系矩阵构建最大树。将每个样本看作图的一个顶点，当关系矩阵 $\boldsymbol{R}$ 中的元素 $r_{ij} \neq 0$ 时，样本 i 与样本 j 就可以连一条边，但是否连接这条边，遵循下述规则：先画出样本集中的某一个样本 i 的顶点，然后按相似系数 r_{ij} 从大到小的顺序依次将样本 i 和样本 j 的顶点连成边，如果连接过程出现了回路，则删除该边；以此类推，直到所有顶点连通为止。这样就得到了一棵最大树(最大树不是唯一的，但不影响分类的结果)。

(3) 利用 λ-截集进行分类。选取 λ 值($0 \leq \lambda \leq 1$)，去掉权重低于 λ 的连线，即把图中 $r_{ij} < \lambda$ 的连线去掉，互相连通的样本就归为一类，即可将样本进行分类。这里，聚类水平 λ 的大小表示把不同样本归为同一类的严格程度。当 $\lambda = 0$ 时，表示聚类非常严格，n 个样本各自成为一类；当 $\lambda = 1$ 时，表示聚类很宽松，n 个样本成为一类。

【例如】已知五个样本，每个样本有六个指标，见表9-4，请利用最大树方法进行聚类。

表9-4 五个样本的六个指标一览表

样本	指标 1	指标 2	指标 3	指标 4	指标 5	指标 6
样本 x_1	2	3	5	6	2	1
样本 x_2	4	6	6	7	9	2
样本 x_3	3	4	5	1	1	4
样本 x_4	5	5	5	5	5	5
样本 x_5	7	6	5	4	3	2

问题分析：首先利用海明距离，来度量 n 个样本中任意两个样本 i 和 j 之间的相似度 S_{ij}，其中 x_{ik} 是第 i 个样本的第 k 个指标，y_{ik} 是第 j 个样本的第 k 个指标。具体计算公式如下：

$$S_{ij} = \sum_{k=1}^{m} |x_{ik} - y_{ik}|$$

五个样本间的相似度计算结果如下：

$$\begin{bmatrix} 0, & 15, & 11, & 13, & 12, \\ 15, & 0, & 20, & 12, & 13, \\ 11, & 20, & 0, & 12, & 13, \\ 13, & 12, & 12, & 0, & 9, \\ 12, & 13, & 13, & 9, & 0 \end{bmatrix}$$

然后，对海明距离进行归一化处理（即将数据统一映射到$[0,1]$区间上）。具体思路是：首先，针对所有相似度指标，求出其中的最大值或最小值，即 $S_{max} = \max\limits_{i,j=1}^{n}\{S_{ij}\}$ 或 $S_{min} = \min\limits_{i,j=1}^{n}\{S_{ij}\}$，然后，利用公式 $S'_{ij} = \dfrac{S_{max} - S_{ij}}{S_{max} - S_{min}}(i, j = 1, 2, \ldots, n)$ 计算每个样本的每个指标的归一化数值，得到如下模糊相似矩阵：

$$R = \begin{bmatrix} 1 & 0.25 & 0.45 & 0.35 & 0.40 \\ 0.25 & 1 & 0.0 & 0.4 & 0.35 \\ 0.45 & 0.0 & 1 & 0.4 & 0.35 \\ 0.35 & 0.4 & 0.4 & 1 & 0.55 \\ 0.40 & 0.35 & 0.35 & 0.55 & 1 \end{bmatrix}$$

其次，用最大树法把矩阵中的五个样本进行分类。即按照模糊相似矩阵 R 中的 r_{ij} 值以由大到小的顺序依次把这些元素用直线连接起来，并标上 r_{ij} 的数值，如图 9-1（a）所示。当取 $0.4 < \lambda \leqslant 0.45$ 时，得到聚类图，如图 9-1(b) 所示，即 x 分成三大类：$\{x_1, x_3\}$，$\{x_4, x_5\}$，$\{x_2\}$。

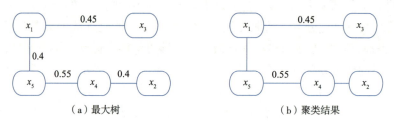

（a）最大树　　　　　　　　　　（b）聚类结果

图 9-1　最大树聚类方法示意图

最大树聚类算法很容易使用 Python 程序代码进行实现见程序 9-2。

程序 9-2　最大树聚类算法的 Python 程序

```
#已知样本1、2、3、4、5的六个指标，将其放在列表sample中
sample = [ [2, 3, 5, 6, 2, 1], [4, 6, 6, 7, 9, 2], [3, 4, 5, 1, 1, 4], [5, 5, 5, 5,
5, 5], [7, 6, 5, 4, 3, 2] ]
result = []                       # 设置空列表result，用来存储相似度
for i in range(5):
    s1 = sample[i]                # 取出样本 i 的六个指标
    for j in range(5):
        s2 = sample[j]            # 取出样本 j 的六个指标
        sum1 = 0
        for k in range(6):
            p  = abs(s1[k] - s2[k])
```

```
        sum1 + = p
        result.append(sum1)
max1 = max(result)                    # 求海明距离的最大值
for i in range(len(result)):
    result[i] = 1 - result[i]/max1    # 求相似度
print(result)                         # 显示聚类前结果
lamuta = 0.41                         # 给出阈值为 0.41
for i in range(len(result)):
    if result[i] < lamuta:
        result[i] = 0
matrix = []; temp = []
for i in range(len(result)):
    temp.append(result[i])
    if (i +1)% 5 = = 0:
        matrix.append(temp)
        temp = []
print(matrix)                         # 显示聚类后最终矩阵
```

该程序的运行结果如下：

[[1.0, 0, 0.45, 0, 0], [0, 1.0, 0, 0, 0], [0.45, 0, 1.0, 0, 0], [0, 0, 0, 1.0, 0.55], [0, 0, 0, 0.55, 1.0]]

9.3 大数据可视化

大数据应用范围越来越广阔，人们对数据进行可视化的需求也越来越强烈，以数据驱动方式来获取、处理和使用数据来为组织和个人创造效益，是数据使用程度不断内化的过程。如何有效地使用数据，数据可视化应用程度是关键。

大数据可视化是指对大型数据集合中的数据，通过利用数据分析和开发工具，以图形、图像形式进行表示，以此发现其中未知信息的处理过程。数据可视化有许多方法，这些方法根据其可视化的原理不同可以划分为：基于几何的技术、面向像素的技术、基于图标的技术、基于层次的技术和基于图像的技术等。

大数据分析可视化可以帮助用户透过数据看清事物的本质，发现跟数据密切关联的事物的发展规律，理解行业真相。大数据分析可视化已经广泛应用于政府、社会团体的业务经营分析中，如政府、社会团体内部业务进程管理和分析、财务分析、供给分析、生产管理与分析、营销管理与分析、客户关系分析等。

如果将政府、社会团体、个人的有价值数据集中在一个系统里，统一展现，可用于政府决策、商业智能、公众服务、市场营销等领域，大大提升政府、组织和个人的决策效率。

9.3.1 大数据分析可视化平台

大数据分析可视化是目前的研究热点，很多企业开发了相关产品供广大用户使用。从使用模式上来分，包括基于 Web 的数据可视化平台(如网站)和基于客户端的数据可视化工具(如软件)。下面介绍几种常用的数据分析可视化平台或工具。

1. Tableau 工具

Tableau 工具帮助人们快速分析、可视化并分享信息。其编程简单而且容易上手,用户可以先将大量数据拖放到数字"画布"上,转眼间就能创建好各种图表。很多用户使用 Tableau Public 在博客与网站中分享数据。

2. ECharts 平台

ECharts 是一个基于 JavaScript 的开源可视化平台,可以运用于散点图、折线图、柱状图等常用的图表的制作。ECharts 的优点包括文件体积较小,打包的方式灵活,可以自由选择用户需要的图表和组件,而且图表在移动端有良好的自适应效果,还有专为移动端打造的交互体验。

3. Highcharts 软件

Highcharts 的图表类型是很丰富的,线图、柱形图、饼图、散点图、仪表图、雷达图、热力图、混合图等类型的图表都可以制作,也可以制作实时更新的曲线图。另外,Highcharts 是对非商用免费的,对于个人网站、学校网站和非营利机构,可以不经过授权直接使用 Highcharts 系列软件。Highcharts 还有一个好处是它完全基于 HTML5 技术,不需要安装任何插件,也不需要配置 PHP、Java 等运行环境,只需要两个 JavaScript 文件即可使用。

4. 魔镜

魔镜是中国企业开发的大数据可视化分析挖掘平台,帮助企业处理海量数据,实现数据分析。魔镜基础企业版适用于中小企业内部使用,基础功能免费,可代替报表工具和传统 BI(business intelligence,商业智能),使用更简便,可视化效果更好。

5. 图表秀

图表秀操作简单,站内包含多种图表案例,支持编辑和 Excel、csv 等表格导入,可以实现多个图表之间联动,使数据在软件辅助下变得更生动直观,是国内企业开发的图表制作工具。

9.3.2 大数据可视化实践

Echarts 是一个基于 JavaScript 的开源可视化平台及图表库,使用方便。读者可以在其官网上快速入门、下载教程和查找示例,如图 9-2 所示。

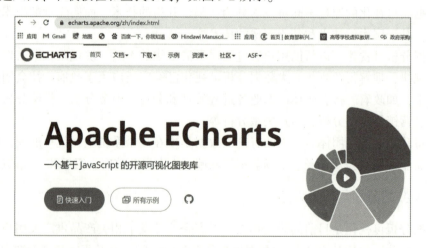

图 9-2 ECharts 网站首页

单击图 9-2 中的"所有示例"按钮,可以发现 ECharts 丰富的绘图功能,如图 9-3 所示。这些绘图功能包括折线图、柱状图、饼图、散点图、地理坐标/地图、k 线图、雷达图、盒须图、热力图、关系图、路径图、树图、矩形树图、旭日图、平行坐标系、桑基图、漏斗图、仪表盘、象形柱图、主题河流图、日历坐标系等。

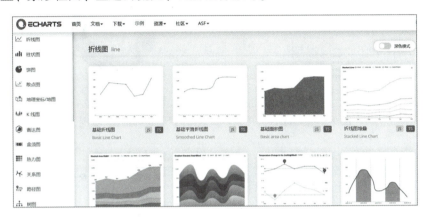

图 9-3　ECharts 支持的部分可视化图形种类

因为 ECharts 是一款可视化开发库,底层使用的是 JavaScript 封装,所以可以在网页 HTML 中嵌入 ECharts 代码来显示数据图表。除了可在本地编写 ECharts 代码外,也可以直接在 ECharts 官网上在线编程。

单击上图 9-3 中的"饼图",进入饼图界面后,单击"圆角环形图",得到图 9-4 所示的可视化示例,图中左边是 JavaScript 代码窗口,右边是选择了"无障碍花纹"模式时的圆角环形图。

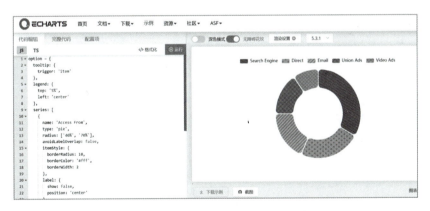

图 9-4　ECharts 的"圆角环形图"示例

单击图 9-4 中的"TS"选项,从新界面的左边窗口可以拷贝出来显示该"圆角环形图"的 JavaScript 代码。通过对这些代码及其包含的数据进行修改,可以获得一个用户自定义的"圆角环形图",如图 9-5 所示。

【例 9-1】已知某高校 2024 年六个专业的报考人数和实际招生人数,见表 9-5,要求绘制一个六个专业的招生人数与报考人数的饼图。

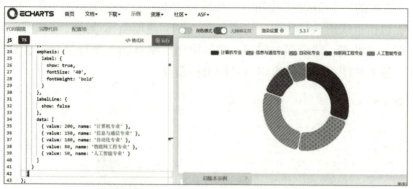

图 9-5　ECharts 的中用户自定义的"圆角环形图"示例

表 9-5　某高校 6 个专业的招生人数和报考人数表

专业名称	专业 1	专业 2	专业 3	专业 4	专业 5	专业 6
招生人数	210	212	180	60	89	121
报考人数	750	212	220	346	539	363

解：在图 9-5 所示的"TS"示例窗口中，输入程序 9-3 的代码，可以得到一个饼图，如图 9-6 所示。

程序 9-3　基于 ECharts 平台的可视化的 JavaScript 程序

```
option = {
    angleAxis: {
        type: 'category',
        data: ['专业1', '专业2', '专业3', '专业4', '专业5', '专业6']
    },
    radiusAxis: {
    },
    polar: {
    },
    series: [{
        type: 'bar',
    data: [358, 212, 220, 346, 339, 363],
        coordinateSystem: 'polar',
        name: '报考人数',
    },
{
        type: 'bar',
    data: [210, 212, 180, 160, 189, 121],
        coordinateSystem: 'polar',
        name: '招生人数',
    }],
    legend: {
        show: true,
        data: ['报考人数', '招生人数']
    }
};
```

该程序的运行结果如图9-6所示。

其他可视化图形的绘制可以参照上述方法实现。

显然,如果生成可视化图形的数据能够自动地从数据库中动态抽取的话,则网页中的图形就会跟随数据变化而动态变化,从而实现数据动态可视化显示的目的。

基于上述原因,如果需要在自己构建的Web网站中进行数据可视化,只需要在网站的相关网页中嵌入"示例"提供的有关代码,并进行适当修改即可,编程变得非常简单而快捷。

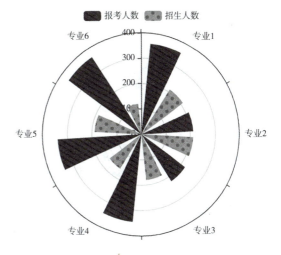

图9-6 某高校专业招生人数和报考人数的饼图

例如,要将物联网的温度传感器所感知的数据按照采样时间在Web界面上显示,则可以通过以下步骤实现:

(1)构建一个关系数据库,用来存放温度传感器收集的数据。
(2)构建一个Web服务器网站。
(3)将Web服务器与关系数据库进行连接。
(4)开发一个Web网页,嵌入ECharts代码。
(5)在浏览器中输入网页地址,即可完成数据的可视化显示。

小　　结

本章介绍了大数据预处理技术,大数据分析方法,重点讲述了K-means方法及其应用、最大树聚类算法及其应用,并对大数据可视化方法进行了介绍,给出了在ECharts平台上的应用案例。

习　　题

1. 什么是数据预处理?
2. 预处理包括哪几个过程?
3. 简述数据归一化的作用。
4. 随机生成20个整数,采用归一化方法将这些数据转换到[0,1]区间内的数据。
5. 简要说明分类和聚类的主要区别和联系。
6. 简述K-means算法的原理。
7. 随机生成100个二维点坐标,使用K-means算法对其进行分类。
8. 简述最大树算法的原理。
9. 随机生成100个人的某课程的成绩单,并利用最大树算法对其分别进行"及格、不及格"二级聚类,"优、良、中、一般、差"五级聚类实验。

第10章 大数据安全与隐私

学习目标

(1) 了解大数据安全与隐私保护的概念。
(2) 理解数据加密模型,能够进行数据加密算法实验。
(3) 了解同态加密的基本概念,理解外包数据隐私保护的重要性。
(4) 能够在数据共享过程中考虑使用数据加密等隐私保护方案。

10.1 大数据安全的概念

大数据安全是一个广泛而抽象的概念。从数据安全的发展来看,在不同的时期,数据安全具有不同的内涵。即使在同一时期,由于所站的角度不同,对数据安全的理解也不尽相同。而隐私和安全存在紧密关系,但也存在一些细微差别。安全是绝对的,而隐私则是相对的。因为对某人来说是隐私的事情,对他人来说则不是隐私。而安全问题,往往跟人的喜好关系不大,每个人的安全需求基本相似。况且,信息安全对于个人隐私保护具有重大的影响,甚至决定了隐私保护的强度。

10.1.1 数据安全的概念

数据安全是指为数据处理系统建立和采用的安全管理与保护技术。其目的是保护计算机硬件、软件、数据不因偶然和恶意的原因而遭到破坏、更改和泄露。

国际标准化组织和国际电工委员会对数据安全的定义为:数据安全是指信息的保密性、完整性、可用性,有时也包含真实性、可核查性、抗抵赖和可靠性等其他的特性。

数据安全的概念经常与计算机安全、网络安全、数据安全等相互交叉,笼统地使用。在不严格要求的情况下,这几个概念几乎是可以通用的。这是由于随着计算机技术、网络技术发展,信息的表现形式、存储形式和传播形式都在变化,最主要的信息都是在计算机内进行存储处理,在网络上传播。因此计算机安全、网络安全,以及数据安全都是数据安全的内在要求或具体表现形式,这些因素相互关联,关系密切。

数据安全需求随着应用对象不同而不同,需要有一个统一的数据安全标准。这个标准就是数据安全三原则,即机密性(confidentiality)、完整性(integrity)和可用性(availability)

三原则(简称 CIA 原则)。

(1) 机密性

机密性是指通过加密,保护信息免遭泄露,防止信息被未授权用户获取,包括防分析。例如,加密一份工资单可以防止没有掌握密钥的人读取其内容。如果用户需要查看其内容,必须通过解密。只有密钥的拥有者才能够将密钥输入解密程序。然而,如果密钥输入解密程序时,被其他人读取到该密钥,则这份工资单的机密性就会被破坏。

(2) 完整性

完整性是指信息的精确性和可靠性。通常使用"防止非法的或未经授权的信息改变"来表达完整性。即完整性是指信息不因人为的因素而改变其原有的内容、形式和流向。完整性包括信息完整性(即信息内容)和来源完整性(即信息来源,常通过认证来确保)。例如,某媒体刊登了从某部门泄露出来的信息,却声称信息来源于另一个信息源。显然该媒体虽然保证了信息完整性,但破坏了来源完整性。

(3) 可用性

可用性是指期望的信息或资源的使用能力,即保证信息资源能够提供既定的功能,无论何时何地,只要需要即可使用,而不因系统故障或误操作等使用资源丢失或妨碍对资源的使用。可用性是系统可靠性与系统设计中的一个重要方面,因为一个不可用的系统所发挥的作用还不如没有这个系统。可用性之所以与安全相关,是因为有恶意用户可能会蓄意使信息或服务失效,以此来拒绝用户对信息或服务的访问。

10.1.2 数据隐私的概念

数据隐私是指个人或组织对其所拥有或控制的数据保持私密性和保密性的权利。这些数据可以包括个人身份信息、社会活动信息、工资财务信息、医疗保健信息、网络浏览记录、电子邮件、通信记录、位置数据等。保护数据隐私的目的是确保这些数据不被未经授权地访问、使用或披露。

数据隐私不仅涉及隐私保护技术,还涉及法律与社会伦理。在技术层面,主要关注的是用户个人敏感数据在隐私保护下如何收集、存储、管理、分布和共享,以及如何通过隐私保护技术方法处理敏感和其他机密数据,以满足监管要求并保护数据的机密性和不变性;在法律伦理层面,数据隐私主要关注的是敏感数据不被未经授权地访问、使用或披露,在保护个人隐私权利的同时,防止个人信息被滥用和泄露,维护数据主体的安全性。

数据隐私面临的主要威胁包括身份盗窃、数据泄露等。黑客可能通过各种方式获取个人身份信息,如姓名、地址、社会保险号码、银行账户和信用卡信息等,从而进行身份盗窃和欺诈活动。为了支持保护数据隐私,通常采取以下措施:

(1) 数据匿名化:通过去除或修改数据中的标识信息,使数据无法直接关联到个人。

(2) 数据扰动:通过添加噪声或随机化数据,使得数据分析结果无法准确反映原始数据。

(3) 数据加密:使用加密技术保护数据的机密性。

(4) 差分隐私:在数据分析中添加随机噪声,保护个人隐私的同时进行数据分析。

10.2 数据加密模型与算法

加密是保证数据安全的主要手段。加密之前的信息是原始信息,称为明文(plaintext);加密之后的信息,看起来是一串无意义的乱码,称为密文(ciphertext)。把明文伪装成密文的过程称为加密(encryption),该过程使用的数学变换就是加密算法;将密文还原为明文的过程称为解密(decryption),该过程使用的数学变换称为解密算法。

加密与解密通常需要参数控制,该参数称为密钥,有时也称密码。加密密钥和解密密钥相同称为对称密钥或单钥型密钥,不同时则称为不对称密钥或双钥型密钥。

10.2.1 数据加密模型

图 10-1 所示为一种传统的保密通信机制的数据加密模型。该模型包括一个用于加解密的密钥 Key,一个用于加密变换的数学函数 E_k,一个用于解密变换的数学函数 D_k。已知明文消息 m,发送方通过数学函数 E_k 得密文 C,即 $C = E_k(m)$,这个过程称为加密;加密后的密文 C 通过公开信道(不安全信道)传输,接收方通过解密变化 D_k 得到明文 m,即 $m = D_k(C)$。为了防止密钥 Key 泄露,需要通过其他秘密信道对密钥 Key 进行传输。

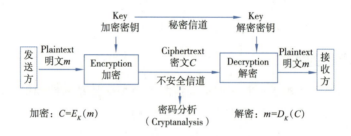

图 10-1 数据加密模型

密码分析是攻击者在不知道解密密钥或加密体制细节的情况下,对通过不安全信道截获的密文进行分析、试图获取可用信息的行为。密码分析除了依靠数学、工程背景、语言学等知识外,还要靠经验、统计、测试、眼力、直觉,甚至是运气来完成。

破译密码就是通过密码分析来推断该密文对应的明文或其加密体制,也称为密码攻击。破译密码的方法有穷举法和分析法。穷举法又称强力法或暴力法,即用所有可能的密钥进行测试破译。只要有足够的时间和计算资源,原则上穷举法总是可以成功的。但在实际中,任何一种安全的实际密码都会设计成不可使用穷举法破译密码的方式。

分析法则有确定性和统计性两类。

(1)确定性分析法是利用一个或几个已知量(如密文或者明文-密文对等),或利用这些量的数据关系,求出未知量的过程。

(2)统计分析法是利用明文的已知统计规律进行破译的方法,如利用不同字符出现的频率等来进行推测和破解。

在密码分析技术的发展过程中,产生了各种各样的攻击方法,其名称也是纷繁复杂。根据密码分析者占有的明文和密文条件,密码分析可分为以下四类:

(1) 已知密文攻击

密码分析者有一些消息的密文,这些消息都是使用同一加密算法进行加密的。密码分析者的任务是根据已知密文恢复尽可能多的明文,或者通过上述分析,进一步推算出加密消息的加密密钥和解密密钥,以便采用相同的密钥解出其他被加密的消息。

(2) 已知明文攻击

密码分析者不仅可以得到一些消息的密文,而且也知道这些消息的明文。分析者的任务是用加密的消息推出加密消息的加密密钥和解密密钥,或者导出一个算法,此算法可以对用同一密钥加密的任何新的消息进行解密。

(3) 选择明文攻击

密码分析者不仅可以得到一些消息的密文和相应的明文,而且他们还可以选择被加密的明文。这比已知明文攻击更有效。因为密码分析者能选择特定的明文块加密,那些块可能产生更多关于密钥的信息,分析者的任务是推导出用来加密消息的加密密钥和解密密钥,或者推导出一个算法,此算法可以对同一密钥加密的任何新的消息进行解密。

(4) 选择密文攻击

密码分析者能够选择不同的密文,并可以得到对应的密文的明文,例如,密码分析者存取一个防篡改的自动解密盒,密码分析者的任务是推导出加密密钥和解密密钥。

10.2.2 数据加密方法

数据加密是一种用来进行信息混淆的技术,它希望将正常的、可识别的信息转变为无法识别的信息。

数据加密技术的发展大致经历了三个阶段,即 1949 年之前的古典密码体制,1949—1975 年期间的对称密码体制,以及 1976 年之后的非对称密码体制。下面对其中的几种典型加密方法进行介绍。

1. 移位变换加密方法

大约公元前一世纪,古罗马凯撒大帝时代曾使用过一种移位变换加密方法(俗称凯撒密码),其原理是每一个字母都用其后面的第三个字母代替,如果到了最后那个字母,则又从头开始算。如:

明文:meet me after the toga party

密文:phhw ph diwhu wkh wrjd sduwb

如果已知某给定密文是凯撒密码,穷举攻击是很容易实现的,因为只要简单地测试所有 25 种可能的密钥即可。

凯撒密码可以形式化成如下定义:假设 m 是原文,c 是密文。则加密函数为 $c=(m+3) \bmod 26$,解密函数为 $m=(c-3) \bmod 26$。

根据凯撒密码的特征,不失一般性,如果将 3 用 k 代替($1 \leqslant k \leqslant 25$),可以定义移位变换加解密方法:假设 m 是原文,c 是密文,k 是密钥。则加密函数为 $c=(m+k) \bmod 26$,解密函数为 $m=(c-k) \bmod 26$。显然,如果 $k=3$ 就是凯撒密码。

2. 仿射变换加密方法

仿射变换是凯撒密码和乘法密码的结合。所谓乘法密码,就是用明文乘以密钥,获得密文的过程。乘法密码由于存在密文急剧扩展问题，所以，实际应用中可以使用模运算来控制密文的范围。

仿射变换加密方法定义如下：假设 m 是原文，c 是密文，a 和 b 是密钥。则加密函数为 $c = E_{a,b}(m) = (am + b) \bmod 26$，解密函数为 $m = D_{a,b}(c) = a^{-1}(c - b) \bmod 26$。这里，$a^{-1}$ 是 a 的逆元，$a \cdot a^{-1} = 1 \bmod 26$。

例如，已知 $a = 7$，$b = 21$，对"security"进行加密，对"vlxijh"进行解密。

首先，依次对 26 个字母用 0 ~ 25 进行编号，则 s 对应的编号是 18，代入公式可得：$7 \times 18 + 21 \pmod{26} = 147 \bmod 26 = 17$，对应字母"r"，以此类推，"ecurity"加密后分别对应字母"xjfkzyh"。所以"security"的密文为"rxjfkzyh"。

同理，查表可得字母"v"的编号为 21，代入解密函数后得：$7^{(-1)}(21 - 21) = 0$，对应字母 a；查表可得字母"l"的编号为 11，代入解密函数后得：$7^{(-1)}(11 - 21) \bmod 26 = 7^{(-1)}(-10) \bmod 26 = -150 \bmod 26 = 6$，对应字母"g"。以此类推，"vlxijh"解密后为"agency"。

3. 列置换加密方法

列置换加密方法中，明文按行填写在一个矩形中，而密文则是以预定的顺序按列读取生成的。例如，如果矩形是 4 列 5 行，那么短语"encryption algorithms"可以写入图 10-2 所示的矩形中。

1	2	3	4
e	n	c	r
y	p	t	i
o	n	a	l
g	o	r	i
t	h	m	s

图 10-2 列置换矩阵示例

按一定的顺序读取列以生成密文。对于这个示例，如果读取顺序是 4、1、2、3，那么密文就是"rilis eyoge npnoh ctarm"。这种加密法要求填满矩形，因此，如果明文的字母不够，可以添加"x"或"q"或空字符。

这种加密法的密钥是列数和读取列的顺序。如果列数很多，记起来可能会比较困难，因此可以将它表示成一个关键词，方便记忆。该关键词的长度等于列数，而其字母顺序决定读取列的顺序，例如，可以用"computer"作为一个八位的密钥使用，对"there are many countries in the world"进行列置换加密。首先，将该字符串的每个字符从左到右（去除空格）放在一个 4 行 8 列的表中（不足时用"x"填充），然后按照 computer 的字母顺序（1-4-3-5-8-7-2-6）按列依次读出即可，见表 10-1。其加密结果为：tmth rund eniw hare ryeo entx aoil。

表 10-1 列加密的例子

密钥字母/序号	C/1	O/4	M/3	P/5	U/8	T/7	E/2	R/6
字符	t	h	e	r	e	a	r	e
	m	a	n	y	c	o	u	n
	t	r	i	e	s	i	n	t
	h	e	w	o	r	l	d	x

4. 对称加密算法

DES（Data Encryption Standard，数据加密标准）算法是一个重要的现代对称加密算法，是美国国家安全标准局于 1977 年公布的由 IBM 公司研制的加密算法，主要用于与国家安全无关的信息加密。在公布后的二十多年里，数据加密标准在世界范围内得到了广泛的应用，经受了各种密码分析和攻击，体现出了令人满意的安全性。世界范围内的银行普遍将它用于资金转账安全，而国内的 POS、ATM、磁卡及智能卡、加油站、高速公路收费站等领域曾主要采用 DES 来实现关键数据的保密。

DES 是一种对称加密算法，其加密密钥和解密密钥相同。密钥的传递务必保证安全、可靠、不泄露。DES 采用分组加密方法，待处理的消息被分为定长的数据分组。以待加密的明文为例，将明文按 8 个字节为一个分组，而 8 个二进制位为一个字节，即每个明文分组为 64 位二进制数据，每组单独加密处理。在 DES 加密算法中，明文和密文均为 64 位，有效密钥长度为 56 位。也就是说，DES 加密和解密算法输入 64 位的明文或密文消息和 56 位的密钥，输出 64 位的密文或明文消息。DES 的加密和解密算法相同，只是解密子密钥与加密子密钥的使用顺序刚好相反。

DES 算法加密过程的描述如图 10-3 所示，主要包括三步。

第一步：对输入的 64 位的明文分组进行固定的"初始置换"（initial permutation, IP），即按固定的规则重新排列明文分组的 64 位二进制数据，再重排后的 64 位数据的前后 32 位分为独立的左右两个部分，前 32 位记为 L_0，后 32 位记为 R_0。可以将这个初始置换写为 $(L_0, R_0) \leftarrow \text{IP}$（64 位分组明文）。因初始置换函数是固定且公开的，故初始置换并无明显的密码意义。

第二步：进行 16 轮相同函数的迭代处理。将上一轮输出的 $R_i - 1$ 直接作为 L_i 输入，同时将 $R_i - 1$ 进与第 i 个 48 位的子密钥 K_i 经"轮函数 f"转换后，得到一个 32 位的中间结果，再将此中间结果与上一轮的 $L_i - 1$ 做异或运算，并将得到的新的 32 位结果作为下一轮的 R_i。如此往复，迭代处理 16 次。每次的子密钥不同，16 个子密钥的生成与轮函数 f，可参考密码学等书籍。可以将这一过程写为：$L_i \leftarrow R_i - 1$

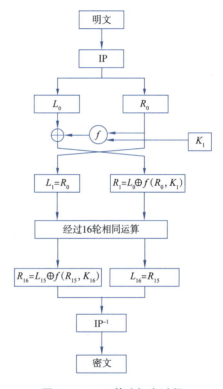

图 10-3 DES 算法加密过程

$$R_i \leftarrow L_i - 1 \oplus f(R_i - 1, K_i)$$

这个运算的特点是交换两个半分组，一轮运算的左半分组输入是上一轮的右半分组的输出，交换运算是一个简单的换位密码，目的是获得很大程度的"信息扩散"。显而易见，DES 的这一步是置换密码和换位密码的结合。

第三步：将第 16 轮迭代结果左右两半组 L_{16}，R_{16} 直接合并为 64 位 (L_{16}, R_{16})，输入到初始逆置换来消除初始置换的影响。这一步的输出结果即为加密过程的密文。可将这一过程写为：输出 64 位密文 $\leftarrow \text{IP}^{-1}(L_{16}, R_{16})$

需要注意的是最后一轮输出结果的两个半分组，在输入初始逆置换之前，还需要进行一次交换。如图 10-4 所示，在最后的输入中，右边是 L_{16}，左边是 R_{16}，合并后左半分组在前，右半分组在后，即(L_{16}，R_{16})，需进行了一次左右交换。

5. 非对称加密算法

传统的基于对称密钥的加密技术由于加密和解密密钥相同，密钥容易被恶意用户获取或攻击。因此，科学家提出了将加密密钥和解密密钥相分离的公钥密码系统，即非对称加密系统。在这种系统中，加密密钥(即公钥)和解密密钥(即私钥)不同，公钥在网络上传递，私钥只有自己拥有，不在网络上传递，这样即使知道了公钥也无法解密。

1977年，三位数学家Rivest、Shamir和Adleman利用大素数分解难题设计了一种算法，可以实现非对称加密。算法用他们三个人的名字命名，称为RSA算法。直到现在，RSA算法仍是广泛使用的非对称加密算法。

毫不夸张地说，如果没有RSA算法，现在的网络世界可能毫无安全可言，也不可能有现在的网上交易。只要有计算机网络的地方，就有RSA算法。

下面以一个简单的例子来描述RSA算法的工作原理。

(1) 生成密钥对(即公钥和私钥)

第一步：随机找两个质数P和Q，P与Q越大，则越安全。

比如$P=67$，$Q=71$。计算它们的乘积$n=P×Q=4\ 757$，转化为二进制为1001010010101，则该加密算法即为13位。但在实际算法中，一般是1 024位或2 048位，位数越长，算法越难被破解。

第二步：计算n的欧拉函数$\varphi(n)$。

$\varphi(n)$表示在小于等于n的正整数之中，与n构成互质关系的数的个数。例如：在1到8之中，与8形成互质关系的是1、3、5、7，所以$\varphi(n)=4$。

根据欧拉函数，如果$n=P·Q$，P与Q均为质数，则$\varphi(n)=\varphi(P·Q)=\varphi(P-1)·\varphi(Q-1)=(P-1)·(Q-1)$。本例中，因为$P=67$、$Q=71$，故$\varphi(n)=(67-1)·(71-1)=4\ 620$，这里记为$m$，$m=\varphi(n)=4\ 620$。

第三步：随机选择一个整数e，条件是$1<e<m$，且e与m互质。

公约数只有1的两个整数，称为互质的整数，这里随机选择$e=101$。请注意不要选择4 619，如果选这个，则公钥和私钥将变得相同。

第四步：有一个整数d，可以使得$e·d$除以m的余数为1。

即找一个整数d，使得$(e·d)\%m=1$。等价于$e·d-1=y·m$(y为整数)。找到d，实质就是对下面二元一次方程求解：$e·x-m·y=1$。

本例中$e=101$，$m=4\ 620$。即，$101x-4\ 620y=1$，这个方程可以用"扩展欧几里得算法"求解，具体算法此处省略，请读者参考网络文献。

总之，可以算出一组整数解$(x，y)=(1\ 601，35)$，即$d=1\ 601$。

到此密钥对生成完毕。不同的e生成不同的d，因此可以生成多个密钥对。

通过上述计算，本例中的公钥为$(n，e)=(4\ 757，101)$，私钥为$(n，d)=(4\ 757，1\ 601)$，仅$(n，e)=(4\ 757，101)$是公开的，其余数字均不公开。可以想象，如果只有n和e，如何推导出d，目前只能靠暴力破解，位数越长，暴力破解的时间越长。

(2) 加密生成密文

比如甲向乙发送汉字"中"，就要使用乙的公钥加密汉字"中"，以UTF-8方式编码为

[e4 b8 ad]，转为十进制为[228，184，173]。要想使用公钥(n，e) = (4 757，101)加密，要求被加密的数字必须小于 n，被加密的数字必须是整数，字符串可以取 ASCII 值或 Unicode 值，因此，将"中"字转换为三个字节[228，184，173]，分别对三个字节加密。

假设 a 为明文，b 为密文，则按下列公式计算出 b：$a\char`^e \% n = b$。

计算[228，184，173]的密文：$228\char`^101 \% 4\ 757 = 4\ 296$，$184\char`^101 \% 4\ 757 = 2\ 458$，$173\char`^101 \% 4\ 757 = 3\ 263$。

即[228，184，173]加密后得到密文[4 296，2 458，3 263]，如果没有私钥 d，显然很难从[4 296，2 458，3 263]中恢复[228，184，173]。

(3) 解密生成明文

乙收到密文[4 296，2 458，3 263]后，用自己的私钥(n，d) = (4 757，1 601)解密。

假设 a 为明文，b 为密文，则按下列公式计算出 a：$b\char`^d \% n = a$。

密文[4 296，2 458，3 263]的明文如下：$4\ 296\char`^1\ 601\% 4\ 757 = 228$，$2\ 458\char`^1\ 601\% 4\ 757 = 184$，$3\ 263\char`^1\ 601\% 4\ 757 = 173$。

即密文[4 296，2 458，3 263]解密后得到[228，184，173]

将[228，184，173]再按 utf-8 解码为汉字"中"，至此解密完毕。

10.3 同态加密与隐私保护

随着网络的发展和普及，数据呈现爆炸式增长，个人和企业追求更高的计算性能，软硬件维护费用日益增加，使得个人和企业的设备已无法满足需求。因此网格计算、普适计算、云计算等应运而生。虽然这些新型计算模式解决了个人和企业的设备需求，但同时也使它们承担着对数据失去直接控制的危险。如此看来外包数据的提前加密显得尤为重要。由于传统的加密算法在对密文的计算、检索方面的表现差强人意，故研究可在密文状态下进行计算和检索的加密方法。

10.3.1 外包数据隐私保护

外包计算模式下的数据隐私比起本章开头介绍的隐私具有以下两个独有的特点：①外包计算模式下的数据隐私是一种广义的隐私，其主体包括自然人和法人(企业)；②传统网络中的隐私问题主要发生在信息传输和存储的过程中，外包计算模式下不仅要考虑数据传输和存储中的隐私问题，还要考虑数据计算和检索过程中可能出现的隐私泄露。因此前者的隐私保护难度更大。

支持计算的加密技术是一类能满足支持隐私保护的计算模式的要求，通过加密手段保证数据的机密性，同时密文能支持某些计算功能的加密方案的统称。

1. 外包数据隐私威胁模型

外包计算的参与者有数据拥有者、数据使用者和服务提供者，他们之间的交互过程如图 10-4 所示。在这种典型的交互过程中，可能存在以下几种隐私威胁：

(1) 数据从数据拥有者传递到服务提供者的过程中，外部攻击者可以通过窃听的方式盗取数据。

(2)外部攻击者可以通过无授权的访问、木马和钓鱼软件等方式来破坏服务提供者对用户数据和程序的保护,从而实现非法访问。

(3)外部攻击者可以通过观察用户发出的请求,从而获得用户的习惯、目的等隐私信息。

(4)由于数据拥有者的数据存放在服务提供者的存储介质上,程序运行在服务提供者的服务器中,因此内部攻击者要发起攻击更为容易。

在以上的四种威胁中,(1)、(2)和(3)是传统网络安全中涉及的问题,可以通过已有的访问控制机制来限制攻击者的无授权访问,通过 VPN、OpenSSH 或 Tor 等方法来保证通信线路的安全;(4)是在外包计算模式下出现的新的隐私威胁,也是破坏性最大的一种隐私威胁。因此,亟需一种技术能同时抵御以上四种隐私威胁。

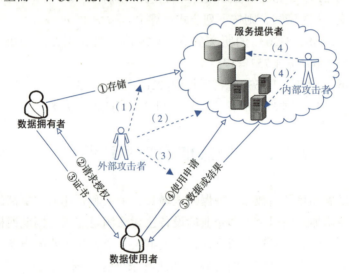

图 10-4　外包计算模式下的隐私威胁模型

2. 支持计算的加密方案

支持计算的加密方案 $\Sigma=$(Gen,Enc,Dec,Cal)由以下四个算法组成:

(1)密钥生成算法 Gen 为用户 U 产生密钥 Key,Key$\leftarrow$Gen(U,d),d 为安全参数。

(2)加密算法 Enc 可能为概率算法,假设 D 和 V 分别为该算法的定义域和值域,$\forall m \in D$,$c \leftarrow$Enc(Key,m),且 $c \in V$。

(3)解密算法 Dec 为确定算法,对于密文 c,$m/\bot \leftarrow$Dec(Key,c),$\bot$ 表示无解,$m \in D$。

(4)密文计算算法 Cal 可能为概率算法,对于密文集合 $\{c_1,c_2,\cdots,c_t\}$ $(c_i \in V)$,Cal$'$(Dec(Key,c_1),Dec(Key,c_2),$\cdots$,Dec(Key,c_t),op)$\leftarrow$Dec(Cal($c_1,c_2,\cdots,c_t$,op)),其中 op 为计算类型(如模糊匹配、算术运算或关系运算等),Cal$'$ 是与 Cal 对应的对明文数据运算的算法。

10.3.2　外包数据加密检索

加密检索涉及的三类实体,分别为数据拥有者、被授权的数据使用者和云端服务器。数据拥有者想要将其拥有的资料存储在租用的云存储服务器端,以供被授权的数据使用者使用。但考虑到数据存放在云端时会有数据泄露的可能。故其希望可以以加密形式存放在云端。当被授权的数据使用者想要调回数据(文档)时，则先对关键字进行加密，再上传至云端，在云端服务器进行处理后，选出需要的数据，返回给被授权的使用者。加密检索模型如图 10-5 所示。

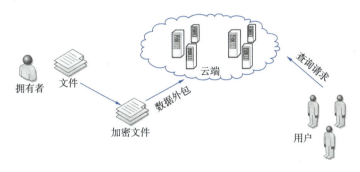

图 10-5　加密检索模型

(1)加密检索分类

目前存在的加密检索算法可按以下三种评判标准对其进行分类：检索关键字个数、检索精确程度和使用的技术手段。

按检索关键字个数可分为单关键字加密检索和多关键字加密检索。单关键字加密检索是指用户每次只可以提交一个关键字进行检索。同理，多关键字加密检索是指用户一次可以对多个关键字一起检索。相比之下多关键字加密检索是更为通用的加密检索方法。但其在对返回文档的选择过程中需要考虑关键字间的关系是"或"还是"且"。

按检索精确程度可分为精确关键字加密检索和模糊关键字加密检索。精确关键字加密检索是指用户提交的关键字和返回给用户的文档中的关键字是相同的。模糊关键字加密检索是指用户提交的关键字和返回给用户的文档中的关键字是相似的。这种模糊关键字检索适用于由于使用者无意输错字符，或者存在意思相同但表述不同的关键字时。

按使用的技术手段可分为基于密文索引技术的加密检索算法、基于保序加密技术的加密检索算法和基于同态加密技术的加密检索算法。基于密文索引技术的加密检索算法是对密文建立关键字索引，在用户提交请求时通过索引找到需要返回的密文。基于保序加密技术的加密检索算法是根据铭文对应的 ASCII 码值存在大小关系，设计出一种保序的加密算法，令密文的大小关系与铭文的相同。根据比较加密后的关键字和密文的大小推断密文中是否存在需检索的关键字。基于同态加密技术的加密检索算法的原理与基于保序加密技术的加密检索算法类似。在此就不再赘述了。

(2)加密检索算法

按相关度排序的加密检索算法是要求在用户提交关键字进行检索请求后，系统返回给用户的是前 k 个(用户提前指定的文档个数)最相关的文档。其运行过程大体分为索引建立过程和用户检索过程。

在索引建立过程中，数据拥有者需要对文档的全部关键字建立含相关度的索引，索引结构如图 10-6 所示。将加密后的密文连同索引一起放到云端服务器中。并利用密钥产生函数初始化生成密钥对，将公钥分发给被授权的数据使用者。

图 10-6 关键字索引结构

检索过程为：被授权的数据使用者利用门限产生器给关键字加密生成一个安全的门限，并将此门限提交给云端。云端在收到此门限后，搜索索引得到包含关键字文档 id 和加密后的相关得分。将得分的前 k 个传回给提交请求的数据使用者。在此需要指出的是云端服务器应该对除相关度以外的数据知之甚少，对于相关度，最多只是知道两个文档的相对相关度。

模糊关键字检索可同样用上述算法进行检索，但其需要解决的一个问题：模糊关键字集应如何建立。目前采用的有以下三种方法：

①对关键字中的每一位进行插入、删除、替换操作，即枚举每一位上出现不同的字符的可能。

②对需要改变的字母用通配符"＊"代替。

③将需要改变的字母删去，其余字母位置均不变。

从以上三种方法可以看出，第一种方法的模糊关键字集需要存储的数据量是巨大的，因此不适于实际使用。第二种方法虽然在数据存储量上有所减少，但其无法解决缺字符的情况。第三种方法虽然克服了以上两点的不足，但在其使用性方面远不如第一种方便。因此，如何解决这一方面的问题已成为模糊关键字检索的一个重要问题。

10.3.3 外包数据加密计算

由于传统的加密无法满足各种计算要求，因此，研究一种支持在不解密的情况下直接对密文进行计算的加密技术就十分必要。为此，学者们提出了同态加密的思想。

1. 同态加密思想

与传统的加密一样，同态加密也需要一对加解密的算法 E 和 D，在明文 p 上满足 $D(E(p))=p$。此外，若将解密算法 D 看为一个映射，则 D 在明文空间 P 和密文空间 C 上建立了同态关系。即如果存在映射 $D:C \rightarrow P$，使得对于任何属于密文空间 C 上的密文序列 c_0，c_1，$\cdots$，c_n，满足关系式：

$$D(f'(c_0, c_1, \ldots, c_n)) = f(D(c_0), D(c_1), \ldots, D(c_n))$$

其中，f 为明文空间上的运算函数，f' 为密文空间上的运算函数，且 f 和 f' 是等价的。

若 f 表示加法函数，则称该加密方法为加法同态，同理，也有乘法同态。减法可以转换为加法，除法可以转换为乘法。此外，f 也可以代表一个包含多种运算的混合运算函数。只要 f 所能表示的函数受限（如运算种类或运算次数有限），都称该加密方法为部分同态加密。

若 f 可以表示为任意的、计算机可执行的函数，则称该加密方法为全同态加密。全同态加密意味着可以对密文进行任意的计算,因此是最理想的同态加密方法。相比于同态加密算法的只支持部分运算类型或运算次数有限,全同态加密算法是指可以进行无限次的所有运算。目前全同态技术仍处于研究阶段,需要极强的运算能力支持,实际应用时计算代价过大。

利用同态加密,在对密文直接进行计算之后,即可得到密文形式的计算结果,从而可避免明文运算带来的隐私泄露风险。为方便理解,可以考虑一个简单的加密方法,给定密钥 Key,如果 $E(p) = \text{Key} \cdot p$;$D(c) = c/\text{Key}$,则当 Key = 7 时,对于明文 3 和 6,它们的明文和密文加法运算如图 10-7 所示。

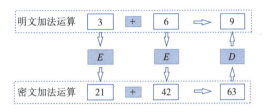

图 10-7 明文和密文加法运算对比示例

2. 外包数据加密计算模型

加密计算涉及与加密检索同样的三类实体,它们分别为:数据拥有者,被授权的数据使用者和云端服务器。外包数据加密计算模型如图 10-8 所示,具体步骤如下:

(1) 数据拥有者用加密算法 E 对敏感数据 $d_i (i \in [1, n], n \geq 1)$ 加密得到 $E(d_i)$,并存储到服务器上。

(2) 当数据使用者获得数据拥有者的授权后,对敏感计算参数 para 进行加密得到 $E(\text{para})$,并将 $E(\text{para})$ 和计算请求类型 type 提交给云端服务器。在这里,type 包括加、减、乘、除四则运算和比较运算等。

(3) 当服务器验证了使用者权限后,根据使用者的计算请求类型,对其权限范围的 $E(\text{di})$ 和计算参数 $E(\text{para})$ 进行计算,得到计算结果 $E(\text{result})$,并将 $E(\text{result})$ 返回给使用者。

(4) 使用者对获得的 $E(\text{result})$ 进行解密,获得结果的明文 result。

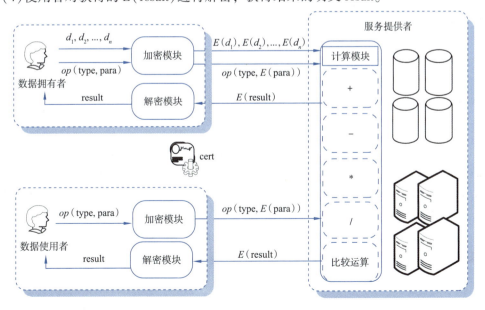

图 10-8 加密计算模型

小 结

本章探讨了大数据安全的基本概念,给出了数据加密模型与几种典型加密算法,包括置换加密算法、对称加密算法、非对称加密算法;讨论了外包数据隐私威胁模型和支持计算的加密方案;介绍了外包数据加密检索和外包数据加密计算的同态加密方法。

习 题

一、选择题

1. 对称加密算法 DES 是( )的英文缩写。
   A. data encryption standard   B. data encode system
   C. data encryption system   D. data encode standard
2. 如果凯撒置换密码的密钥 Key=4,设明文为 YES,则密文是( )。
   A. BHV   B. CIW   C. DJX   D. AGU
3. RSA 的公开密钥(n,e)和秘密密钥(n,d)中的 e 和 d 必须满足( )。
   A. 互质   B. 都是质数
   C. $e \cdot d \equiv 1 \bmod n$ D. $e \cdot d \equiv n-1$
4. ( )不是隐私保护的主要方法。
   A. 匿名   B. 假名   C. 加密   D. 副本
5. 要计算 3 的密文和 5 的密文的乘法运算,并获得 15 的密文结果,可以使用( )。
   A. 凯撒置换算法 B. 仿射加密   C. DES 算法   D. 同态加密

二、问答题

1. 简要说明数据安全三原则的含义。
2. 什么是明文?什么是密文?什么是加密?什么是解密?
3. 什么是对称加密?什么是非对称加密?二者的主要不同是什么?
4. 什么是同态加密?在云存储中有什么作用。
5. 试分析 RSA 算法是否支持同态加法和同态乘法。

三、计算题

1. 设 26 个英文字母 a~z 的编号依次为 0~25。已知仿射变换为 $c=(7m+5) \bmod 26$,其中 m 是明文的编号,c 是密文的编号。试对明文"computer"进行加密,得到相应的密文。
2. 在使用 RSA 的公钥体制中,已截获发给某用户的密文为 $c=10$,该用户的公钥 $pk=5$,$n=35$,那么明文 m 等于多少?
3. 利用 RSA 算法运算,如果 $p=11$,$q=13$,公钥 $pk=103$,对明文 3 进行加密。求私钥 sk 及明文 3 的密文。

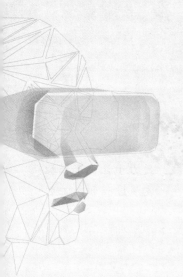

第三部分

探索人工智能

第 11 章 人工智能概述

人工智能(artificial intelligence,AI)是计算机科学的一个分支领域,致力于让机器模拟人类思维,执行学习、推理等工作。下面,主要介绍人工智能的产生、发展过程和人工智能的三大学派。

学习目标

(1) 了解人工智能的产生与发展历程。
(2) 理解人工智能的三大学派的主要差异。
(3) 理解人工智能概念的内涵。

11.1 人工智能的产生

早在公元前,人工智能就已经开始萌芽。亚里斯多德(Aristotle,公元前384—前322)就在他的名著《工具论》中提出了形式逻辑的一些主要定律,他提出的三段论至今仍是演绎推理的基本依据。

(1) 大前提:已知的一般性知识或假设。
(2) 小前提:关于所研究的具体情况或个别事实的判断。
(3) 结论:由大前提推出的适合于小前提所示情况的新判断。

例如,大前提:教授的知识非常丰富;小前提:张某林是一名大学教授;所以得到结论:张某林的知识非常丰富。

1940年,科幻作家艾萨克·阿西莫夫(Isaac Asimov)就提出了机器人三定律:

第一,机器人不得伤害人,也不得见人受到伤害而袖手旁观。
第二,机器人应服从人的一切命令,但不得违反第一定律。
第三,机器人应保护自身的安全,但不得违反第一、第二定律。

但机器人三定律中隐含着两个逻辑悖论:机器人可以杀害正在行凶杀人的人吗?人类自我伤害时而不自知时,机器人该怎么做?

英国数学家图灵(Alan Mathison Turing)1950年发表了题为《计算机与智能》的文章,提出了著名的"图灵测试"。他形象地指出了什么是人工智能,以及机器应该达到的智能标准。图灵在这篇论文中指出不要问机器是否拥有思维,而是要看它能否能通过如下测试:

让人与机器分别在两个房间里,他们可以进行对话,但彼此都看不到对方,如果通过对话,作为人的一方不能分辨对方是人还是机器,那么就可以认为对方的那台机器达到了人类智能的水平。其实,图灵测试是一个思想实验,主要是用来直观说明人工智能的概念。

几十年来,许多人希望真正实现图灵测试,但每当有人宣称自己开发的人工智能系统通过了图灵测试,就遭到许多人的质疑。还有另一部分人认为图灵测试仅仅反映了结果,没有涉及思维过程,即使机器通过了图灵测试,也不能认为机器就是智能的。实际上,要使机器达到人类智能的水平,是非常困难的。人工智能的研究正朝着这个方向前进。

1955年,达特茅斯学院的教师,约翰·麦卡锡(John McCarthy),首次提出了"人工智能"的概念来概括神经网络、自然语言等"各类机器智能"技术。

1956年夏季,麦卡锡推动召开了称为"人工智能夏季研究项目"的达特茅斯会议,与明斯基、罗切斯特、纽厄尔、西蒙和香农等共同研究和探讨用机器模拟智能的一系列有关问题,标志着"人工智能"这门新兴学科的正式诞生。达特茅斯会议上的主要参会者,就有四位获得过图灵奖,西蒙还是诺贝尔经济学奖的获得者。

近些年,随着物联网、云计算、大数据等新一代信息技术的发展,以及深度学习的提出,人工智能在算法、算力和算据(数据)等"三算"方面取得了重要突破,直接支撑了图像分类、语音识别、知识问答、人机对弈、无人驾驶等人工智能的复杂应用。目前,人工智能进入了大数据驱动的、以深度学习为代表的迅速发展时期。

11.2 人工智能的发展

人工智能技术的发展不是一帆风顺的,主要经历了五个阶段,分为三大学派。

11.2.1 人工智能的发展历程

(1)第一阶段(1956—1960)——AI兴起

人工智能概念正式出现,各种设想不断涌现。1957年,弗兰克·罗森布莱特(Frank Rosenblatt)提出感知器(perceptron)的概念,并建造了感知器的机电模型"Mark I"。感知器通过监督学习算法,迭代地解决线性的二分类问题,极大地拓展了机器可求解问题的种类。感知器的出现激起一股人工智能热潮。

1958年,西蒙预测十年之内,数字计算机将成为国际象棋世界冠军,发现并证明一个重要的数学定理。但直到39年后的1997年,IBM深蓝才战胜国际象棋世界冠军卡斯帕罗夫。18年后的1976年,计算机通过暴力计算证明了四色定理。

(2)第二阶段(1974—1980年)——AI进入第一次寒冬

1969年,马文·明斯基和西蒙·派珀特写了一本书——《感知器》,对罗森布莱特的感知器提出了质疑。书中指出:单层感知器本质上是一个线性分类器,无法求解非线性分类问题,甚至连简单的异或问题都无法求解。

明斯基对感知器的批判导致神经网络研究停滞了十年。当然,这也一定程度上要归咎于AI研究者们低估了AI课题的研究难度,做出各种不切实际的承诺,而且受当时的模型和硬件计算能力的限制,也使得这些承诺完全无法按预期实现。

(3) 第三阶段(1980—1987 年)——AI 复兴

AI 的第一次寒冬，研究者们将研究热点转向了专家系统。专家系统是模仿人类专家决策能力的计算机系统。依据一组从专门知识中推演出的逻辑规则，来回答特定领域中的问题。专家系统包含若干子系统：知识库，推理引擎，用户界面。

因此，知识库系统和知识工程成为 20 世纪 80 年代 AI 研究的主要方向，出现了许多有名的专家系统，专家系统开始流行并商用。

其间的主要代表性成果包括：

①霍普菲尔德网络：1982 年，由约翰·霍普菲尔德(John Hopfield)提出。离散霍普菲尔德网络是一个单层网络，各节点对称地连接，但没有自反馈，权重确定后，网络具有状态记忆功能。

②受限玻尔兹曼机：1985 年，由杰弗里·辛顿(Geoffrey Hinton)提出。受限玻尔兹曼机是一种二分图结构，包含可见单元和隐藏单元。其训练算法是基于梯度的对比分歧算法，可以用于降维、分类、回归和特征学习等任务。

③多层感知器：1986 年，由鲁姆尔哈特(Rumelhart)提出。这是一种前向结构的人工神经网络。包含三层：输入层、隐藏层和输出层。模型训练的算法是反向传播算法。

(4) 第四阶段(1987—1993 年)——AI 进入第二次寒冬

在专家系统快速发展的过程中，其劣势也逐渐显露出来。专家系统的知识采集和获取的难度很大，系统建立和维护费用高；专家系统仅限应用于某些特定情景，不具备通用性；使用者需要花费很长时间来熟悉系统的使用。

专家系统的这些劣势使得商业化面临重重困境，从而直接引发了 AI 的第二次寒冬。在人工智能的第二次寒冬期，神经网络的研究出现了一系列的突破性进展，深度学习开始萌芽。

(5) 第五阶段(1993 至今)——AI 再次崛起

一方面，互联网的不断发展提供了大量数据源与高效标注工具与平台，由此产生了许多高质量公开数据集。由于数据的爆发式增长，高性能算力的出现和变得廉价，算力提升拓宽了算法的探索空间，神经网络变体也不断涌现，深度学习理论取得突破。其间出现了卷积神经网络(CNN)、循环神经网络(RNN)、长短期记忆网络(LSTM)等复杂模型。这些模型对训练数据的质量和数量的需求越来越迫切，导致算力需求不断增长。而 GPU 集群、专用 AI 芯片、绿色能源的快速发展，推动了算力革命，又为 AI 算法创新提供了巨大动力。算法、数据和算力，相辅相成，推动人工智能的发展进入了快车道。

总之，60 多年来，人工智能取得长足的发展，成为一门应用广泛的交叉和前沿科学。人工智能的目的就是让计算机这台机器能够像人一样思考。如果希望做出一台能够思考的机器，那就必须知道什么是思考，更进一步讲就是什么是智慧。

什么样的机器才是智慧的呢？科学家已经制造出了汽车、火车、飞机、收音机等，它们模仿人们身体器官的功能，但是能不能模仿人类大脑的功能呢？

当计算机出现后，人类开始真正有了一个可以模拟人类思维的工具，无数科学家都在为实现人工智能这个目标不断努力着。如今，人工智能已经不再是几个科学家的专利了，全世界大部分大学都有人在研究这门学科，所有大学生都在享受人工智能带来的诸多好处。如网络上的人机对战游戏、汽车导航的路径规划、百度双语翻译、刷脸支付和指纹解锁等。

如今,各类计算机系统在物联网感知、大数据分析和智能控制联合作用下,已经变得越来越聪明。大家或许还会注意到,在一些地方,计算机开始帮助人们进行其他原来只属于人类的工作(如用机器视觉代替站岗、巡视、值勤等),计算机正在以它的高速和准确为人类做着其积极的贡献。

11.2.2 人工智能的三大学派

在人工智能的发展过程中,涌现了从不同的学科背景出发的三大学派,如图 11-1 所示。

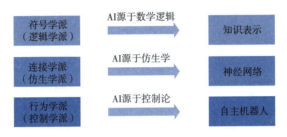

图 11-1 人工智能的三大学派

(1)符号学派又称为逻辑学派、心理学派或计算机学派。其在人工智能早期发展中占据主导地位。该学派的代表人物有西蒙·派珀特、马文·明斯基等。该学派认为人工智能源于数学逻辑,其实质是模拟人的抽象逻辑思维,用符号描述人类的认知过程,包括知识表示、决策树算法等。20 世纪 70 年代出现了具备专业知识和逻辑推断能力的专家系统,推动了人工智能的工程应用。但是,高性能个人计算机的普及应用以及专家系统成本的居高不下,使符号学派在人工智能领域的主导地位逐渐被连接学派取代。

(2)连接学派又称为仿生学派、生理学派或连接主义,包含感知器、人工神经网络、深度学习等技术,当前占据主导地位。该学派的代表人物有弗兰克·罗森布莱特(Frank Rosenblatt)等,认为人工智能源于仿生学,应以工程技术手段模拟人脑神经系统的结构和功能。早在 1943 年,美国心理学家麦卡洛克和数学家皮特斯就提出了利用神经元网络对信息进行处理的数学模型——MP 模型,自此人类开启了对神经元网络的研究。1982 年 Hopfield 神经网络模型和 1986 年 BP 神经网络模型的提出,使神经网络的理论研究取得重大突破。2006 年,连接主义的领军学者 Hinton 教授提出深度学习算法,大大提高了神经网络的学习训练能力。

(3)行为学派又称为进化主义或控制论学派,包含控制论、马尔科夫决策过程、强化学习等技术。近年来随着 Alpha Go 取得的重大突破,更使其得到广泛关注。该学派认为人工智能源于控制论,智能行为产生的基础是"从感知到行动"的反应机制,智能是在与外界环境交互作用中表现出来的。行为学派代表人物有理查德·萨顿(Richard Sutton)等,其代表观点是智能体通过与环境进行交互获得智能,如感知器等。

在人工智能发展历程中,符号学派、连接学派和行为学派不仅先后在各自领域取得了成果,也逐步走向了相互借鉴和融合发展的道路。

11.3 人工智能的定义

对人工智能的理解因人而异。一些人认为人工智能是通过非生物系统实现的任何智能形式的同义词,他们坚持认为,智能行为的实现方式与人类智能实现的机制是否相同是无关紧要的。而另一些人则认为,人工智能系统必须能够模仿人类智能。

即便是以模仿人类智能为目标的人工智能,其定义也千差万别,可参考以下几种定义:

(1)人工智能是研究理解和模拟人类智能、智能行为及其规律的一门学科。其主要任务是建立智能信息处理理论,进而设计可以展现某些近似于人类智能行为的计算系统。

(2)人工智能是研究、开发用于模拟、延伸和扩展人的智能的理论、方法、技术及应用系统的一门新的技术科学。

(3)人工智能是研究使计算机来模拟人的某些思维过程和智能行为(如学习、推理、思考、规划等)的学科,主要包括计算机实现智能的原理、制造类似于人脑智能的计算机,使计算机能实现更高层次的应用。

(4)人工智能是关于知识的学科——怎样表示知识,以及怎样获得知识,并使用知识的科学。

(5)人工智能就是研究如何使计算机去做过去只有人才能做的智能工作。

这些说法反映了人工智能学科的基本思想和基本内容,即人工智能是研究人类智能活动的规律,构造具有一定智能的人工系统,研究如何让计算机去完成以往需要人的智力才能胜任的工作,也就是研究如何应用计算机的软硬件来模拟人类某些智能行为的基本理论、方法和技术。

目前,关于是否需要研究人工智能或实现人工智能系统,虽然存在争论,但争论主要还是围绕人工智能的社会伦理方面,对人工智能的智能技术的实现得到了社会普遍认可。

因此,人们要了解人工智能,首先应该从理解人类如何获得智能行为开始。人工智能按照其智能程度可以分为弱人工智能、强人工智能和超人工智能三个层次。

(1)弱人工智能指的是擅长于解决特定领域问题的人工智能。比如,能战胜象棋世界冠军的人工智能 AlphaGo,它只会下象棋,如果问它怎样更好地在硬盘上储存数据,它就无法回答。

(2)强人工智能指的是能够在任何领域都能够胜任人类所有工作。它能够进行思考、计划、解决问题、抽象思维、理解复杂理念、快速学习和从经验中学习等操作,并且和人类一样得心应手。

(3)超人工智能是一种超越人类的存在,牛津哲学家、知名人工智能思想家 Nick Bostrom 把超级智能定义为"在几乎所有领域都比最聪明的人类大脑聪明很多,包括科学创新、通识和社交技能"。

人工智能涉及计算机科学、心理学、哲学和语言学等多个学科。可以说几乎是自然科学和社会科学的所有学科,其范围已远远超出了计算机科学的范畴,人工智能与思维科学的关系是实践和理论的关系,人工智能是处于思维科学的技术应用层次,是它的一个应用分支。

从思维观点看,人工智能不仅限于逻辑思维,要考虑形象思维、灵感思维才能促进人工智能的突破性发展,数学常被认为是多种学科的基础学科,数学也进入语言、思维领域,人工智能学科也必须借用数学工具,数学不仅在标准逻辑、模糊数学等范围发挥作用,数学进入人工智能学科,它们将互相促进,从而更快地发展。

小 结

本章讲解了人工智能的产生和发展历程,描述了各个发展历程中的典型事件,总结了人工智能的符号学派、连接学派和行为学派三大学派的主要特点,指出了三大学派融合发展趋势,并从不同维度给出了人工智能的定义,描述了人工智能的三个层次。

习 题

一、选择题

1. 人工智能的英文缩写是(　　)。
   A. AI　　　　　B. BI　　　　　C. CI　　　　　D. DI
2. 人工智能诞生于(　　)。
   A. London　　　B. Dartmouth　　C. New York　　D. Las Vegas
3. 被誉为国际"人工智能之父"的人一般是指(　　)
   A. 图灵(Turing)　　　　　　　B. 费根鲍姆(Feigenbaum)
   C. 傅京孙(K. S. Fu)　　　　　D. 尼尔逊(Nilsson)
4. 下列不属于强人工智能的是(　　)。
   A. 会思考的机器　　　　　　　B. 有视觉的机器
   C. 制造机器的机器人　　　　　D. 以上均不是
5. 人工智能的目的是让机器能够(　　)。
   A. 有完全智能　　　　　　　　B. 像人一样思考
   C. 完全代替人　　　　　　　　D. 模拟、延伸和扩展人的智能
6. 人工智能是研究用人工的方法在计算机上实现智能,它涉及(　　)。
   A. 计算机科学　　B. 哲学　　　C. 语言学　　　D. 以上均是

二、问答题

1. 什么是人工智能?
2. 人工智能的发展过程经历了哪些阶段?
3. 人工智能研究有哪些学派?
4. 简述人工智能的概念。
5. 分析人工智能技术可能对人类带来的伦理冲击及应对措施。

第 12 章 人工智能技术探究

人工智能的研究范畴非常广泛,其核心技术涉及了专家系统、神经网络、机器学习、自然语言处理和视觉认知等诸多领域。这些技术并不是孤立存在的,经常相互交叉,且不断进行融合并向前发展。下面简单介绍人工智能的几个主要研究领域。

学习目标

(1)了解知识图谱、知识工程和专家系统的作用。
(2)理解生物神经网络、BP 神经网络和深度神经网络的概念和特征。
(3)理解机器学习的概念,能够区分深度学习、联邦学习和强化学习的异同。
(4)了解自然语言处理的作用。
(5)了解人工智能大模型概念和发展历程,知晓典型的 AI 大模型。

12.1 专家系统

专家系统是基于知识的系统,用于在某种特定的领域中运用领域专家多年积累的经验和专业知识,求解需要专家才能解决的困难问题。专家系统作为一种计算机系统,继承了计算机快速、准确的特点,在某些方面比人类专家更可靠、更灵活,可以不受时间、地域及人为因素的影响。所以,专家系统的专业水平能够达到甚至超过人类专家的水平。

专家系统的奠基人、斯坦福大学的爱德华·费根鲍姆(Edward Feigenbaum)教授把专家系统定义为:"专家系统是一种智能的计算机程序,它运用知识和推理来解决只有专家才能解决的复杂问题。"也就是说,专家系统是一种模拟专家决策能力的计算机系统。

12.1.1 专家系统的构成

专家系统的基本组成部分如图 12-1 所示。

知识库:知识库主要用来存放领域专家提供的专门知识。包括存储和管理专家知识和经验,供推理机利用,具有存储、检索、编辑、增删和修改等功能。知识库中的知识来源于知识获取机构,同时它又为推理机提供求解问题所需的知识。

人机接口:知识工程师采用"专题面谈""记录分析"等方式获取知识,经过整理以后,再输入知识库,它是专家系统中最重要的部分,是帮助用户与专家系统进行通信的界面。

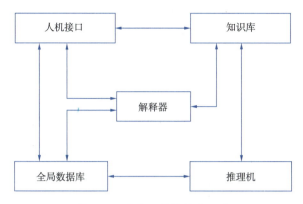

图 12-1　专家系统的基本组成

知识的获取主要通过人机接口与领域专家及知识工程师进行交互,然后更新、完善、扩充知识库中存储的知识。

全局数据库:用来存放系统推理过程中用到的控制信息、中间假设和中间结果。

推理机:利用知识进行推理,求解专门问题,具有启发推理、算法推理、正向推理、反向推理或双向推理等功能。

解释器:用于向用户解释系统的行为,包括解释"系统是怎样得出这一结论的""系统为什么要提出这样的问题来询问用户"等用户需要解释的问题。

这些组成部分共同协作,使得专家系统能够模拟人类专家的决策过程,解决需要人类专家处理的复杂问题。

专家系统的核心是知识库和推理机,其工作过程是根据知识库中的知识和用户提供的事实进行推理的,不断地由已知的事实推出一些结论即中间结果,并将中间结果放到数据库中,作为新的事实进行推理。在专家系统的运行过程中,会不断地通过人机接口与用户进行交互,向用户提问,并向用户作出解释。

推理机的功能是模拟领域专家的思维过程,控制并执行对问题的求解。它能根据当前综合数据库中的已知事实,利用知识库中的知识,按一定的推理方法和控制策略进行推理,直到得出相应的结论为止。

12.1.2　知识图谱

人工智能研究的目的是要建立一个能模拟人类智能行为的系统,知识是一切智能行为的基础,但计算机不能直接处理人类语言和文字。因此,首先要研究适合于计算机的知识表示方法。只有这样才能把知识存储到计算机中去,供求解现实问题使用。

世界上的每一个国家或民族都有自己的语言和文字。它是人们表达思想、交流信息的工具,促进了人类的文明及社会的进步。人类语言和文字是人类知识表示得最优秀、最通用的方法。

目前,知识表示可以分为两大类:符号表示法和连接机制表示法。

符号表示法是用各种包含具体含义的符号表示知识,主要用来表示逻辑性知识,目前用得较多的知识表示方法有产生式表示法、框架表示法、知识图谱等。

连接机制表示法是用神经网络表示知识的一种方法。连接机制表示法是一种隐式的知识表示方法。在这里,知识并不像在产生式系统中表示为若干条规则,而是将某个问题的若干知识在同一个网络中表示,这就如同人类脑子里存储知识一样。因此,特别适用于表示各种形象性的知识,如图片、视频等。

2006 年,伯纳斯·李提出链接数据的概念,希望建立起数据之间的链接,从而形成一张巨大的数据网。谷歌为了提升网络信息搜索引擎返回的答案质量和用户查询的效率,于 2012 年 5 月 16 日首先发布了知识图谱(knowledge graph),这也标志性着知识图谱正式诞生。

知识图谱是一种互联网环境下的知识表示方法。在表现形式上,知识图谱和语义网络相似,但语义网络更侧重于描述概念与概念之间的关系,而知识图谱则更偏重于描述实体之间的关联。

知识图谱的目的是提高搜索引擎的能力,改善用户的搜索质量及搜索体验。随着人工智能技术的发展和应用,知识图谱已被广泛应用于智能搜索、智能问答、个性化推荐、内容分发等领域。现在的知识图谱已被用来泛指各种大规模的知识库。谷歌、百度和搜狗等搜索引擎公司为了改进搜索质量,纷纷构建自己的知识图谱,分别称为知识图谱、知心和知立方。

知识图谱以结构化的形式描述客观世界中概念、实体间的复杂关系,将互联网的信息表达成更接近人类认知世界的形式,提供了一种更好地组织、管理和理解海量信息的能力。目前,知识图谱还没有一个标准的定义。简单地说,知识图谱是由一些相互连接的实体及其属性构成的;知识图谱也可被看作是一张图,图中的节点表示实体或属性值,而图中的边则由属性或关系构成。一个典型的知识图谱结构如图 12-2 所示。

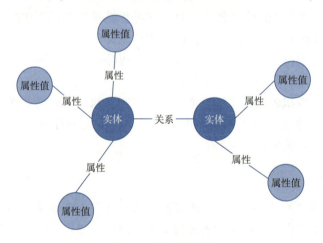

图 12-2 知识图谱结构

在知识图谱中,包括实体、关系、属性和属性值四个概念。下面进行简要介绍。

(1) 实体

实体是具有可区别性且独立存在的某种事物。如某个国家、某个人、某个城市、某种植物、某种商品等。实体是知识图谱中的最基本的元素,不同的实体间存在不同的关系。实体的内容通常作为实体和语义类的名字、描述、解释等,可以由文本、图像、音视频等来表达。具有同种特性的实体可以构成一个集合,如国家、民族、书籍、计算机等。

(2) 关系

关系用来描述不同实体之间的关联关系。如国与国的关系、人与人的关系等。

(3) 属性

属性是指实体具备的某种属性。如人的属性包括年龄、性别；城市的属性包括面积、人口、所在国家、地理位置等；不同的属性类型对应于不同类型属性的边。

(4) 属性值

属性值是指实体具备的某种属性的值。人的年龄大小、国家的国土面积、城市的地理位置、学校的在校生人数等。

在知识图谱中，通常使用三元组的方式来进行知识表示。根据知识所在位置，有两种形式的三元组知识表示方法：

方法1：(实体1 – 关系 – 实体2)

例如，(中国 – 首都 – 北京)是一个(实体1 – 关系 – 实体2)的三元组样例。

方法2：(实体 – 属性 – 属性值)

北京是一个实体，人口是一种属性，2 100万是其属性值，则(北京 – 人口 – 2 100万)构成一个(实体 – 属性 – 属性值)的三元组样例。

图12-3所示为一个关于高校信息的知识图谱。该知识图谱给出了两个高校的本科生、研究生、教师人数及所在位置和校区数量。

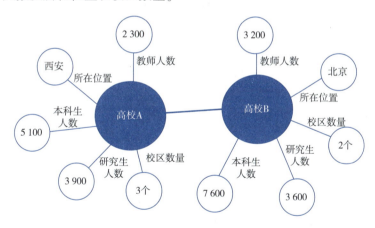

图12-3　关于高校信息的知识图谱示例

目前，知识图谱被广泛应用于社交网络、人力资源、金融、保险、零售、广告、信息技术、制造业、传媒、医疗、电子商务和物流等领域。例如，金融公司用知识图谱分析用户群体之间的关系，发现他们的共同爱好，从而更有针对性地对这类用户人群制定营销策略。

如果对知识图谱进行扩展，增强搜索结果，改善用户搜索体验，实现语义搜索，则还可以更加精准地分析用户的行为，准确地进行信息推送。

维基百科(Wikipedia)是一个由维基媒体基金会负责运营的一个可自由编辑的多语言知识库，也是一个超级的知识图谱系统。全球各地的志愿者们通过互联网和Wiki技术合作编撰。目前维基百科一共有285种语言版本，其中英语、德语、法语、荷兰语、意大利语、波兰语、西班牙语、俄语、日语版本已经有超过 100 万篇条目，而中文版本和葡萄牙语也有超过 90 万篇条目。维基百科中每一个词条包含对应语言的客观实体、概念的文本描述，以及各自丰富的属性、属性值等。

12.2 神经网络

12.2.1 生物神经网络

生物神经网络(biological neural networks)一般指生物的大脑神经元、细胞、触点等组成的网络，用于产生生物的意识，帮助生物进行思考和行动。生物神经网络是由大量的生物神经元构成。每个神经元由细胞体(cytoplast)、树突(dendrite)、轴突丘(axon hillock)、轴突(axon)、突触(synapse)等组成，如图 12-4 所示。

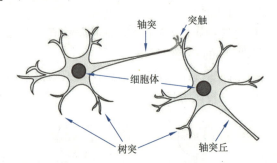

图 12-4　典型的生物神经元

在生物神经网络中，生物神经元的主体部分为细胞体。细胞体由细胞核、细胞质、细胞膜等组成。神经元还包括树突和一条长的轴突。由细胞体向外伸出的最长的一条分支称为轴突即神经纤维。轴突末端部分有许多分枝，叫轴突末梢。一个神经元通过轴突末梢与十到十万个其他神经元相连接，组成一个复杂的神经网络。轴突是用来传递和输出信息的，其端部的许多轴突末梢为信号输出端子，将神经冲动传给其他神经元。由细胞体向外伸出的其他许多较短的分支称为树突。树突相当于细胞的输入端，树突的全长各点都能接收其它神经元的冲动。神经冲动只能由前一级神经元的轴突末梢传向下一级神经元的树突或细胞体，不能作反方向的传递。

神经元具有两种常规工作状态：兴奋与抑制，即满足"0－1"律。当传入的神经冲动使细胞膜电位升高超过阈值时，细胞进入兴奋状态，产生神经冲动并由轴突输出；当传入的冲动使膜电位下降低于阈值时，细胞进入抑制状态，没有神经冲动输出。

在人类大脑中，约有 10^{11} 多个神经元，每个神经元又与 1 000 多个其他神经元进行连接，这样，大脑就是一个内有 10^{14} 个连接的生物神经网络系统。人的思想、智慧和行为都是由这些高度互联的生物神经网络产生的。

在生物神经网络中，每个神经元的树突接受来自之前多个神经元输出的电信号，将其组合成更强的信号。如果组合后的信号足够强，超过阈值，这个神经元就会被激活并且也会发射信号，信号则会沿着轴突到达这个神经元的终端，再传递给接下来更多的神经元的树突。

生物神经网络的理论研究为人工智能的实现提供了一条全新的思路。如果能够构造一种仿造人类大脑结构的复杂网络系统，那么，机器智能将向前迈出一大步。科学家们经过不断尝试，开始了人工神经网络(artificial neural network, ANN)的研究。ANN是一个用大量简单处理单元经广泛连接而组成的人工网络，是对人脑或生物神经网络若干基本特性的抽象和模拟。

12.2.2 人工神经网络

1. 人工神经网络的概念

人工神经网络(ANN)是20世纪80年代以来人工智能领域兴起的研究热点。它从信息处理角度对人脑神经元网络进行抽象，建立某种简单模型，按不同的连接方式组成不同的网络。在工程与学术界也常直接简称为神经网络或类神经网络。神经网络是一种运算模型，由大量的节点(或称神经元)之间相互联接构成。每个节点代表一种特定的输出函数，称为激励函数(activation function)。每两个节点间的连接都代表一个对于通过该连接信号的加权值，称之为权重，这相当于人工神经网络的记忆。网络的输出则依网络的连接方式、权重值和激励函数的不同而不同。而网络自身通常都是对自然界某种算法或者函数的逼近，也可能是对一种逻辑策略的表达。

最近十多年来，人工神经网络的研究工作不断深入，已经取得了很大的进展，其在模式识别、智能机器人、自动控制、预测估计、生物、医学、经济等领域已成功地解决了许多现代计算机难以解决的实际问题，表现出了良好的智能特性。

2. 人工神经网络的特征

人工神经网络是由大量处理单元互联组成的非线性、自适应信息处理系统。它是在现代神经科学研究成果的基础上提出的，试图通过模拟大脑神经网络处理、记忆信息的方式进行信息处理。人工神经网络具有四个基本特征：

(1)非线性。非线性关系是自然界的普遍特性。大脑的智慧就是一种非线性现象。人工神经元处于激活或抑制两种不同的状态，这种行为在数学上表现为一种非线性关系。具有阈值的神经元构成的网络具有更好的性能，可以提高容错性和存储容量。

(2)非局限性。一个神经网络通常由多个神经元广泛连接而成。一个系统的整体行为不仅取决于单个神经元的特征，而且可能主要由单元之间的相互作用、相互连接所决定。通过单元之间的大量连接模拟大脑的非局限性。联想记忆是非局限性的典型例子。

(3)非常定性。人工神经网络具有自适应、自组织、自学习能力。神经网络处理的信息不但可以有各种变化，而且在处理信息的同时，非线性动力系统本身也在不断变化。经常采用迭代过程描写动力系统的演化过程。

(4)非凸性。一个系统的演化方向，在一定条件下将取决于某个特定的状态函数。如能量函数，它的极值相应于系统比较稳定的状态。非凸性是指这种函数有多个极值，故系统具有多个较稳定的平衡态，这将导致系统演化的多样性。

在人工神经网络中，神经元处理单元可表示不同的对象，例如特征、字母、概念，或者一些有意义的抽象模式。网络中处理单元的类型分为三类：输入单元、输出单元和隐单元。输入单元接收外部世界的信号与数据；输出单元实现系统处理结果的输出；隐单元是处在输入和输出单元之间，不能由系统外部观察的单元。神经元间的连接权值反映了单元间的连接强度，信息的表示和处理体现在网络处理单元的连接关系中。

人工神经网络是一种非程序化、适应性、大脑风格的信息处理，其本质是通过网络的变换和动力学行为得到一种并行分布式的信息处理功能，并在不同程度和层次上模仿人脑神经系统的信息处理功能。它是涉及神经科学、思维科学、人工智能、计算机科学等多个领域的交叉学科。

人工神经网络是并行分布式系统，采用了与传统人工智能和信息处理技术完全不同的机理，克服了传统的基于逻辑符号的人工智能在处理直觉、非结构化信息方面的缺陷，具有自适应、自组织和实时学习的特点。

3. 人工神经网络的分类

人工神经网络模型主要考虑网络连接的拓扑结构、神经元的特征、学习规则等。目前，已有近40种神经网络模型，其中有反向传播网络、感知器、自组织映射、Hopfield 网络、波耳兹曼机、自适应谐振理论等。根据连接的拓扑结构，神经网络模型可以分为以下两类：

（1）前向网络

前向网络是网络中各个神经元接受前一级的输入，并输出到下一级，网络中没有反馈，可以用一个有向无环路图表示。这种网络实现信号从输入空间到输出空间的变换，它的信息处理能力来自于简单非线性函数的多次复合。网络结构简单，易于实现。反向传播网络是一种典型的前向网络。

（2）反馈网络

反馈网络是网络内神经元间有反馈，可以用一个无向的完备图表示。这种神经网络的信息处理是状态的变换，可以用动力学系统理论处理。系统的稳定性与联想记忆功能有密切关系。Hopfield 网络、波耳兹曼机均属于这种类型。

12.2.3　BP 神经网络

BP（back propagation）神经网络是一种按照误差逆向传播算法训练的多层前馈神经网络，它在输入层与输出层之间增加若干层（一层或多层）神经元，这些神经元称为隐单元，它们与外界没有直接的联系，但其状态的改变能影响输入与输出之间的关系，每一层可以有若干个节点。BP 神经网络现在是应用广泛的神经网络模型之一。

1957 年，美国康奈尔大学的弗兰克·罗森布拉特提出了由两层神经元组成的人工神经网络，并将其命名为感知器（perceptron），并在一台 IBM-704 计算机上模拟实现了感知器神经网络模型，完成一些简单的视觉处理任务。1962 年罗森布拉特在理论上证明了，单层神经网络在处理线性可分的模式识别问题时，可以做到收敛，并以此为基础做了若干感知器有学习能力的实验。这在国际上引起了轰动，掀起了人工神经网络研究的第一次高潮。

1969 年，图灵奖得主马文·明斯基等经过理论研究，指出了感知器无法解决"非线性可分"问题，并列举了异或问题这个反例。感知器之所以无法解决这样的问题，原因就是一个单层神经网络的结构过于简单。如果想提升感知器神经网络的表征能力，网络结构要向复杂网络进发，即在输入层和输出层之间，添加一层或者多层神经元，将其称之为隐含层（hidden layer），构成多层感知器。

1974 年，哈佛大学博士生保罗·沃波斯（Paul Werbos）在其博士论文中证明，在感知器神经网络中再多加一层，并利用误差的反向传播来训练人工神经网络，可以解决异或问题。

1985年，加拿大多伦多大学教授杰弗里·辛顿（Geoffrey Hinton）和戴维·鲁梅尔哈特（David Rumelhart）等人重新设计了BP学习算法，在多层感知器中使用sigmoid激活函数代替原来的阶跃函数，以"人工神经网络"模仿大脑工作机理，发表了具有里程碑意义的论文：通过误差反向传播学习表示，实现了马文·明斯基多层感知器的设想。BP学习算法唤醒了沉睡多年的人工智能研究，又一次掀起了神经网络研究的高潮。

BP神经网络是一种按误差反向传播（简称误差反传）训练的多层前馈网络，其算法称为BP算法，它的基本思想是梯度下降法，利用梯度搜索技术，使网络的实际输出值和期望输出值的误差均方差为最小。

基本BP算法包括信号的前向传播和误差的反向传播两个过程。即计算误差输出时按从输入到输出的方向进行，而调整权值和阈值则从输出到输入的方向进行。正向传播时，输入信号通过隐含层作用于输出节点，经过非线性变换，产生输出信号，若实际输出与期望输出不相符，则转入误差的反向传播过程。误差反传是将输出误差通过隐含层向输入层逐层反传，并将误差分摊给各层所有单元，以从各层获得的误差信号作为调整各单元权值的依据。通过调整输入节点与隐含层节点的联接强度和隐含层节点与输出节点的联接强度及阈值，使误差沿梯度方向下降，经过反复学习训练，确定与最小误差相对应的网络参数（权值和阈值），训练即告停止。此时经过训练的神经网络便能对类似样本的输入信息自行处理，输出误差最小的经过非线性转换的信息。

一个典型的BP神经网络模型如图12-5所示。

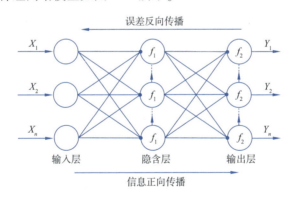

图12-5　典型的BP神经网络的结构

在图12-5中，X_1，X_2，$\cdots$，X_n为该网络的输入，Y_1，Y_2，$\cdots$，Y_n为该网络的输出，f_1，f_2为激活函数。每个神经元（图中圆圈）都接受来自其他神经元的输入信号，每个信号都通过一个带有权重的连接（图中的连接直线）传递，神经元把这些信号加起来得到一个总输入值，然后将总输入值与神经元的阈值进行对比（模拟阈值电位），然后通过一个"激活函数"处理得到最终的输出（模拟细胞的激活），这个输出又会作为之后神经元的输入一层一层传递下去。

引入激活函数的目的是在模型中引入非线性。如果没有激活函数（相当于激活函数$f(x)=x$），那么无论神经网络有多少层，最终都是一个线性映射，那么网络的逼近能力就相当有限，单纯的线性映射无法解决线性不可分问题。正因为上面的原因，引入非线性函数作为激活函数，使得神经网络的表达能力就更加强大。

BP 神经网络算法有以下几种常用的激活函数：

（1）sigmoid 激活函数

sigmoid 激活函数是常见的激活函数之一，也称为 S 型生长曲线，是在逻辑回归中把回归值映射到(0，1)区间的非线性变换函数，其表达式是：

$$\text{sigmoid}(x) = \frac{1}{1+e^{-x}}$$

（2）tanh 激活函数

tanh 激活函数和 sigmoid 激活函数类似，也是使用指数进行非线性变换，其表达式是：

$$\tanh x = \frac{\sinh x}{\cosh x} = \frac{e^x - e^{-x}}{e^x + e^{-x}}$$

（3）relu 激活函数

为了解决 sigmoid 函数梯度消失的问题，引入了 relu 函数，relu 函数是一个分段函数，其表达式是：

$$\text{relu}(z) = \begin{cases} z & \text{if } z \geq 0 \\ 0 & \text{if } z < 0 \end{cases}$$

12.3 深度神经网络

2006 年 7 月，加拿大多伦多大学杰弗里·辛顿（Geoffrey Hinton）教授等受动物视觉机理的启发，提出深度神经网络（deep neural networks，DNN）。深度神经网络的提出得益于高性能计算和大数据技术的快速发展，特别是图形处理器（graphics processing unit，GPU）和大规模集群的应用，因为深度神经网络的训练需要耗费大量的计算资源。

循环神经网络（recurrent neural network，RNN）和卷积神经网络（convolutional neural networks，CNN）都属于多层的深度神经网络。CNN 的每层由多个二维平面组成，而每个平面由多个独立神经元组成。CNN 输入层是一个矩阵，如一幅图像的像素组成的矩阵，适合于图形处理应用，相比 BP 神经网络这是一个重大进步。

1. 循环神经网络

循环神经网络（RNN）是一种能够处理序列数据的神经网络模型，其最重要的特点是具有循环结构。它可以接收并处理任意长度的输入序列，并根据序列之间的时间关系进行学习和预测。

RNN 的基本原理是通过重复使用神经元来处理连续的序列数据，每一个神经元接收当前的输入和上一个神经元的输出，并将其作为下一个神经元的输入，这种循环的连接结构可以让信息在时间轴上进行传递和保存。

循环神经网络是一种对序列数据建模的神经网络，即一个序列当前的输出与前面的输出也有关，会对前面的信息进行记忆并应用于当前输出的计算中。循环神经网络适合处理和预测语言这类序列数据。可以将一个序列上不同次序的数据依次传入循环神经网络的输入层，而输出可以是对序列中下一个时刻的预测，也可以是对当前时刻信息的处理结果。

在自然语言处理领域，RNN可以将一段文本序列转化为一个固定长度的向量，从而实现文本分类、情感分析等任务。在语音识别方面，RNN可以处理语音信号的时序信息，从而提高识别精度。在视频分析方面，RNN可以学习视频序列中的动态变化规律，从而实现动作识别、视频分类等任务。在时间序列预测方面，RNN可以根据历史数据预测未来的趋势。

（1）长短期记忆神经网络

长短期记忆神经网络（long short-term memory，LSTM）是一种特殊的循环神经网络（RNN），用于解决长序列数据的建模问题。相较于传统的RNN，LSTM通过引入三个门控结构，即输入门、输出门和遗忘门，能够更好地控制信息的输入和输出，有效地避免了梯度消失和梯度爆炸的问题。

LSTM在语音识别、自然语言处理、机器翻译等领域得到广泛应用。LSTM的基本原理是将过去的信息存储在细胞状态（cell state）中，并根据当前的输入和门控信息，决定哪些信息需要保留，哪些信息需要遗忘。具体来说，LSTM的每个单元包含四个主要部分：输入门、遗忘门、输出门和细胞状态。其中，输入门控制新的信息进入细胞状态，遗忘门控制旧的信息从细胞状态中被遗忘，输出门决定从细胞状态中输出哪些信息，其原理图如图12-6所示。

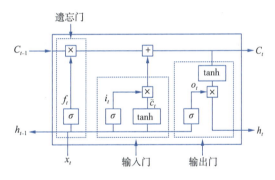

图12-6 LSTM原理图

其中，遗忘门的输入是前一时刻的隐藏层状态h_{t-1}，当前时刻的输入为x_t，遗忘门的输出值f_t计算公式如下，其中W_f为输入数据到遗忘门的权重参数，b_f为偏置。

$$f_t = \sigma[W_f(h_{t-1} + x_t) + b_f]$$

计算输入门（即记忆门）的输入与遗忘门相同，记忆门的输出是记忆门的值i_t和临时细胞状态$\hat{C}_t$，计算公式如下，其中W_i、W_c为权重参数，b_i、b_c为偏置。

$$i_t = \sigma[W_i(h_{t-1} + x_t) + b_i]$$

$$\hat{C}_t = \tanh[W_C(h_{t-1} + x_t) + b_C]$$

计算当前时刻的细胞状态的输入是记忆门的值i_t、遗忘门的输出值f_t、临时细胞状态$\hat{C}_t$和上一时刻的细胞状态C_{t-1}，输出是当前时刻的细胞状态C_t，计算公式如下：

$$C_t = f_t * C_{t-1} + i_t * \hat{C}_t$$

最后计算输出门。输入是前一时刻的隐含层状态h_{t-1}，当前时刻的输入x_t及当前的细

胞状态 C_t，输出是输出门的输出值 o_t，以及当前隐含层对应状态的输出 h_t，计算公式如下，其中 b_o 为偏置。

$$o_t = \sigma[W_o(h_{t-1} + x_t) + b_o]$$
$$h_t = o_t * \tanh(C_t)$$

(2) 双向长短期记忆网络

双向长短期记忆网络(bidirectional long short-term memory, Bi-LSTM)相比于 LSTM 的优势在于能够处理文本序列的前向和后向双向上下文信息，而不是只能处理单向信息。

Bi-LSTM 的结构包括两个 LSTM，一个前向 LSTM 和一个后向 LSTM。前向 LSTM 按照时间步的顺序依次读取序列中的词向量，而后向 LSTM 则按照时间步的相反顺序读取。具体而言，前向 LSTM 从第一个时间步开始，依次读取每个时间步的输入，同时更新状态和输出，直到最后一个时间步。而后向 LSTM 则从最后一个时间步开始，依次读取每个时间步的输入，同时更新状态和输出，直到第一个时间步。

在每个时间步，LSTM 单元会接收当前时刻的输入和上一时刻的状态，并计算出新的状态和输出。具体来说，每个 LSTM 单元包括三个门(输入门、遗忘门和输出门)和一个记忆单元。输入门控制输入信息的流入，遗忘门控制上一时刻状态的遗忘，输出门控制新的状态信息的输出。记忆单元则负责记忆历史信息，并根据输入和遗忘门的控制，更新当前时刻的状态。

在 Bi-LSTM 中，前向 LSTM 和后向 LSTM 的输出被连接起来，形成了一个新的特征表示，称为 Bi-LSTM 的输出。

(3) 注意力机制

注意力机制(attention mechanism)是一种人工智能技术，它可以让神经网络在处理序列数据时，专注于关键信息的部分，同时忽略不重要的部分。在自然语言处理、计算机视觉、语音识别等领域，注意力机制已经得到了广泛的应用。

注意力机制的主要思想是，在对序列数据进行处理时，通过给不同位置的输入信号分配不同的权重，使得模型更加关注重要的输入。例如，在处理一句话时，注意力机制可以根据每个单词的重要性来调整模型对每个单词的注意力。这种技术可以提高模型的性能，尤其是在处理长序列数据时。

在深度学习模型中，注意力机制通常是通过添加额外的网络层实现的，这些层可以学习到如何计算权重，并将这些权重应用于输入信号。常见的注意力机制包括自注意力机制(self-attention)、多头注意力机制(multi-head attention)等。

注意力机制通过给予不同位置的输入数据不同的权重，使得模型能够更加关注重要的信息点，从而提高模型的性能。通过对输入的序列数据赋予权重，并将这个注意力权重作为加权系数进行加权求和，得到最终的特征向量。注意力机制可以使得模型更加关注输入序列中重要的信息点，保证模型性能的同时提高泛化能力。

在自然语言处理中，引入注意力机制是为了更好地理解句子中单词的含义和上下文。在流行度分析中，会有一些序列输入问题，这类输入数据的序列具有一定的长度，其中会有一些关键的信息点，注意力机制就是对这些信息的有效利用。

(4) 自注意力机制

自注意力机制也称为内注意力机制，是一种将单个序列的不同位置联系起来以计算序列表示的注意力机制。例如，在做自然语言处理时，人们期望机器能够像人一样看到全局，但是又要聚焦到重点信息上。因为句子中的一个词往往不是独立的，是跟它的上下文相关的，但是跟上下文中不同的词具有相关性的词是不同的，所以在处理这个词的时候，机器在看到它的上下文的同时，也要更加聚焦与它相关性更高的词。这就是自注意力机制的一种应用。

(5) 多头注意力机制

多头注意力是注意力机制的一种扩展形式，可以在处理序列数据时更有效地提取信息。在标准的注意力机制中，人们通过计算一个加权的上下文向量来表示输入序列的信息。而在多头注意力中，则使用多组注意力权重，每组权重可以学习到不同的语义信息，并且每组权重都会产生一个上下文向量。最后，这些上下文向量会被拼接起来，再通过一个线性变换得到最终的输出。

2. 卷积神经网络

卷积神经网络(convolutional neural networks, CNN)是一种前馈神经网络(feedforward neural networks)，它通过卷积层(convolutional layer)、池化层(pooling layer)、全连接层(fully connected layer)等组成，它拥有局部连接、权值共享、平移不变性等特点，能够对图像、语音、文本等复杂数据进行高效的特征提取和分类，因此被广泛应用于计算机视觉、自然语言处理、语音识别等领域，并做出重大贡献。

CNN 模型的核心是卷积层，其使用了一组可学习的滤波器对输入数据进行卷积操作。卷积操作是指将滤波器应用于输入数据的每个位置，得到不同的输出值，卷积操作的输出称为特征图。通过改变滤波器的大小和数量，卷积层可以捕获数据的不同特征。

池化层是 CNN 的另一个重要的层，其用于降低特征图的维度，同时保留重要的特征，它可以有效降低模型过拟合的风险。池化层可以通过不同的方法对特征图进行降维，常用的方法包括最大池化(max pooling)和平均池化(average pooling)。最大池化可以对特征图进行最大值操作，将特征图中的最大值作为池化操作的输出。平均池化则可以对特征图进行平均值操作，将特征图中的平均值作为池化操作的输出。

在卷积层和池化层之后，通常使用激活函数对特征图进行非线性变换，常见的激活函数包括 sigmoid、relu 和 tanh 等。最后，将特征图输入到全连接层。全连接层是 CNN 的最后一层，它是一种传统的神经网络结构，用来将模型前几层的输出转换为向量形式。全连接层的输出通常被用作分类、回归等任务的预测结果。

CNN 作为一种强大的特征提取方法，已经被广泛应用于图像处理、语音识别、自然语言处理等领域，并且在许多任务上取得了显著的成果。对于用电数据的特征提取，CNN 也具有很大的潜力。

3. 神经计算

长期以来，人脑一直给研究者们提供着灵感，因为它从某种程度上以有效的生物能量支持着人们的计算能力，并且以神经元作为基础激发单位。受人脑的低功耗和快速计算特点启发的神经形态芯片在计算界已经不是一个新鲜的主题了。

但是，随着基于神经元模型的深度学习的兴起，神经形态芯片再度兴起，研究人员一直在开发可直接实现神经网络架构的硬件芯片，这些芯片被设计成在硬件层面上模拟大脑。在普通芯片中，数据需要在中央处理单元和存储单元之间进行传输，从而产生时间开销和能耗。而在神经形态的芯片中，数据既以模拟方式处理并存储在芯片中，又可在需要时产生突触，从而节省时间和能量。

12.4 机器学习

简单点说，机器学习就是对计算机的一部分数据进行学习，然后对另一部分数据进行预测或者判断，换句话说，就是让机器去分析数据、找规律，并通过找到的规律对新的数据进行处理。机器学习的核心任务是"选择某种算法解析数据，从数据中学习，然后对新的数据作出决定或者预测"。

例如，假设有一天你去购买芒果，你是希望挑选相对更成熟更甜一些的芒果，所以你应该怎么挑选芒果呢？你想起来网上有人提出的一种选择芒果的方法，亮黄色的芒果比暗黄色的芒果更甜一些，所以你有了一个简单的规则：只挑选亮黄色的芒果。

你回家吃了这些芒果之后，也许会觉得有的芒果味道并不好。很显然，你选择的这个方法很片面，挑选芒果的因素有很多而不只是根据颜色。

在经过大量思考，并且试吃了很多不同类型的芒果之后，你又得出一个结论：相对更大的亮黄色芒果肯定是甜的，同时，相对较小的亮黄色芒果只有一半是甜的。你得到了一个新的挑选芒果的方法，下次去买芒果的时候就根据这个结论去买芒果。

在这个过程中，人们会根据试吃自己挑选的芒果，从而得到不同特性的芒果的品质，然后就可以在以后的生活中通过看芒果的特性就能知道这个芒果的品质。这个过程就是人类不断学习的过程，机器学习也是如此。

最近十年，随着高性能计算技术特别是图形处理器的发展和应用，机器学习的研究范畴不断扩大，如深度学习、联邦学习和强化学习。

12.4.1 深度学习

深度学习是机器学习的一个子领域，利用多层神经网络来建模和解决具有非结构化数据的复杂问题。深度学习具有非常强的模式识别和自我学习能力，其基本原理是模拟人脑神经元的结构和工作原理，通过多层次的神经网络对数据进行处理和特征提取，从而实现复杂的分类、预测和决策。

深度学习的主要内容包括神经网络结构和学习算法。神经网络结构包括输入层、隐含层和输出层，其中隐含层的数量和节点数可以根据具体任务进行调整。学习算法主要包括前向传播和反向传播，前向传播是将数据从输入层通过隐含层传递到输出层的过程，反向传播是根据预测误差更新神经网络参数的过程。

深度学习是基于神经网络的机器学习。神经网络就是由许多的神经元组成的系统，每个神经元就是一个简单的分类器，当输入一个数据时，它会给出分类结果。比如，已有一些猫和狗的图像，把每张图像放到机器中，机器需要判断这幅图像中的东西是猫还是狗。

普通的神经网络可能只有几层，深度学习可以达到十几层。深度学习中的深度二字也代表了神经网络的层数。现在流行的深度学习网络结构有卷积神经网络(CNN)、循环神经网络(RNN)、深度神经网络(DNN)等。

那么，什么是深度学习呢？简单点说就是一种为了让层数较多的多层神经网络可以训练、运行起来，并演化出来一系列的新的结构和新的方法的过程。

深度学习在图像识别、自然语言处理、语音识别等领域具有广泛的应用。例如，在图像识别领域，深度学习可以通过对图像进行卷积操作提取特征，从而实现对不同物体的识别和分类；在自然语言处理领域，深度学习可以通过循环神经网络对自然语言文本进行处理，从而实现机器翻译、文本分类等任务；在语音识别领域，深度学习可以通过神经网络对语音信号进行建模，从而实现语音识别和语音合成等任务。

综上，深度学习是一种非常强大的机器学习方法，具有广泛的应用前景。随着计算硬件和算法的不断进步，深度学习的性能和效果还将得到进一步的提升和优化。

12.4.2 联邦学习

联邦学习又称联邦机器学习，也称为联合学习、联盟学习。联邦学习是一个机器学习的框架，能有效帮助多个机构在满足用户隐私保护、数据安全和政府法规的要求下，进行数据使用和机器学习建模。举例来说，假设有两个不同的企业 A 和 B，它们拥有不同数据，企业 A 有用户特征数据，企业 B 有产品特征数据和标注数据，这两个企业按照《通用数据保护条例》是不能粗暴地把双方数据加以合并的，因为数据的原始提供者，即他们各自的用户可能不同意这样做。

但是，如果现在双方要建立一个任务模型进行分类或预测，那么，如何在 A 和 B 各端建立高质量的分类模型将面临挑战。由于企业 A 缺少电子标签数据，企业 B 缺少用户特征数据，理论上，在 A、B 两端可能无法建立出理想的模型。

联邦学习的提出，就是为了解决这个问题：即企业 A、B 的自有数据不出本地，联邦系统可以在不违反数据隐私法规的情况下，建立一个虚拟的共有模型。该虚拟模型保证各方数据不迁移，只是通过加密机制交换参数，既不泄露隐私，也不影响数据的合规使用。在这样一个联邦机制下，各个参与者的身份和地位相同，而联邦系统帮助大家建立了"共同富裕"的策略。这就是"联邦学习"名称的由来。

联邦学习是一种分布式机器学习技术，它旨在解决在隐私、敏感数据不能共享的情况下，多方合作训练机器学习模型的问题。其基本思想是将训练任务分发到各个参与方（边缘检测站），让每个参与方在本地训练模型，并将模型更新传递给数据中心进行聚合，以形成全局模型。图 12-7 所示描述了典型的联邦学习训练过程，包括初始化、本地训练、参数传递和聚合。

(1) 全局模型下载：联邦学习的训练过程从全局模型的初始化开始。数据中心初始化一个全局模型，从 K 个边缘检测站中随机选择 $F(F<K)$ 个参与本轮训练，并将全局模型发送给被选中的 F 个参与方，以便每个参与方在本地进行训练。

(2) 本地模型训练：每个参与方使用本地数据集在本地进行模型训练。这些数据集通常是私有的，并且不会共享给其他边缘检测站或数据中心。训练的过程可以采用不同的优化算法和超参数，但模型的基本结构和初始参数都是相同的。

(3) 本地参数上传：每个参与方在训练完成后，将其更新的模型参数发送给数据中心。

(4) 参数聚合：数据中心把接收到的所有参数通过一定的算法进行聚合，从而更新全局模型。重复执行(1)到(4)，直到模型收敛。

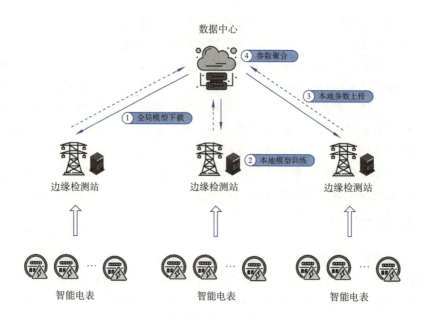

图 12-7 联邦学习训练过程

12.4.3 强化学习

强化学习(reinforcement learning)是一种机器学习方法,通过智能体与环境的交互,学习如何做出最优决策。

在强化学习中,智能体通过观察环境状态来执行动作,并得到相应的奖励或惩罚。通过与环境的交互,智能体学习如何通过动作来最大化长期累积奖励,从而实现最优决策。强化学习的关键是智能体如何通过已有的知识和经验来选择下一步的动作,并通过不断地试错来优化策略。

1. 强化学习的研究内容

强化学习的研究内容主要包括以下几个方面:

(1)基于值函数的方法:这种方法通过学习值函数来评估不同动作的优劣,从而选择最优动作。其中,Q-learning 是最典型的基于值函数的强化学习算法之一。

(2)基于策略的方法:这种方法直接学习最优策略,从而选择最优动作。其中,Actor-Critic 算法是一种典型的基于策略的强化学习算法。

(3)模型无关(model-free)和模型有关(model-based)方法:模型无关方法直接从经验数据中学习,而模型有关方法则通过学习环境模型来预测下一步的状态和奖励。其中,DQN(deep Q-network,深度 Q 网络)算法是一种模型无关的强化学习算法。

(4)多智能体强化学习:这种方法研究多个智能体在相互博弈中的最优策略选择,例如,在博弈、社交网络、多机器人协作等领域的应用。

强化学习具有广泛的应用前景,如游戏 AI、智能制造、金融交易、机器人控制等。强化学习的研究也面临着多项挑战,例如,解决"探索与利用"之间的平衡问题、解决高维状态空间下的计算复杂性等。随着深度强化学习的兴起,越来越多的研究者将其应用于实际场景,取得了显著的研究成果。强化学习如同人类学习方式,是一种封闭形式的学习。它由一个智能代理组成,该代理与它的环境进行巧妙的交互以获得一定的回报。代理的目标是学习顺序操作,这就像一个从现实世界中学习经验、不断探索新事物、不断更新价值观和信念的人一样,强化学习的智能代理也遵循着类似的原则,并从长远角度获得最大化的回报。例如,在 2017 年,谷歌的人工智能机器人 AlphaGo 使用强化学习打败了围棋世界冠军。

2. 马尔可夫决策过程

马尔可夫决策过程(Markovdecision process,MDP)是强化学习中的一种基本数学模型,它用于描述具有明确定义状态和动作的序列决策问题,以及与每个动作关联的即时奖励。MDP 中的决策问题是在一组状态和动作的基础上,找到一种最优策略,使得在所有可能的策略中,期望获得最大的累计奖励。MDP 的核心思想是当前状态的决策仅依赖于前一个状态的决策,即满足马尔可夫性质。MDP 的基本原理是定义一个状态转移概率矩阵、一个奖励函数和一个折扣因子,用于描述智能体在不同状态下采取不同动作后转移到下一个状态的概率、采取动作后获得的即时奖励及未来奖励的影响程度。

MDP 模型可以用一个五元组 $<S, A, P, R, \gamma>$ 来表示,其中:

S:状态空间,表示所有可能的状态。

A:动作空间,表示所有可能的动作。

P:状态转移概率函数,$P(s'|s, a)$ 表示在状态 s 执行动作 a 后进入状态 s' 的概率。

R:奖励函数,$R(s, a)$ 表示在状态 s 执行动作 a 后所获得的奖励值。

γ:折扣因子,取值范围为 $0 \leq \gamma \leq 1$,表示当前时刻的奖励值对未来的奖励值的影响程度。

MDP 模型中的目标是在每个时间步选择一个动作来最大化期望的累积奖励,即选择一条使得期望奖励最大的策略 $\pi: S \rightarrow A$。这个策略可以通过定义一个价值函数来实现。价值函数分为两种,一种是状态价值函数 $V^{\pi}(s)$,表示在状态 s 执行策略 π 的期望累积奖励;另一种是动作价值函数 $Q^{\pi}(s, a)$,表示在状态 s 执行动作 a 并且按照策略 π 进行决策的期望累积奖励。

MDP 理论的核心是根据当前状态和当前策略,计算出在未来所有可能的状态和策略下,所有可能的累计奖励的期望值。这个期望值被称为"价值函数",它衡量了智能体在当前状态下所处的状态的好坏程度。通常情况下,MDP 中的状态空间是有限的,但是动作空间可能是有限的或者是连续的。为了解决这个问题,通常使用近似函数来估计价值函数。

MDP 的研究内容包括状态转移概率矩阵的建模、奖励函数的设计、折扣因子的选择、价值函数的估计方法,以及最优策略的计算方法等。其中,最优策略的计算是 MDP 中最为重要的问题之一,它涉及到如何在所有可能的策略中找到一个使得期望累计奖励最大化的策略。为了解决这个问题,通常使用价值迭代、策略迭代、Q-learning 等算法。此外,针对一些复杂的 MDP 问题,如状态空间和动作空间连续的问题、多智能体博弈问题、部分可观测 MDP 等问题也具有相应的研究成果。

12.5 自然语言处理

比尔·盖茨说过:"语言理解是人工智能皇冠上的明珠"。如果计算机能够理解、处理自然语言,将是计算机技术的一项重大突破。

12.5.1 自然语言处理概述

1. 自然语言处理的定义

简单地说,自然语言处理(natural language processing,NLP)就是用计算机来处理、理解、以及运用人类语言。由于语言是人类区分于其他动物的根本标志。没有语言,人类的思维也就无从谈起,所以自然语言处理体现出了现阶段人工智能的最高任务。只有当计算机具备了处理自然语言的能力时,机器才算实现了真正的智能。

那么,怎样才算理解了人的语言?

由于自然语言具有多义性、上下文相关性、模糊性、非系统性、环境相关性等,因此,自然语言理解至今尚无统一的定义。

从微观角度,自然语言理解是指从自然语言到机器内部的一个映射。

从宏观角度,自然语言理解是指机器能够执行人类所期望的某种语言功能。这些功能主要包括以下几方面:

(1)回答问题:计算机能正确地回答用自然语言输入的有关问题。

(2)文摘生成:机器能产生输入文本的摘要。

(3)释义:机器能用不同的词语和句型来复述输入的自然语言信息。

(4)翻译:机器能把一种语言翻译成另外一种语言。

从研究内容来看,自然语言处理包括语法分析、语义分析、篇章理解等。从应用角度来看,自然语言处理具有广泛的应用前景。特别是在信息时代,自然语言处理的应用包罗万象,例如:机器翻译、手写体和印刷体字符识别、语音识别及文语转换、信息检索、信息抽取与过滤、文本分类与聚类、舆情分析和观点挖掘等。目前,自然语言处理的研究还包括开发可与人类动态互动的聊天机器人等。

2. 自然语言处理的发展

自然语言理解的研究可以追溯到20世纪40年代末和50年代初期。随着第一台计算机问世,英国的安德鲁·唐纳德·布斯(Andrew Donald Booth)和美国的沃伦·韦弗(Warren Weaver)就开始了机器翻译方面的研究。美国、苏联等国展开的俄、英互译研究工作开启了自然语言理解研究的早期阶段。由于50年代单纯地使用规范的文法规则,再加上当时计算机处理能力的低下,使得机器翻译工作没有取得实质性进展。

从20世纪60年代开始,已经产生一些以关键词匹配技术为主的自然语言理解系统,但都没有真正意义上的文法分析。20世纪70年代后,自然语言理解的研究在句法-语义分析技术方面取得了重要进展,出现了若干有影响的自然语言理解系统。20世纪80年代后,自然语言理解研究借鉴了许多人工智能和专家系统中的思想,引入了知识的表示和推理机制,使自然语言处理系统不再局限于单纯的语言句法和词法的研究,提高了系统处理的正确性,从而出现了一批商品化的自然语言人机接口和机器翻译系统。

为了处理大规模的真实文本,研究人员提出了基于大规模语料库的自然语言理解。20世纪80年代,英国莱斯特大学Leech领导的UCREL研究小组,利用已带有词类标记的语料库,开发了CLAWS系统,对LOB语料库的一百万词的语料进行词类的自动标注,准确率达96%。

近年来迅速发展起来的神经机器翻译是模拟人脑的翻译过程,目前已经远远超过统计机器翻译,成为机器翻译的主流技术。长短期记忆神经网络(LSTM)是一种对序列数据建模的神经网络,适合处理和预测序列数据。而且,LSTM 使用"累加"的形式计算状态,这种累加形式使其导数也是累加形式,避免了梯度消失,因此在神经机器翻译中得到了广泛应用。目前,神经机器翻译领域主要研究如何提升训练效率、编解码能力,以及双语对照的大规模数据集。

目前市场上已经出现了一些可以进行一定自然语言处理的商品软件,但要让机器能像人类那样自如地运用自然语言,仍是一项长远而艰巨的任务。

12.5.2 基于机器学习的自然语言处理

自然语言处理(NLP)主要通过学习通用语言,使得模型具备语言理解和生成能力。在 AI 的感知层(识别能力),目前机器在语音识别(speech recognition)的水平基本达到,甚至超过了人类的水平。然而,机器在处理自然语言时还是非常困难,主要是因为自然语言具有高度的抽象性,语义组合性,理解语言需要背景知识和推理能力。

面向 NLP 的一种循环神经网络如图 12-8 所示,它属于神经网络的一种,由于其具有短期记忆能力,使得其在处理视频、音频和文本等时序问题时具有一定的优势。在文本中,一个词通常与该词之前的一系列词有关联,循环神经网络记忆了历史序列对当前词语的影响,所以循环神经网络在方面级情感分析文本编码中较为适用。

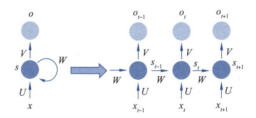

图 12-8　循环神经网络模型示意图

x_t 是 t 时刻的输入样本,在方面级情感分析中对应着文本中第 t 个单词的词向量,同理,x_{t-1} 和 x_{t+1} 分别代表着 t 时刻的前一个时刻和后一个时刻的输入样本。s_t 是 t 时刻的隐含层状态,其记录了 $t+1$ 时刻以前的历史序列状态的信息,s_t 的更新由上一个时刻 $t-1$ 的隐含层状态 s_{t-1} 和当前时刻 t 的输入样本 x_t 共同决定。o_t 表示第 t 个时刻的输出,只与模型当前时刻的隐含层状态 s_t 有关。(U,V,W) 为该循环神经网络共享的一组参数,这样极大地减少了需要训练的参数。

循环神经网络在运行过程中,每一时刻所执行的步骤相似,依赖前一时刻的隐含层状态。但是随着输入序列的不断增多,早期的历史序列状态信息对后面的神经元的影响在逐渐减弱,从而可能导致模型在训练过程中出现梯度消失的现象。为了解决该问题,研究者们设计了循环神经网络的变体,如长短期记忆神经网络及门控循环神经网络。

12.6　人工智能大模型

最近几年，随着深度神经网络的兴起，人工智能进入统计分类的深度模型时代，这种模型比以往的模型更加泛化，可以通过提取不同特征值应用于不同场景。但随着模型参数增多、模型增大，过拟合导致模型的误差会先下降后上升，这使得找到精度最高误差最小的点成为模型调整的目标。而随着人工智能算法可依托的算力不断发展，研究者发现，如果继续不设上限地增大模型，模型误差会在升高后第二次降低，并且误差下降会随着模型的不断增大而降低，从而出现了模型越大、准确率越高的现象。因此，人工智能研究进入到了大模型时代。

12.6.1　人工智能大模型概述

人工智能模型（AI模型）最初是针对特定应用场景需求进行训练（即小模型）。小模型的通用性差，换到另一个应用场景中可能并不适用，需要重新训练，这牵涉到很多调参、调优的工作及成本。同时，由于模型训练需要大规模地标注数据，会存在在某些应用场景的数据量少，训练出来的模型精度不理想的情况，这使得 AI 研发成本高，效率低。

随着数据、算力及算法的提升，AI 技术也有了变化，即从过去的小模型到大模型的兴起。大模型就是 Foundation Model（基础模型），指通过在大规模宽泛的数据上进行训练后能适应一系列下游任务的模型。大模型兼具"大规模"和"预训练"两种属性，面向实际任务建模前在海量通用数据上进行预先训练，能够大幅提升人工智能的泛化性、通用性、实用性，是人工智能迈向通用智能的里程碑技术。

大模型的本质依旧是基于统计学的语言模型，"突现能力"赋予其强大的推理能力。通俗来讲，大模型的工作就是对词语进行概率分布的建模，利用已经说过的话预测下一个词出现的分布概率，而并不是人类意义上的"理解"。较过往统计模型不同的是，"突现能力"使得大模型拥有类似人类的复杂推理和知识推理能力，这代表更强的零样本学习能力和更强的泛化能力。

1. 人工智能大模型的优势

相比传统 AI 模型，大模型的优势体现在以下几点：

（1）解决 AI 过于碎片化和多样化的问题，极大提高模型的泛用性

应对不同场景时，AI 模型往往需要进行针对化的开发、调参、优化、迭代，需要耗费大量的人力成本，导致了 AI 手工作坊化。大模型采用"预训练+下游任务微调"的方式，首先从大量标记或者未标记的数据中捕获信息，将信息存储到大量的参数中，再进行微调，极大提高模型的泛用性。

（2）具备自监督学习功能，降低训练研发成本

大模型具备自监督学习功能。可以将自监督学习功能理解为降低对数据标注的依赖，大量无标记数据能够被直接应用。这样一来，一方面降低人工成本，另一方面，使得小样本训练成为可能。

（3）摆脱结构变革桎梏，提高模型精度上限

过去想要提升模型精度，主要依赖网络在结构上的变革。随着神经网络结构设计技术

逐渐成熟并开始趋同，想要通过优化神经网络结构，从而打破精度局限变得困难。而研究证明，更大的数据规模确实提高了模型的精度上限。

2. 人工智能大模型的发展

人工智能大模型的发展主要经历了 BERT 模式、GPT 模式和混合模式等三个阶段。

（1）BERT 模式

2018 年，谷歌公司的雅各布·德夫林（Jacob Devlin）等人提出了具有划时代意义的预训练模型 BERT。BERT 采用遮蔽语言模型（masked language model，MLM）来解决在完全双向编码中的"自己看见自己"的问题，同时采用连续句子预测（next sentence prediction，NSP）的方法将适用范围扩展到句子级别。这两项创新点使得 BERT 能够充分挖掘海量的语料库信息，从而大幅度提升包括情感分析在内的 11 项自然语言处理领域下游任务的性能。

（2）GPT 模式

GPT（generative pre-trained transformer）即生成式预训练 Transformer 模型，模型被设计为对输入的单词进行理解和响应并生成新单词，能够生产连贯的文本段落。预训练代表着 GPT 通过填空的方法对文本进行训练。在机器学习里，存在判别式模式和生成式模式两种类型，相比之下，生成式模型更适合大数据学习，判别式模型更适合人工标注的有效数据集，因而，生成式模型更适合实现预训练。

（3）混合模式

各类大语言模型各有侧重，BERT 模式有两阶段（双向语言模型预训练 + 任务 Fine-tuning），适用于理解类及某个场景的具体任务，表现得"专而轻"；GPT 模式是由两阶段到一阶段（单向语言模型预训练 + zero-shot prompt），比较适合生成类任务、多任务，表现得"重而通"。2019 年之后，BERT 模式的技术路线基本没有标志性的新模型更新，而 GPT 技术路线则趋于繁荣。

混合模式则将 BERT 模式、GPT 模式两者结合，包含有两阶段（单向语言模型预训练 + Fine-tuning）。根据当前研究结论，如果模型规模不特别大，面向单一领域的理解类任务，适合用混合模式。但综合来看，当前几乎所有参数规模超过千亿的大型语言模型都采取 GPT 模式。特别是在 2022 年底产生了基于 GPT-3.5 的 ChatGPT 后，由于模型越来越大，所以模型的效能也越来越通用。

12.6.2　Transformer 模型

2017 年，谷歌提出了 Transformer 网络结构，成为了近年来人工智能大模型领域中 GPT 模型的底层架构。

GPT 模型利用 Transformer 网络作为特征提取器，是第一个引入 Transformer 的预训练模型。传统的神经网络模型，如 RNN（循环神经网络）在实际训练过程中由于输入向量大小不一，且向量间存在相互影响关系导致模型训练结果效果较差。Transformer 模型的三大技术突破解决了这个问题。

（1）Transformer 模型的 self-attention（自注意力）机制使人工智能算法注意到输入向量中不同部分之间的相关性，从而大大提升了精准性。

（2）模型采用属于无监督学习的自监督学习，无需标注数据，模型直接从无标签数据中自行学习一个特征提取器,大大提高了效率。

(3)在执行具体任务时,微调旨在利用其标注样本对预训练网络的参数进行调整。也可以针对具体任务设计一个新网络,把预训练的结果作为其输入,大大增加了其通用泛化能力。

Transformer 有六个编码器和六个解码器。每个编码器包含两个子层:多头自注意层和一个全连接层。每个解码器包含三个子层:一个多头自注意层,一个能够执行编码器输出的多头自注意的附加层,以及一个全连接层。编码器和解码器中的每个子层都有一个残差连接,然后进行层标准化(layer normalization)。

所有编码器、解码器的输入和输出标记都使用学习过的嵌入转换成向量,然后将这些输入嵌入传入进行位置编码。

位置编码被添加到模型中,以帮助注入关于句子中单词的相对或绝对位置的信息。因为 Transformer 架构不包含任何递归或卷积,因此没有词序的概念。输入序列中的所有单词都被输入到网络中,没有特殊的顺序或位置,因为它们都同时流经编码器和解码器堆栈。位置编码与输入嵌入具有相同的维数,因此可以将二者相加。

12.6.3 GPT 模型

GPT 相比于 Transformer 等模型进行了显著简化。相比于 Transformer,GPT 训练了一个 12 层仅 Decoder 的解码器,原 Transformer 模型中包含编码器和解码器两部分(编码器和解码器作用在于对输入和输出的内容进行操作,成为模型能够认识的语言或格式)。同时,相比于谷歌的 BERT,GPT 仅采用上文预测单词,而 BERT 采用了基于上下文双向的预测手段。

GPT-1 采用无监督预训练和有监督微调,证明了 Transformer 对学习词向量的强大能力,在 GPT-1 得到的词向量基础上进行下游任务的学习,能够让下游任务取得更好的泛化能力。但不足也较为明显,该模型在未经微调的任务上虽然有一定效果,但是其泛化能力远远低于经过微调的有监督任务,说明了 GPT-1 只是一个简单的领域专家,而非通用的语言学家。

GPT-2 实现执行任务多样性,开始学习在不需要明确监督的情况下执行数量惊人的任务。GPT-2 在 GPT 的基础上进行诸多改进,在 GPT-2 阶段,OpenAI 去掉了 GPT 第一阶段的有监督微调(fine-tuning),成为了无监督模型。在 GPT-2 模型中,Transfomer 堆叠至 48 层,数据集增加到八百万量级的网页、大小为 40 GB 的文本。

GPT-2 通过调整原模型和采用多任务方式来让 AI 更贴近"通才"水平。机器学习系统通过使用大型数据集、高容量模型和监督学习的组合,在训练任务方面表现出色,然而这些系统较为脆弱,对数据分布和任务规范的轻微变化非常敏感,因而使得 AI 表现得更像狭义专家,并非通才。考虑到这些局限性,GPT-2 要实现的目标是转向更通用的系统,使其可以执行许多任务,最终无须为每个任务手动创建和标记训练数据集。而 GPT-2 的核心手段是采用多任务模型(multi-task),其跟传统机器学习需要专门的标注数据集不同,多任务模型不采用专门 AI 手段,而是在海量数据喂养训练的基础上,适配任何任务形式。

GPT-3 取得突破性进展,任务结果难以与人类作品区分开来。GPT-2 训练结果也有不达预期之处,所存在的问题也亟待优化。相比于 GPT-2 采用零次学习(zero-shot),GPT-3

采用了少量样本(few-shot)加入训练。GPT-3 是一个具有 1 750 亿个参数的自回归语言模型,比之前的任何非稀疏语言模型多十倍,GPT-3 在许多 NLP 数据集上都有很强的性能(包括翻译、问题解答和完形填空任务),以及一些需要动态推理或领域适应的任务(如翻译单词、在句子中使用一个新单词或执行三位数算术),GPT-3 也可以实现新闻文章样本生成等。虽然少量样本学习(few-shot)稍逊色于人工微调,但在无监督下是最优的,证明了 GPT-3 相比于 GPT-2 的优越性。

GPT-3.5 模型是 GPT-3 的进一步强化。使语言模型更大并不意味着它们能够更好地遵循用户的意图,例如,大型语言模型可以生成不真实、有毒或对用户毫无帮助的输出。另外,GPT-3 虽然选择了少量样本(few-shot)学习和继续坚持了 GPT-2 的无监督学习,但基于 few-shot 的效果也稍逊于监督微调(fine-tuning)的方式,仍有改良空间。基于以上背景,OpenAI 在 GPT-3 基础上根据人类反馈的强化学习方案 RLHF(reinforcement learning from human feedback,人类反馈强化学习),训练出奖励模型(reward model)去训练学习模型(即用 AI 训练 AI 的思路)。InstructGPT 使用来自人类反馈的强化学习(RLHF)方案,通过对大语言模型进行微调,从而能够在参数减少的情况下,实现优于 GPT-3 的功能。

InstructGPT 与 ChatGPT 属于相同代际模型,但 ChatGPT 的发布率先引爆市场。GPT-3 只解决了知识存储问题,尚未很好解决"知识怎么调用"的问题,而 ChatGPT 解决了这一问题,所以 GPT-3 问世两年所得到的关注远不及 ChatGPT。ChatGPT 是在 InstructGPT 的基础上增加了 Chat 属性,且开放了公众测试,ChatGPT 提升了理解人类思维的准确性的原因也在于利用了基于人类反馈数据的系统进行模型训练。

GPT-4 是 OpenAI 在深度学习扩展方面的里程碑。GPT-4 可被视为一个通用人工智能的早期版本。GPT-4 是一个大型多模态模型(接受图像和文本的输入、输出),虽然在许多现实场景中的能力不如人类,但在各种专业和学术基准测试中表现出了人类水平的性能。例如,它在模拟律师资格考试中的成绩位于前 10% 的考生,而 GPT-3.5 的成绩在后 10%。GPT-4 不仅在文学、医学、法律、数学、物理科学和程序设计等不同领域表现出高度熟练的程度,而且它还能够将多个领域的技能和概念统一起来,并能理解其复杂概念。

除了生成能力,GPT-4 还具有解释性、组合性和空间性能力。在视觉范畴内,虽然 GPT-4 只接受文本训练,但 GPT-4 不仅从训练数据中的类似示例中复制代码,而且能够处理真正的视觉任务,充分证明了该模型操作图像的强大能力。另外,GPT-4 在草图生成方面,具有结合运用 Stable Diffusion 的能力,同时 GPT-4 针对音乐及编程的学习创造能力也得到了验证。

12.6.4 典型大模型系统

大模型是指具有数千万甚至数亿参数的深度学习模型。通常由深度神经网络构建而成,拥有数十亿甚至数千亿个参数。大模型的设计目的是为了提高模型的表达能力和预测性能,能够处理更加复杂的任务和数据。大模型采用预训练+微调的训练模式,在大规模数据上进行训练后,能快速适应一系列下游任务的模型。

1. 国内主要大模型

百度文心一言:具备强大的自然语言处理能力,广泛应用于搜索、对话等领域。

阿里巴巴通义千问:支持多种语言理解和生成任务,应用于电商、云计算等场景。

腾讯混元：强调多模态融合，应用于社交、游戏等领域。
华为盘古：专注于自然语言处理和计算机视觉，应用于云服务和智能设备。
科大讯飞星火认知：强调语音识别和自然语言理解，广泛应用于教育和办公领域。
商汤科技日日新：专注于计算机视觉和多模态融合，应用于安防和自动驾驶等领域。
字节跳动豆包：应用于内容创作和推荐系统。
360公司360智脑：强调安全性和信息检索，应用于搜索和安全领域。

2. 国外主要大模型

GPT系列：由OpenAI开发，包括GPT、GPT-2、GPT-3和GPT-4等版本，具备强大的自然语言处理和生成能力。

PaLM系列：由Google开发，包括PaLM和PaLM 2等版本，擅长高级推理任务，包括代码和数学、分类和问答、翻译和多语言能力，以及自然语言生成。

3. ChatGPT简介

ChatGPT（chat generative pre-training transformer，对话生成式预训练变换器）是一种基于预训练的自然语言处理模型，旨在实现智能对话生成和理解。通过在大量文本数据上进行预训练，ChatGPT可以生成与人类对话类似的自然语言，并可以理解人类的输入，从而实现高效的智能对话交互。

ChatGPT具有非常强大的文本生成和语言理解能力，并可以完成各种各样的任务，如翻译、摘要、问答、对话等。它使用了大量的训练数据和深度学习算法，可以理解自然语言的语法、语义、上下文等各个方面，并生成符合语言规范的语句。

总之，大模型是人工智能领域的一个重要发展方向，国内外都涌现出了众多优秀的大模型。而ChatGPT作为其中的佼佼者，以其强大的自然语言处理和生成能力，为用户提供了高效、智能的对话体验。

4. 百度文心一言

百度文心一言是百度研发的人工智能大语言模型产品。文心一言定位于人工智能基座型的赋能平台，旨在助力金融、能源、媒体、政务等千行百业的智能化变革，并期望最终能够"革新生产力工具"。它具备理解、生成、逻辑、记忆四大基础能力，能够与用户进行对话互动，帮助用户获取信息、知识和灵感。

文心一言的核心能力包括：

(1)文学创作：文心一言拥有强大的文学创作能力，可以根据用户输入的关键词或主题，自动生成符合要求的文章或诗歌。

(2)商业文案创作：它能够根据用户需求，快速生成商业文案，如广告词、宣传语等，极大地提高了写作效率。

(3)数理逻辑推算：文心一言在数理逻辑推算方面也有出色的表现，能够解决一些复杂的逻辑难题和数学计算问题。

(4)中文理解：作为中文环境下的AI模型，文心一言对中文的理解能力非常强大，能够准确理解用户输入的中文指令或问题。

(5)多模态生成：除了文本生成外，文心一言还支持图片、图表、视频等多种模态的生成，满足用户多样化的需求。

(6)精准语义分析：文心一言的算法能够对用户输入的关键词进行语义分析和情感分

析，判断用户所需文案的情感表达和主题要素，提高文案的可读性和感染力。

文心一言的应用场景主要包括：

(1)适用于各类职场人士，如广告工作者可获取创意文案和视频脚本，职场人士可借助其进行材料写作、报告生成，数据处理人员能利用它处理数据相关任务等。

(2)助力学生完成文献摘要、问答、论文大纲生成、复习重点总结等学习任务，是高效学习助手。

(3)为生活达人提供旅游规划、减脂餐食谱设计等建议，为家长解答培养儿童过程中的各种疑问，还能回答各种知识问题。

(4)用户可以跟其进行互动游戏，创作艺术绘本、开展成语接龙等游戏。

随着人工智能技术的不断发展，文心一言也在不断迭代升级。百度公司持续优化其算法和模型结构，以更好地满足用户的需求，并推动相关行业的数字化转型和智能化升级。

综上，百度文心一言是一款功能强大、应用广泛的人工智能大语言模型产品。它不仅具备强大的文学创作、商业文案创作、数理逻辑推算和中文理解能力，还支持多模态生成和高度定制化服务。在未来，随着技术的不断进步和创新，文心一言有望在更多领域发挥更大的作用。

5. 百度飞桨

百度飞桨(PaddlePaddle)是中国自主研发、功能完备、开源开放的产业级深度学习平台，支持静态图和动态图编程，能够兼顾效率和易用性。静态图模式使运行速度更快，显存占用更低，适合工业应用；动态图模式则更灵活、方便进行模型调试。

飞桨拥有大规模的官方模型库，包含经过产业实践长期打磨的主流模型，以及在国际竞赛中的夺冠模型。算法总数丰富，涵盖语义理解、图像分类、目标检测、图像分割、语音合成等多个场景，满足企业低成本开发和快速集成的需求。

飞桨提供丰富的工具组件，如 Paddle Hub 等，使得模型加载和迁移学习变得更加便捷。开发者只需编写少量代码即可完成模型的应用和定制。飞桨还提供面向不同场景的多个端到端开发套件，支持开发者从数据准备、模型训练到部署的全流程操作。

飞桨拥有高性能推理引擎，支持多种异构硬件和平台，包括云端服务器、移动端及边缘端等。同时，飞桨对国产硬件做到了全面的适配，提供领先的推理速度。

飞桨作为开源平台，汇聚了大量的开发者和创新资源。通过共享代码、模型和算法，飞桨促进了 AI 技术的交流和合作，推动了 AI 技术的不断创新和发展。

总之，百度飞桨作为一款功能完备、开源开放的产业级深度学习平台，在降低 AI 技术门槛、推动 AI 产业落地、促进 AI 技术创新，以及助力智慧城市建设等方面发挥了重要作用。

◆ 小　　结 ◆

本章介绍了人工智能的核心技术，包括专家系统、神经网络、深度神经网络等。重点讨论了 BP 神经网络的工作原理，论述了机器学习的特征及其与深度学习、联邦学习的关联和区别；介绍了自然语言处理的人工智能方法，以及典型的人工智能大模型的概念和特点。

一、问答题

1. 人工智能研究的核心技术有哪些？
2. 简述生物神经网络的组成。
3. 简述人工神经网络的特征。
4. 简述 BP 神经网络的工作原理。
5. 简述机器学习的特征。
6. 简述深度学习与联邦学习的关联和区别。
7. 简述 ChatGPT 对编程员和文字工作员的挑战，分析其可能对这些工作带来的影响。
8. 简述联邦学习的特点，说明其在隐私保护的数据聚合中的作用。
9. 简述专家系统的工作原理。

二、实验题

1. 使用人工智能方法实现手写体识别，并使用 Python 编程实现。
2. 使用人工智能方法编写五子棋游戏，并使用 Python 编程实现。
3. 调用 Python 通过的相关机器学习库，实现给定图片中的人脸识别。

第13章 人工智能的应用

人工智能的应用领域非常宽广。从模糊控制、车牌识别、人员识别、场景认知、自动阅卷、智能问答、机器翻译、人机对战、无人驾驶、物运机器狗、工业机器人到智能家电，都是人工智能的应用。在每种应用背后，都包含有前面提到的一种到多种人工智能技术。

学习目标

(1) 了解模糊控制专家系统的应用。
(2) 理解计算机视觉的基本作用和应用。
(3) 了解人机对战所采用的技术，并给出一个典型的应用案例。
(4) 理解机器翻译的基本原理，能够利用翻译工具进行多语言文本翻译。
(5) 能够基于国产化生成式人工智能大模型进行文字创作。

13.1 模糊控制专家系统

在日常生活中，经常会碰到有关模糊控制的问题，只是没有引起人们注意罢了。其中最典型的例子莫过于用桶装水。

一般地，人们用桶装水时总是有意无意地这样做：
- 当水桶是空的或有很少量的水时，将水龙头开到最大。
- 当水桶中的水较多时，把水龙头拧小一些。
- 当水桶里的水快满时，将水龙头拧到很小。
- 当水桶满时，关掉水龙头，以节约用水。

上述规则就是人们控制接自来水的经验知识。它们是用语言来表达的，"很少""比较多""快满了"等均为模糊词，可以把模糊词定义为模糊集合。

在模糊控制中，规则起关键作用，它是模糊控制系统的核心。一个模糊控制系统的控制规则的优劣直接决定了整个系统的控制精度。控制规则的完整与合乎现实是构成模糊控制器知识库的最终目标。

模糊控制系统的知识库主要由控制规则构成，要构成一个完美的知识库，首先必须了解有关控制系统的知识，将这些初始知识进行优化、组合，形成初始控制规则，然后，通过对系统的理论分析和实际调试结果来确定知识库的控制规则。

1. 知识的获取

获取知识不外乎理论联系实际，密切联系群众，其主要途径有三条，其一是获取从事控制系统设计的专家的经验，其二是提炼系统操作者的经验，其三是对系统进行理论分析。三者相辅相成，不可分割。

首先，通过了解从事控制系统设计的专家的设计思想，结合自己的控制经验，从已经有的控制系统中挖掘出有益的东西，经过提炼，从而获得系统的有关控制经验或方法。

操作者手工控制对象系统时的经验十分重要，它是实现一个工业自动控制系统必须获得的知识之一。这些人在工业现场从事控制操作多年，对一个系统的"脾气"摸得相当清楚。他们有一套完整的经验和方法来保证系统的有效运行。他们的经验是宝贵的，是设计模糊控制系统的控制规则知识的重要来源。另外，控制软件设计者本身对控制对象的熟悉程度也是设计模糊控制系统的重要知识来源。

在获得了控制的经验知识后，就必须将这些知识用某种方法表示出来。通常使用的方法是语义网络表示法、框架表示法及规则表示法。其中，规则表示法是一种较为简便的知识表示形式，也是使用较为广泛的一种方法。一条规则通常由两部分组成，即前件（如果部分）和后件（结论部分）。前件和后件都可以包含很多条件子句。然而在实际应用系统中，为了保证逻辑描述的规整性、简洁性，往往限制前、后件中条件子句的数目。其中每条规则都是一个精炼的知识模块，可以对它们进行修改或替换而不影响其他规则。

知识是组成知识库的基本构件，这些基本构件开始很不完善，更不完美。必须对它们进行理论分析，并适当进行调整、补充、完善与优化，从而生成知识库的控制规则。建立一个知识库的一般步骤如图 13-1 所示。

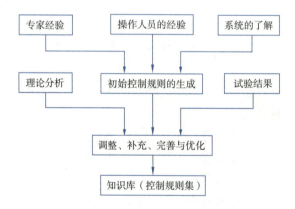

图 13-1　建立知识库的一般步骤

2. 控制规则的生成

众所周知，二阶惯性系统是一类较常见而又重要的控制系统，通过对二阶系统过度过程的分析可以发现：要实现小超调甚至无超调的控制，使系统的响应既快又稳，即迅速而稳定地向设定值靠拢并能迅速稳定下来，若采用经典的 PID 控制（proportional-integral-derivative control）是很难实现的。而采用模糊控制方法，则可以实现这种目标。模糊控制是一种优化的 PID 控制，是仿人智能的控制方法，它实现了连续变速微分、积分及可变增益的 PID 控制。

图 13-2 所示为典型二阶惯性系统的过渡过程，可将其划分为四个阶段来分析。这四个阶段是：上升段 AB，超调段 BC，回调段 CD，以及下降段 DE。

对于上升段 AB，控制的首要目标是使系统的采样值快速且稳定地接近设定值，使超调尽量少。该段是过程控制中最关键的部分。通常，若测量值离设定值较远时，必须加大控制量，使上升速度加快；若接近设定值，必须使控制量减少，以防止由于惯性而超调。在模糊控制中，对 AB 段的控制规则包括：

①如果偏差较大，则加大控制量，使温度加速上升。
②如果偏差中等，而上升速度较大，则稍微减小上升速度。
③如果偏差中等，而上升速度较小，则保持上升速度不变。
④如果偏差中等，而上升速度近零，则稍微增加上升速度。
⑤如果偏差较小，而上升速度较大，则较大地减小上升速度。
⑥如果偏差较小，而上升速度较小，则稍微减小上升速度。
⑦如果偏差较小，而上升速度近零，则使上升速度为零，以惯性接近设定值。
如此等等。

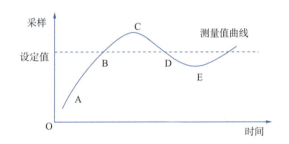

图 13-2 典型二阶惯性系统的过渡过程

对于超调段 BC，由于实际值超过设定值，这时的控制目标是使实际值回调到设定值。一般需要减少控制量。

对于回调段 CD，其控制方法与上升段相似，也就是要保证回调速度快而稳定，并且不出现继续下降温度的趋势。控制规则与 AB 类似，但力度稍微减弱。

对于下调段 DE，由于控制系统的控制量不能维持实际值在设定值附近或之上，而使得温度下降到了设定温度下。这时应该稍微增加控制量，维持温度回稳是必需的。该段的控制规则与 CD 段有些类似，但是控制变化的力度稍微减弱。

通过对上述二阶惯性系统的分析，可以生成一组初始控制规则。进一步的试验和理论分析可以完善这些规则。

一些复杂的专家系统开发仍然存在许多问题，如：2013 年，IBM 与世界顶级肿瘤治疗与研究机构——MD 安德森癌症中心合作开发的癌症诊断与治疗的专家系统 Watson，用于辅助医生开展抗癌药物的临床测试。在 IBM 和 MD 安德森癌症中心这两大机构合作之初，福布斯杂志发表了题为《在 MD 安德森癌症中心，IBM Watson 解决了临床测试难题》的社论，对 Watson 寄予厚望。在当时看来，一扇新的大门正被人类打开，而支撑这一切的正是 AI 与现代医疗技术的无缝结合。然而，四年之后的 2017 年 7 月，福布斯杂志同样发表了一篇关于 Watson 的文章，但标题则是《Watson 是不是一个笑话?》，这表明 Watson 近几年进展缓慢、难以大用。Watson 系统面临的窘境，其实也是整个专家系统现状的缩影。造成专家系统发展乏力的因素有很多，主要原因在于专家数据匮乏而昂贵，也就是知识获取成了问题。因此，目前专家系统研制的目的不是研制 AI 专家代替人类专家，而是研制人类专家的 AI 助手。

13.2 计算机视觉

斯坦福大学李飞飞教授说过，如果我们想让机器思考，就需要教它们看见。人类是一种被赋予了视觉的动物，所以就应该考虑如何能够让机器也能看见，拥有他们自身的视觉功能。计算机视觉就是一门研究如何使机器"看"的学科。更进一步地说，就是指用摄影机和计算机代替人眼对目标进行识别、跟踪和测量等。

计算机视觉的主要任务就是：物体检测、物体识别、图像分类、物体定位、图像分割。计算机视觉关注的是计算机如何在视觉上感知周围的世界。然而，具有讽刺意味的是，计算机擅长做一些庞大的任务，比如寻找 100 位数字的第十次根，但在识别和区分对象等简单的任务上却很吃力。近年来，随着深度学习、标记数据集的可用性，以及高性能计算的进步，计算机视觉系统在可视对象分类等狭义定义的任务中已经超越了人类。

1. 智能车辆

智能车辆是一个集环境感知、规划决策、多等级辅助驾驶等功能于一体的综合系统，它集中运用了计算机、现代传感、信息融合、通信、人工智能及自动控制等技术，是典型基于视觉等多种高新技术的综合体。

近年来，智能车辆已经成为世界车辆工程领域研究的热点和汽车工业增长的新动力，很多发达国家都将其纳入到各自重点发展的智能交通系统当中。

智能车辆根据智能等级的不同，可以划分为 L0、L1、L2、L3、L4、L5 共六个级别，其中，L0 为最低级别，定义为由驾驶员执行全部的动态驾驶操作任务，但在行驶过程中驾驶者可以得到相关系统的警告和保护系统的辅助；L1 定义为驾驶辅助，驾驶系统只可持续执行横向或纵向的车辆运动控制的某一子任务，由驾驶员执行其他的动态驾驶任务；L2 定义为部分自动驾驶，自动驾驶系统可持续执行横向或纵向的车辆运动控制任务，驾驶者负责执行物体和事件的探测及响应任务并监督自动驾驶系统；L3 定义为有条件自动驾驶，自动驾驶系统可以持续执行完整的动态驾驶任务，驾驶者需要在系统失效时接受系统的干预请求，并及时做出响应；L4 定义为高度自动驾驶，自动驾驶系统可以自动执行完整的动态驾驶任务和动态驾驶任务支援，用户无须对系统请求做出回应；L5 定义为完全自动驾驶，自动驾驶系统能在所有道路环境下执行完整的动态驾驶任务和动态驾驶任务支援，无须人类驾驶者的介入，即完全无人驾驶状态。L5 是智能驾驶等级最高的级别。

除了传统的汽车生产商，像苹果、百度、腾讯、华为、阿里巴巴等国际互联网和通信企业也都成立了独立的智能汽车业务部门，专门进行智能驾驶等业务的拓展，可见智能驾驶发展前景诱人。

人们有理由相信，随着人工智能、网络、芯片技术的快速发展，智能驾驶功能会不断集成、提高和健全，在不久的将来会给人们带来更多、更好、更安全的智能体验。

2. 智能机器人

一提到机器人，大家心目中想到的可能是科幻电影中的人形机器人，拥有高智能大脑、手脚灵活、为人类执行艰难任务。

然而，"机器人"是一个广义的词语，机器人是自动执行工作的机器装置。它既可以接受人类指挥，又可以运行预先编排的程序，也可以根据以人工智能技术制定的原则纲领行动。它的任务是协助或取代人类的工作，如生产业、建筑业，或是危险的工作。

2016 年，波士顿动力公司（Boston Dynamics）研制出机器狗 Spot，Spot 是一款电动液压机器狗，它能走能跑，另外还能爬楼梯、上坡、下坡；2018 年，发布了 Atlas 人形机器人和机器狗 SpotMini；2020 年，波士顿动力公司的四足机器狗 Spot 正式入职挪威石油公司 Aker，成为该石油公司第一台拥有员工编号的机器人。

当今社会，机器人大致可以被分为五大种类：工业机器人、娱乐机器人、家用机器人、军事机器人等。

工业机器人是广泛用于工业领域的多关节机械手或多自由度的机器装置，具有一定的自动性，可依靠自身的动力能源和控制能力实现各种工业加工制造功能。

娱乐机器人是以供人观赏、娱乐为目的机器人。除具有机器人的外部特征，还可以像人、像某种动物、像童话或科幻小说中的人物等；也可以行走或完成动作，可以有语言能力，会唱歌，有一定的感知能力。

家用机器人是为人类服务的特种机器人，主要从事家庭服务，维护、保养、修理、运输、清洗、监护等工作。

军事机器人是指为了军事目的而研制的自动机器人。在未来战争中，自动机器人士兵将成为对敌作战的军事行动的绝对主力。

◆ 13.3　人机对战 ◆

1997 年 5 月，IBM 公司的"深蓝"计算机击败了人类的世界国际象棋冠军加里·卡斯帕罗夫（Garry Kasparov），标志着人工智能技术开启了新的应用浪潮。

2016 年 3 月，阿尔法狗（AlphaGo）机器与围棋世界冠军、职业九段棋手李世石进行围棋人机大战，以 4 比 1 的总比分获胜。2017 年 5 月，在中国乌镇围棋峰会上，它与排名世界第一的世界围棋冠军柯洁对战，以 3 比 0 的总比分获胜。

AlphaGo 是一款围棋人工智能程序，其主要工作原理是采用多层的人工神经网络进行训练。一层神经网络会把大量矩阵数字作为输入，通过非线性激活方法取权重，再产生另一个数据集合作为输出。这就像生物神经大脑的工作机理一样，通过合适的矩阵数量，多层组织连接在一起，形成神经网络"大脑"，进行精准复杂的处理，就像人们识别物体标注图片一样。

路径搜索是人机对战游戏软件中最基本的问题之一。有效的路径搜索方法可以让角色看起来很真实，使游戏变得更有趣味性。当前，棋类游戏几乎都使用了搜索的方式来完成决策。现代游戏设计中，特别需要研究路径搜索方法。

搜索算法是一种启发式搜索策略，其中有一种称为 A* 的搜索算法（简称 A* 算法）能保证在任何起点与终点之间找到最佳路径。例如，在人机对战游戏中，以两点间欧氏距离为启发函数，采用 A* 算法能够保证以最少的搜索时间找到最优的路径。但是，当 CPU 功能不太强，尤其是解决多角色游戏的路径选择问题时，用 A* 算法得到的结果不一定是最优路径，进而会影响游戏效果。由于路径的类型很多，寻求路径的方法应与路径的类型和需求有关，A* 算法不一定适合所有场合。例如，如果起点和终点之间没有障碍物，有明确的可见视线，就没有必要使用 A* 算法。

遗传算法已经广泛用于智能游戏。例如，游戏设计中经常需要为某个角色寻找最优路径，往往只考虑距离是远远不够的。游戏设计中利用了一个 3D 地形引擎，需要考虑路径上的地形坡度，当角色走上坡路时应该慢些，而且更费油料；当在泥泞里跋涉应该比行驶在公路上慢。采用遗传算法进行游戏设计时，可以定义一个考虑所有这些要素的适应度函数，从而在移动距离、地形坡度、地表属性之间达到较好的平衡。可以为游戏中不同的地表面创建不同的障碍值或者惩罚值加入适应度函数，如果道路泥泞则惩罚值大，该道路总的适应度就小，选择这条路径的可能性就小，当然，如果这条路径比较短，使得适应度增加，选择这条路径的可能性变大。对地形坡度的处理也是类似的。最终路径的选择是所有因素的综合考虑。

另外，百度公司基于多年的深度学习技术研究和业务应用基础，研究开发了一种基于深度学习的应用框架——飞桨。飞桨集深度学习核心训练和推理框架、基础模型库、端到端开发套件、丰富的工具组件于一体，是中国首个自主研发、功能完备、开源开放的产业级深度学习平台，可以用来对文本、语音、图像等进行学习和训练。

13.4 机器翻译

机器翻译又称自动翻译，是利用计算机将一种自然语言（源语言）转换为另一种自然语言（目标语言）的过程。它是计算语言学的一个分支，是人工智能的终极目标之一，具有重要的科学研究价值。

如今，当人们要获得某个术语或某段文字的英文表述时，很多人都会使用网络在线翻译器。机器翻译肩负着架起语言沟通桥梁的重任。百度翻译自 2011 年上线，十余年来，翻译质量大幅提升。如图 13-3 所示，当在左边的框中输入"人工智能"和"物联网"时，右边的框中就会出现两者对应的英文术语"artificial intelligence"和"Internet of Things"。而在线翻译的背后，离不开自然语言处理和人工智能大模型。

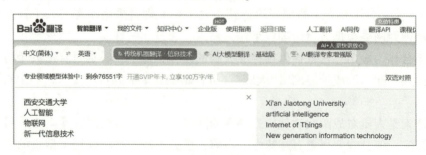

图 13-3　百度的网络在线翻译器

小 结

本章介绍了基于模糊逻辑的专家系统的构建方法,讨论了其中的知识获取方式和控制规则生成思路;讨论了人工智能的智视觉技术在智能车辆、智能机器人方面的应用,介绍了人工智能在人机对战游戏、机器翻译等领域的应用模式和方法。

习 题

1. 简述基于模糊控制的专家系统构建过程。
2. 阐述机器学习在机器视觉中的应用方法。
3. 简述人机大战游戏中的人工智能技术。
4. 简述机器翻译的思想,列举几个机器翻译的应用,对比翻译效果。

参考文献

[1] 桂小林. 计算机应用基础[M]. 西安：西北大学出版社，2010.
[2] 桂小林. 计算机应用基础实战演练[M]. 西安：西北大学出版社，2010.
[3] 桂小林. 物联网技术导论［M］. 3版. 北京：清华大学出版社，2024.
[4] 桂小林. 计算机网络技术[M]. 上海：上海交通大学出版社，2012.
[5] 桂小林. 物联网信息安全[M]. 2版. 北京：机械工业出版社，2020.
[6] 桂小林. 物联网安全与隐私保护[M]. 北京：人民邮电出版社，2020.
[7] 桂小林. 大学计算机：计算思维与新一代信息技术[M]. 北京：人民邮电出版社，2022.
[8] 王移芝，桂小林，王万良，等. 大学计算机[M]. 7版. 北京：高等教育出版社，2022.
[9] 史晓刚，薛正辉，李会会，等. 增强现实显示技术综述[J]. 中国光学，2021，14(5)：1146-1161.
[10] 侯颖，许威威. 增强现实技术综述[J]. 计算机测量与控制，2017，25(2)：1-7.
[11] 孙柏林. 虚拟化背景下的"数字人"[J]. 计算机仿真，2023，40(1)：1-5.